W0264102

Reine und angewandte Metallkunde in Einzeldarstellungen

Herausgegeben von W. Köster

Band 23

Bernhard Ilschner

Hochtemperatur-Plastizität

Warmfestigkeit und Warmverformbarkeit
metallischer und nichtmetallischer Werkstoffe

Springer-Verlag Berlin · Heidelberg · New York 1973

Dr. Bernhard Ilschner

o. Professor am Institut für Werkstoffwissenschaften I
Technische Fakultät der Universität Erlangen-Nürnberg

Mit 123 Abbildungen

ISBN-13:978-3-642-80709-1   e-ISBN-13:978-3-642-80708-4
DOI: 10.1007/978-3-642-80708-4

Offsetdruck: fotokop wilhelm weihert kg, Darmstadt · Einband: Konrad Triltsch, Würzburg

Vorwort

Dieses Buch über die Verformbarkeit von Werkstoffen - oder allgemeiner: von Festkörpern - bei hoher Temperatur wendet sich vor allem an zwei Gruppen von Lesern:

1. an fortgeschrittene Studierende, welche sich über ihre allgemeinen Kenntnisse der Werkstoffwissenschaften oder der Festkörperphysik hinaus in diesem speziellen Gebiet vertiefen wollen;

2. an Ingenieure, Metallkundler usw. in der betrieblichen Praxis, die als Hersteller, Verarbeiter oder Anwender mit der Verformbarkeit der Werkstoffe konfrontiert sind und sich einen Überblick über die Zusammenhänge und den Stand des wissenschaftlichen Verständnisses verschaffen möchten.

Wegen dieser Zielsetzung wurde der Text eher lehrbuchartig konzipiert als handbuchartig; für ein Handbuch hätte auch der vorgesehene Umfang bei weitem nicht ausgereicht. Dennoch hofft der Autor, daß auch Fachwissenschaftler, die sich in das Gebiet der Hochtemperaturplastizität einarbeiten wollen, aus der Betrachtungsweise des Buches und seinem Sachinhalt Gewinn ziehen können. Mit Rücksicht auf diese Gruppe wurden auch relativ viele Literaturhinweise aufgenommen.

Die Darstellung geht von den experimentellen Fakten, den beobachteten Phänomenen aus, nicht von theoretischen Modellen. Sie bemüht sich, zunächst das Wesentliche des Erfahrungsmaterials und der zugrundeliegenden Meßverfahren in eine rationale, quantitative Form zu bringen. Erst in einem zweiten Schritt wird nach Modellen gesucht, die auf der Vorstellung des Realkristalls und der thermisch aktivierten Elementarschritte beruhen, und die im Ergebnis die gleichen Beziehungen zwischen Verformungsrate, Spannung, Temperatur usw. liefern wie das Experiment. Der Leser wird allerdings feststellen, daß der phänomenologische Teil in seinem Aufbau bereits von atomistischen Modellvorstellungen geprägt ist. Darin drückt sich der Versuch aus, die Verbindung von Experiment und Theorie wirklichkeitsnahe darzustellen. Zwar geht die praktische Werkstoff- und Verfahrensentwicklung nicht unmittelbar vom theoretischen Modell aus, wohl aber wird sie in ihren einzelnen Schritten im Labor und im Versuchsbetrieb vom allgemeinen Kenntnisstand der Grundlagenforschung geleitet. Um die hierin liegenden Möglichkeiten voll auszuschöpfen, ist es erforderlich, daß auch "Praktiker" von diesem Kenntnisstand nicht nur gelegentlich gehört, sondern sich ihn wirklich angeeignet haben.

Das technische Interesse an der Hochtemperaturplastizität hat zwei Wurzeln: Einerseits wird für die Warmformgebung ein möglichst geringer Formänderungswiderstand und eine möglichst hohe Duktilität bei möglichst niedrigen Arbeitstemperaturen gewünscht. Andererseits erfordert der Einsatz in Triebwerken, Kesseln, Chemieanlagen usw., daß bis zu möglichst hohen Betriebstemperaturen hinauf möglichst hohe Kriechfestigkeit gewährleistet wird. Beide Anforderungen sind über die Grundmechanismen miteinander verknüpft, und das vorliegende Buch versucht, auch diese Verknüpfung deutlich und durchsichtig zu machen. Einzeldaten treten demgegenüber zurück.

In dieser Darstellung wirken sich zahlreiche Anregungen aus, die aus den Forschungsarbeiten und Seminaren des Instituts für Werkstoffwissenschaften I der Universität Erlangen-Nürnberg in den letzten Jahren hervorgegangen sind. Allen Mitarbeitern, insbesondere den Herren Dr. W. Blum und Dr. B. Reppich, möchte ich für ihre Beiträge zur speziellen Diskussion ebenso wie zur allgemeinen Aktivität auf dem Gebiet der Hochtemperaturplastizität herzlich danken. Daneben ist die Mithilfe von Herrn cand. phys. W.-D. Finkelnburg bei der Vorbereitung der Arbeit, der kritischen Durchsicht des Textes und der Korrektur dankend hervorzuheben.

Außer den genannten und weiteren ungenannten aktiven Helfern gibt es auch solche, die allein durch geduldiges Zurückstecken das Zustandekommen dieser Schrift ermöglichten. Hier ist an erster Stelle meine Familie zu nennen, dann aber auch - auf ganz anderer Ebene - der Springer-Verlag. Auch hierfür sage ich gern meinen herzlichen Dank.

Erlangen, im Sommer 1973 Bernhard Ilschner

Inhaltsverzeichnis

Inhaltsverzeichnis   IX

1. Allgemeine Einführung

1.1. Grundeigenschaften des Kriechprozesses

Gegenstand dieses Buches ist das Werkstoffverhalten unter mechanischer Beanspruchung bei hoher Temperatur. Diese Beanspruchung
kann entweder durch eine vorgegebene Spannung σ erfolgen, mit der
Konsequenz, daß die Dehnung der Probe zeitabhängig ist, oder der-
art, daß eine bestimmte Verformungsgeschwindigkeit $d\varepsilon/dt = \dot\varepsilon$ er-
zwungen wird, wozu eine zeitabhängige Spannung σ erforderlich ist.
In beiden Fällen spielt die Temperatur T der Probe und ihre durch
einen symbolischen Parameter S gekennzeichnete Struktur eine maß-
gebliche Rolle.

In Abschn. 2 werden zunächst die Meßgrößen und die zu ihrer Ge-
winnung verwendeten Methoden analysiert. Dazu werden einige Grundeigenschaften des Kriechprozesses vorausgesetzt, die erst in Abschn. 3
eingehend beschrieben und in Abschn. 4 modellmäßig interpretiert werden können. Diese Grundeigenschaften werden nachfolgend in
Form von sieben "Thesen" dem weiteren Text vorangestellt:

1. Die Kriechkurve $\varepsilon(t)$, Abb. 1.1, beschreibt die Dehnung als Funktion der Zeit bei konstanter Temperatur und Belastung.

2. Die Kriechkurve läßt sich in der Regel in drei Bereiche gliedern:
primäres oder Übergangskriechen (engl.: transient creep) - sekun-
däres oder stationäres (engl.: steady-state) Kriechen - tertiäres
Kriechen. Vor dem Einsetzen der zeitabhängigen Dehnung wird eine
Anfangsdehnung ε_0 (engl.: instantaneous strain) festgestellt.

3. Bei Belastung setzt im Regelfall der Kriechvorgang mit großer Geschwindigkeit ein; diese nimmt im Übergangsbereich ab, erreicht im stationären Bereich einen konstant bleibenden Minimalwert $\dot{\varepsilon}_s = \dot{\varepsilon}_{min}$ und steigt im tertiären Bereich abermals an, bis der Bruch eintritt.

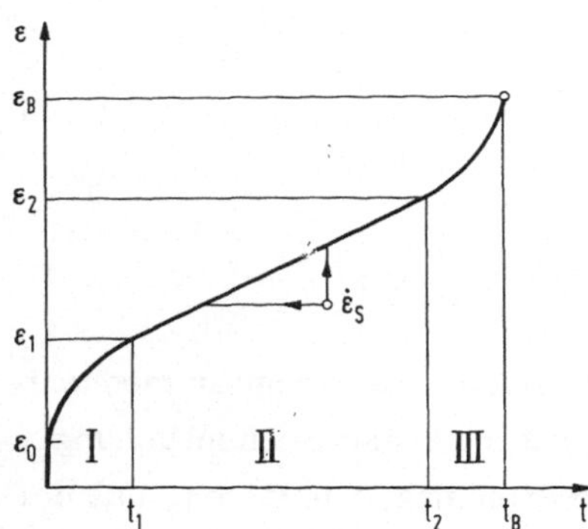

Abb.1.1. Grundform der Kriechkurve $\varepsilon(t)$.

4. Die Temperaturabhängigkeit von $\dot{\varepsilon}_s$ kann im allgemeinen durch eine Arrhenius-Funktion beschrieben werden:

$$\dot{\varepsilon}_s = A(S,\sigma)\, \exp(-Q_c/RT). \tag{1.1}$$

5. Die Spannungsabhängigkeit von $\dot{\varepsilon}_s$ kann innerhalb nicht zu großer σ-Bereiche durch eine Potenzfunktion angenähert beschrieben werden:

$$\dot{\varepsilon}_s = B(S,T)\sigma^n. \tag{1.2}$$

Für einfach aufgebaute Werkstoffe gilt dabei häufig $n = 4$. Bei höheren Spannungen nimmt n zu, so daß sich anstelle von (1.2) eine angenähert exponentielle Spannungsabhängigkeit ergibt.

6. Bei Beanspruchung durch eine vorgegebene Verformungsgeschwindigkeit $\dot{\varepsilon}$ ist der Spannungsverlauf durch die Spannungs-Dehnungs-Kurve $\sigma(\varepsilon)$ gegeben. Deren Form und Wertebereich hängt wiederum von T und von $\dot{\varepsilon}$ ab. Für vergleichbare Dehnungen gilt dabei oft

$$\sigma = C\dot{\varepsilon}^m \tag{1.3}$$

mit typischen Werten von m von $0,1$ bis $0,3$.

7. Der Strukturparameter S umfaßt Angaben über Korngröße und
Kornform, Volumenanteil, Dispersionsgrad, Form, Größe, Textur
und Anordnung der verschiedenen Phasen, ggf. von Poren, über
Lage und Winkelunterschied von Zellgrenzen, Zahl, Dichte und Form
isolierter Versetzungen sowie die Konzentration von Punktfehlstellen.

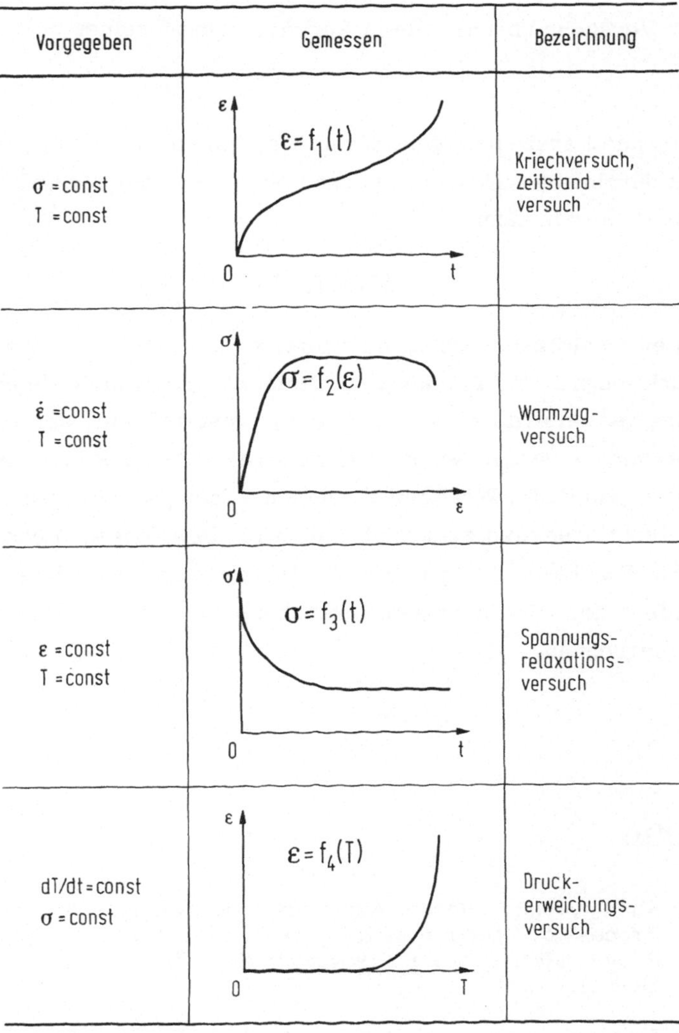

Abb. 1.2. Systematik der Versuchsführungen zur Messung der Hochtemperaturplastizität.

1.2. Strategie der Versuchsführung

Bei jeder Versuchsführung wird man bestrebt sein, eine der in Abschn. 1.1 aufgeführten Größen vorzugeben und dann zu messen, wie eine zweite sich einstellt; die anderen Größen werden dabei als Parameter während eines Versuches konstant gehalten. Daraus ergeben sich die in Abb. 1.2 schematisch dargestellten grundsätzlichen Möglichkeiten zur Versuchsführung, die in Abschn. 2 im einzelnen behandelt werden.

Die folgende Darstellung geht davon aus, daß die Hochtemperaturplastizität durch eine funktionale Verknüpfung folgender Meßgrößen beschrieben werden kann:

$$\Phi(\dot{\varepsilon}, \sigma, T, S) = 0 . \tag{1.4}$$

Sofern eine solche Beziehung existiert, sind die in Abb. 1.2 auftretenden Funktionen f_1 bis f_4 sämtlich miteinander verknüpft. In die Verknüpfung geht allerdings der Strukturparameter S ein, der sowohl von der thermisch-mechanischen Vorgeschichte des Materials als auch vom jeweiligen Wert der Variablen ε bzw. t abhängen kann. Diese Funktionen sind z.T. unübersichtlich bzw. ungenau bekannt. Nur in Fällen, in denen S identisch ist, lassen sich Ergebnisse der verschiedenen Versuchstypen über 1.4 korrekt ineinander umrechnen.

Literatur

1.1.   Sully, A.H.: Recent Advances in Knowledge Concerning the Process of Creep in Metals, in B. Chalmers, R. King (Hrsg.): Progr. Met. Phys. $\underline{6}$ (1956) 135/80., Pergamon Press, Oxford 1956 und 1961

1.2.   Symposium on Creep and Fracture of Metals at High Temperatures. Proc. NPL. H. M. Stationary Office, London 1956

1.3.   Creep and Recovery. ASM, Cleveland 1957

1.4. Hehemann, R.F., Ault, G. Mervin (Hrsg.): High Temperature Materials. Proc. of a Conference sponsored by AIME, Cleveland 1957. Wiley, New York 1959

1.5. Dorn, J.E. (Hrsg.): Mechanical Behavior of Materials at Elevated Temperatures. McGraw-Hill, New York 1961

1.6. Structural Processes in Creep. Iron and Steel Inst., London 1961

1.7. Savitsky, E.M.: The Influence of Temperature on the Mechanical Properties of Metals and Alloys (Übers. a.d. Russ.). Univ. Press, Stanford 1961

1.8. Kennedy, A.J.: Processes of Creep and Fatigue in Metals. Oliver & Boyd, Edinburgh/London 1962

1.9. Joint International Conference on Creep. Inst. Mech. Engrs., London 1963

1.10. High Temperature Technology. Hrsg. IUPAC. Butterworths, London 1964

1.11. Freudenthal, A.M., Boley, B.A., Liebowitz, H.: High Temperature Structures and Materials. Pergamon Press, Oxford 1964

1.12. Garofalo, F.: Fundamentals of Creeps and Creep Rupture in Metals. McMillan, New York 1965

1.13. Grant, N.J. (Hrsg.): Deformation and Fracture at Elevated Temperatures. MIT Press, Cambridge 1965

1.14. Odqvist, F.K.G.: Mathematical Theory of Creep and Creep Rupture. Clarendon Press, Oxford 1966

1.15. Sherby, O.D., Burke, P.M.: Mechanical Behaviour of Crystalline Solids at Elevated Temperature, in Progr. Materials Sci. Bd. 13, Nr. 7. Pergamon Press, Oxford 1967

1.16. Sellars, C.M., Tegart, W.J.McG. (Hrsg.): Deformation under Hot Working Conditions. Iron and Steel Inst., London 1968

1.17. Pisarenko, G.S.: High-Temperature Strength of Materials (Übers. a.d. Russ.). IPST Press, Jerusalem 1969

Angaben über neueste Veröffentlichungen auf diesem Sachgebiet werden mit stichwortartigen Inhaltsangaben nach einem rechnergestützten Verfahren publiziert als "Standard Profiles" No. 12 (Creep Analysis and Creep Rupture Strength), herausgegeben von ESRO/ELDO Space Documentation Service, F-92 Neuilly-sur-Seine.

2. Meßgrößen und Meßverfahren

2.1. Allgemeines

2.1.1. Meßgrößen.

Die experimentellen Methoden zur Untersuchung der Hochtemperaturplastizität erstrecken sich auf die Bestimmung

der geometrischen Verformung nach einer bestimmten Beanspruchung;
der maximalen Verformung vor Eintritt des Bruches;
der Verformungsgeschwindigkeit ("Verformungrate");
der beanspruchenden Kräfte;
der Temperatur;
der Zeit.

Sie beinhalten außerdem die qualitative und quantitative Analyse der
chemischen Zusammensetzung, der Gitterstruktur und des Gefügeauf-
baues der verformten kristallinen Substanz bzw. der in ihr enthaltenen
Phasen. Dem zuletzt genannten Komplex ist Abschn. 2.6 gewidmet.

Erfassung und Vergleich der oben aufgelisteten physikalischen Meßgrößen erfordern Klarheit über die zu verwendenden Symbole und
Maßeinheiten. In der Bundesrepublik Deutschland ist seit 1970 das
neue Internationale Einheitensystem (SI) gesetzlich verankert [2.1],
[2.2].

2.1.2. Maßeinheiten für Verformungsgrad und Verformungsgeschwindigkeit

Während Meß- und Registriergeräte zunächst Aussagen über die Längenänderung $l - l_0$ als Funktion der Zeit bzw. über die Längenände-
rungsgeschwindigkeit dl/dt liefern, wird als vergleichbarer Meßwert
eine relative Dehnung verwendet. Am einfachsten ist die Normie-

rung mit der Ausgangslänge l_0 der Meßstrecke

$$\varepsilon_0(t) = (1 - l_0)/l_0 . \qquad (2.1a)$$

Die entsprechende Dehnungsgeschwindigkeit ist

$$d\varepsilon_0/dt = \dot{\varepsilon}_0 = (1/l_0)(dl/dt) . \qquad (2.1b)$$

Dehnungsgeschwindigkeiten werden bei Kriech- und Warmverformungsversuchen meist in der Maßeinheit s^{-1} angegeben. Für Zeitstandversuche ist die kleinere Einheit $\%/h = 2,78 \cdot 10^{-6} s^{-1}$ üblich. Die technisch wichtige Größenordnung $10^{-4} \%/h$ entspricht also rund $3 \cdot 10^{-10} s^{-1}$, während Kriechversuche üblicherweise im Bereich von 10^{-7} bis $10^{-2} s^{-1}$, Warmverformungsversuche zwischen 10^{-2} und $10^{2} s^{-1}$ durchgeführt werden.

Physikalisch sinnvoller ist die auf die jeweilige Länge bezogene Zunahme der wahren Dehnung ε_w

$$d\varepsilon_w/dt = \dot{\varepsilon}_w = (1/l)(dl/dt) = \dot{\varepsilon}_0/(1 + \varepsilon_0) . \qquad (2.2a)$$

Aus dieser Definition ergibt sich

$$\varepsilon_w = \int_{l_0}^{l} d\varepsilon_w = \ln(l/l_0) = \ln(1 + \varepsilon_0) . \qquad (2.2b)$$

Man erkennt, daß der Unterschied von ε_0 und ε_w für Dehnungen unterhalb von 2% vernachlässigt werden kann, vgl. Tab.2.1. sowie Abb.2.1.

Tab.2.1. Technische und wahre Dehnung im Zugversuch

$\varepsilon_0[\%]$	0,1	1	2	3	5
ε_0	0,0010	0,0100	0,0200	0,0300	0,0500
ε_w	0,0010	0,0100	0,0198	0,0296	0,0488

$\varepsilon_0 [\%]$	10	15	20	40	60
ε_0	0,1000	0,1500	0,2000	0,4000	0,6000
ε_w	0,0953	0,1398	0,1823	0,3365	0,4700

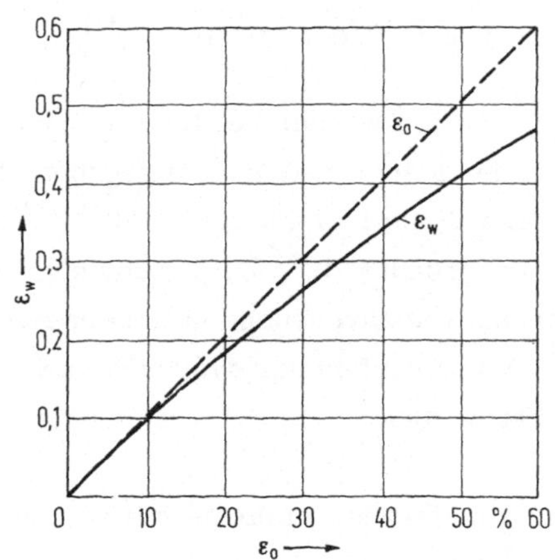

Abb.2.1. Wahre Dehnung ε_w als Funktion der technischen Dehnung ε_0 gemäß (2.2b). Gleichmaßdehnung ist vorausgesetzt.

Im Stauchversuch ergibt sich die Dehnung nach (2.1a) negativ. In der Praxis ist es jedoch üblich, die positive Meßgröße "Stauchung" als $\varepsilon_0 = (l_0 - 1)/l_0$ festzusetzen, vgl. DIN 50 106. Die "wahre Stauchung" ergibt sich dann als positiver Wert zu

$$\varepsilon_w = \ln(l_0/1) = -\ln(1 - \varepsilon_0) = \ln[1/(1 - \varepsilon_0)] . \qquad (2.3)$$

Die Ermittlung einer wahren Stauchung wird allerdings durch die Ausbildung einer charakteristischen Tonnenform (engl.: barrelling) erschwert. Diese Ausbauchung, Abb.2.2, ist nicht wie die Einschnürung beim Zugversuch auf die Spannungsabhängigkeit der Fließgeschwindigkeit zurückzuführen, sondern auf Reibung zwischen den Stirnflächen der Druckstempel. Auf diese Weise entstehen verformungsarme Druckkegel innerhalb der Probe, Abb.2.2. Insgesamt ist daher der Verformungsvorgang an kurzen Druckproben inhomogener als beim Zugversuch, und der Geometrieeinfluß wirkt sich deutlich

auf die Stauch-Zeit-Funktion $\varepsilon(t)$ aus [2.3]. Wenn der Stauchversuch
trotzdem häufig verwendet wird, dann wegen der einfachen Probenform (wichtig bei schwer bearbeitbaren Werkstoffen und bei Einkristallen!) und ferner deswegen, weil bei rißempfindlichen Materialien
höhere Gesamtverformungen erzielt werden können. Die Ausbauchung läßt sich durch S c h m i e r u n g der Auflageflächen weitgehend
verhindern, vgl. Abschn. 2.2.4.

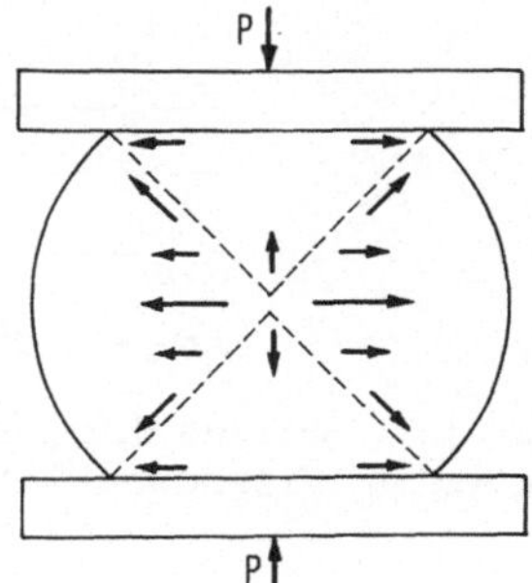

Abb.2.2. Inhomogenes Fließen beim
Druckversuch infolge Reibung an den
Stirnflächen der Probe.

Daß die Verformung einer Probe bei Beanspruchung auf B i e g u n g
inhomogen ist, ist schon aus der klassischen Elastomechanik bekannt.
Dennoch wird diese Versuchsgeometrie nicht nur wegen der einfachen
Probenform, sondern auch deshalb viel verwendet, weil sie bei kleinen Verformungsgraden und flachen Proben eine höhere Meßempfind-
lichkeit gestattet.

Man unterscheidet zwischen dem D r e i s c h n e i d e n - und dem
V i e r s c h n e i d e n - Versuch, je nachdem, ob die Last als Einzel-
last zwischen den Stützen der frei aufliegenden Probe oder durch
zwei Schneiden symmetrisch zur Probenmitte aufgebracht wird. Die
letztgenannte Versuchsführung, Abb.2.3, ist trotz des etwas höheren Aufwandes zu bevorzugen, da sie zwischen den beiden mittleren
Schneiden ein konstantes Biegemoment, mithin kreisbogenartige
Verformung und gleichartige Beanspruchung aller Gefügequerschnitte
liefert, vgl. etwa [2.4], [2.5]. Im Gegensatz dazu nimmt bei der
Dreischneiden-Anordnung das Biegemoment linear bis zur Proben-

mitte zu. Dort herrscht also in enger lokaler Begrenzung maximale
Beanspruchung, so daß das Versuchsergebnis sowohl durch den Span-
nungsgradienten als auch durch zufällige Unregelmäßigkeiten im Pro-
benmaterial beeinflußt wird.

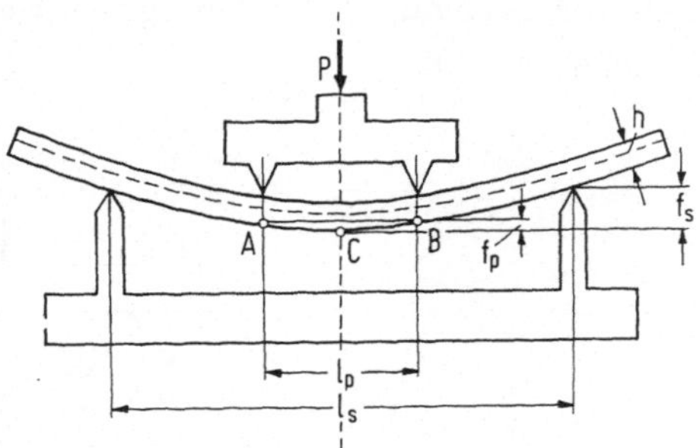

Abb.2.3. Schema der Versuchsanordnung und Erläuterung der Meßgrößen im Vierschneiden-Biegeversuch.

Es läßt sich leicht zeigen, daß der Biegeradius r des Mittelstückes
der Probe mit der Länge l_p gegeben ist durch

$$r = l_p^2/8f_p + f_p/2 \approx l_p^2/8f_p \, . \tag{2.4}$$

Dabei wird f_p üblicherweise als D u r c h b i e g u n g des Mittelteiles
bezeichnet. Die Näherung gilt für Durchbiegungen, die relativ zum
Abstand l_p der mittleren Schneiden klein sind $(f_p < l_p/2)$.

Eine Beziehung zu der im Zugversuch verwendeten Meßgröße D e h -
n u n g ε_0 läßt sich herstellen, wenn man annimmt, daß trotz der
Quetscheffekte infolge des hohen Auflagedruckes der Schneiden die
Mittelebene der Probe als "neutrale Faser" k e i n e Dehnung er-
leidet. Dann gilt wegen (2.4) für die Z u g f a s e r

$$\Delta l/l_0 = \Delta r/r = (8f_p/l_p^2)\Delta r;$$

setzt man für Δr die halbe Probendicke, also $h/2$, an, so folgt

$$\varepsilon_0 = (4h/l_p^2)f_p \, . \tag{2.5}$$

In der Regel wird f_p nicht direkt ermittelt; vielmehr liefert die Maschine die gesamte Duchbiegung f_s zwischen den Stützen, vgl. Abb.2.3. f_p läßt sich jedoch aus dem Verhältnis von l_s und l_p ableiten, wenn f_s gemessen ist, vgl. etwa [2.6]. Ist z.B. $l_p = l_s/3$ wie in Abb.2.3., so ist $f_p = 0,13\, f_s$. Hinsichtlich der wirksamen Spannung im Biegeversuch vgl. Abschn. 2.1.3.

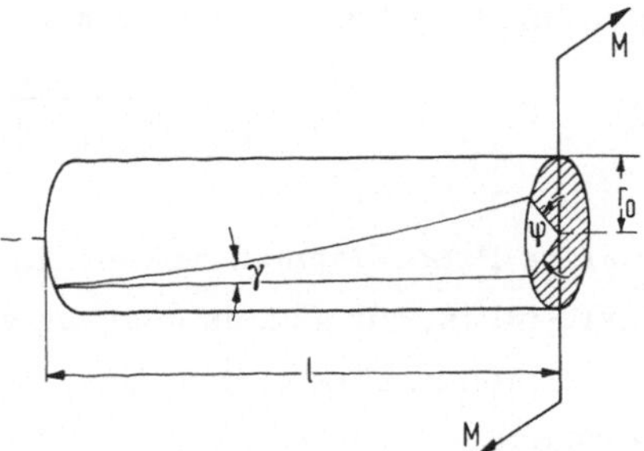

Abb.2.4. Meßgrößen beim Torsionsversuch.

Neben den Zugversuch , den Stauchversuch und den Biege-versuch tritt als wichtiges Untersuchungsverfahren der Hochtempe-raturplastizität der (Warm-) Verdrehversuch oder Torsions-versuch, Abschn.2.3.3. Auch für ihn muß eine Meßgröße für die Formänderung gesondert definiert werden, Abb.2.4. Die primäre Meßgröße - entsprechend der Länge 1 im Zugversuch - ist der im Bogenmaß anzugebende Verdrehwinkel ψ (engl.: angle of twist). Aus ihm wird eine auf die Probenmaße bezogene Meßgröße, die Schie-bung γ (engl.: surface shear strain) gebildet:

$$\gamma = \int_0^\psi (r/l)\,d\psi \qquad (2.6),$$

$$= r_0 \psi / l_0, \text{ falls } r, \, 1 \text{ unabhängig von } \psi. \qquad (2.6a)$$

(2.6a) wirft die Frage nach der Konstanz von Meßlänge 1 und Pro-benradius r während der Torsion auf. Sie ist offenbar dann gewähr-leistet, wenn die Probe im Versuch beiderseitig in axialer Richtung fest eingespannt wird. Weil dann $1 = l_0$ festgehalten wird, muß wegen

der Volumenkonstanz auch $r = r_0 = $ const sein. Es gibt jedoch
auch Versuchsanordnungen mit einem axial freien Probenende,
Abschn. 2.3.3.

In dem durch (2.6a) gekennzeichneten Fall erfährt eine gedachte
Mantellinie der zylindrischen Probe während der Verdrehung zugleich
eine D e h n u n g, ε_0. Durch "Abwickeln" der Mantelfläche ermittelt
man für $\gamma \gg 1$ den Zusammenhang

$$\varepsilon_0 = \sqrt{1 + \gamma^2} - 1 \approx \gamma = \psi\, r_0 / l_0 . \qquad (2.7)$$

Übliche Probenformen weisen ein Verhältnis $r_0 / l_0 = 0,1$ auf. In diesem Fall ist der Zusammenhang von Dehnung und Verdrehung innerhalb
der ersten zwei oder drei Umdrehungen nichtlinear. Warmverdreh-
versuche werden jedoch oft bis zu hundert und mehr Umdrehungen geführt, so daß für den größeren Teil der Messung die Näherung gültig
ist. ε_0 beschreibt nur die Dehnung einer Mantellinie; die Gesamtverformung setzt sich hieraus und aus der Scherung zusammen, welche
einzelne Mantellinien - oder auch einzelne ringförmige Abschnitte der
Mantelfläche - gegeneinander erfahren. - Die F o r m ä n d e r u n g s g e -
s c h w i n d i g k e i t in der Oberfläche (engl.: surface shear strain
rate) ist

$$d\gamma / dt = (2\pi r_0 / l_0)(U/60), \qquad (2.8)$$

wenn U die Zahl der Umdrehungen des Antriebs je Minute ist.

2.1.3. Maßeinheiten für mechanische Kräfte und Spannungen

Die auf eine Probe wirkende L a s t hat den physikalischen Charakter
einer K r a f t und wurde bisher in Deutschland, z.T. auch in anderen
kontinentaleuropäischen Ländern, in der Einheit 1 kp gemessen. Das
neue Internationale Einheitensystem [2.1] hat stattdessen die Einheit
1 N (lies: Newton) zur Basis der Kraftmessung gemacht (1 N =
$= 1$ kgm/s$^2 = 0,1020$ kp). Infolgedessen ist auch die bisher übliche
Einheit für die mechanische S p a n n u n g, definiert als Last/Flächen-
einheit, zu ersetzen: An die Stelle der Einheit 1 kp/mm^2 tritt die
neue Einheit 1 N/m$^2 = 1$ Pa (lies: Pascal). Da wegen der großen Be-

(σ, t_B) bzw. D e h n g r e n z l i n i e n (σ, t_ε) bei der üblichen doppeltlogarithmischen Auftragung die Form von Geraden annehmen, soll hier
zunächst als empirischer Befund hingenommen weden. In einem zweiten Schritt wird nun das Zeitstandschaubild, wie Abb.2.6c andeutet, auf
einzelne Werkstoffkennwerte reduziert, insbesondere auf die Z e i t -
s t a n d f e s t i g k e i t $\sigma_{B/t}$ und auf die Z e i t k r i e c h g r e n z e $\sigma_{\varepsilon/t}$.

In der wissenschaftlichen Analyse des Kriechversuchs wird in neuerer
Zeit das Basisdatenmaterial a zunächst durch Differentiation nach der
Zeit in das Kriechdiagramm d überführt [2.3], [2.11]. Dieses stellt
die Kriechgeschwindigkeit $\dot\varepsilon$ logarithmisch als Funktion der Dehnung
ε_w dar. Dadurch wird ein fundamentalerer Zusammenhang zweier
Größen herausgestellt, als es die anwendungstechnisch wichtigere
Funktion $\varepsilon(t)$ ist. Ferner lassen sich in einem solchen $\dot\varepsilon(\varepsilon)$-Dia-
gramm primäre, sekundäre und tertiäre Kriechbereiche, vgl. Abb.1.1,
sowie Überlagerung von Rekristallisationsprozessen, vgl. Abschn.3.3.1,
3.6.4, besser voneinander trennen.

Eine "Informationsverdichtung" führt nun von d zu e: Auftragung der
zu einem bestimmten Wert von ε oder zu einem bestimmten Stadium
der Kriechkurve a - z.B. dem stationären Bereich - gehörenden
Kriechgeschwindigkeiten $\dot\varepsilon$ über dem Parameterwert σ. Daß auch
hier wie bei b doppeltlogarithmische Auftragung zu einer angenähert
linearen Darstellung führt, soll wiederum als empirischer Befund
vorgemerkt werden. Ein weiterer Schritt führt von der Kurve e zu
einem Kennwert, dem S p a n n u n g s e x p o n e n t e n n.

Ganz analog würde die Auswertung einer Schar von Kriechkurven, die
bei gleicher Spannung, aber verschiedener Temperatur gewonnen wurden, verlaufen. In der zu d entsprechenden Stufe wäre log $\dot\varepsilon$ über
1/T - statt über log σ - aufzutragen; als Kennwert würde sich analog
zu n die Aktivierungsenergie Q ergeben, vgl. Abschn.2.2.3.

Die Diskussion der von den primären Kriechdaten $l(t)$ bzw. $\varepsilon(t)$
ausgehenden Informationsaufbereitung sollte die Parallelität der
beiden Verfahrenswege deutlich machen, die einmal mit Zielrichtung Grundlagenforschung, zum anderen mit Zielrichtung Anwen-

dungstechnik eingeschlagen werden. Da es sich um denselben objekti-
ven Vorgang handelt, der beschrieben wird, müssen beide Schrittfol-
gen prinzipiell äquivalent sein. Dies wird im weiteren Verlauf der Darstellung nachzuweisen sein, vgl. insbesondere Abschn. 3.5.4.

Der zu Beginn dieses Abschnittes verwendete Ausdruck "gleichblei-
bende Beanspruchung" ist nicht eindeutig: Vom Standpunkt des
Werkstoffanwenders aus bedeutet dieser Terminus zweifellos eine
konstante Last oder Kraft, mit der etwa ein Zugstab oder eine
Turbinenschaufel im Einsatz beansprucht wird. Um vergleichbare
Angaben für verschiedene Materialquerschnitte zu erhalten, wird diese konstante Kraft in Form einer (Normal-)Spannung angegeben,
indem sie auf den Querschnitt F_0 der Probe bei Versuchsbeginn
($t = 0$) bezogen wird:

$$P \rightarrow \sigma_0 = P/F_0 . \tag{2.16}$$

Diese Nominalspannung σ_0 ist also im Grunde nur eine anders nor-
mierte Kraft.

Vom Standpunkt des wissenschaftlichen Verständnisses des Werk-
stoffverhaltens aus gesehen ist jedoch nicht σ_0, sondern die an einem
gegebenen Volumenelement der Probe zu einem gegebenen Zeitpunkt
tatsächlich wirksame Spannung maßgeblich. Aus diesem Grunde
werden Versuche im Rahmen von Projekten der Grundlagenforschung
vielfach mit konstanter "wahrer" Spannung σ durchgeführt, d.h. es
wird $\sigma = P/F(t)$ konstant gehalten. σ und σ_0 sind nur bei Versuchsbeginn identisch: $F(0) = F_0$. Sobald eine endliche Dehnung der Probe
eingesetzt hat, nimmt $F(t)$ ab, so daß σ größer wird als σ_0. Setzt
man in erster Näherung Volumenkonstanz der Probe während des
Kriechversuchs voraus, d.h. keine merkliche Porenbildung, so ist
offenbar $F(t) = F_0/(1 + \epsilon_0)$ und

$$\sigma = (P/F_0)(1 + \epsilon_0) = \sigma_0(1 + \epsilon_0) . \tag{2.17}$$

Die Forderung, den Kriech-Zugversuch mit der Bedingung $\sigma = $ const
durchzuführen, läuft also darauf hinaus, während des Versuches

die Last gemäß

$$P(\varepsilon_0) = P_0/(1 + \varepsilon_0) \qquad (2.18)$$

kontinuierlich zu mindern. Wegen der praktischen Realisierung dieser
Bedingung wird auf Abschn. 2.2.5 verwiesen. Für Versuche, bei denen
ohnehin nur Dehnungen unterhalb von ca. 1% auftreten, erübrigt sich
eine solche Maßnahme. Bei höheren Dehnungen hingegen wirkt sich
(2.17) erheblich aus, weil die Verformungsgeschwindigkeit in der
Regel sehr stark von σ abhängt. Abb. 2.7 veranschaulicht dies für den

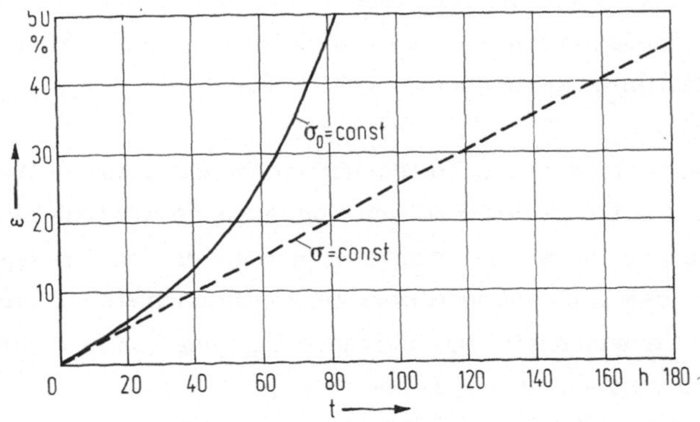

Abb. 2.7. Überproportionale Dehnung im Kriechversuch mit konstanter Last infolge Abnahme des Probenquerschnittes für $\dot{\varepsilon} = A\sigma^4$.

angenommenen Fall eines sonst stationären Kriechvorganges. Ein linearer Verlauf der Kriechkurve ist also unter der Bedingung konstanter
Kraft P bzw. Nominalspannung σ_0 bei Dehnungen oberhalb von 5% gar
nicht zu erwarten. In diesem Sinne wirkt sich die Querschnittsverminderung als "Störfaktor" aus. Andererseits kann sie auch bewußt
ausgewertet werden, um aus dem Verlauf einer bei σ_0 = const aufgenommenen Kriechkurve $\varepsilon_0(t)$ Aussagen über die Spannungsabhängigkeit zu erhalten, vgl. Abschn. 2.2.3.

2.2.2. Der Kriech-(Zeitstand-)Versuch in der Normung
Die Vergleichbarkeit der Werkstoffkenngrößen setzt standardisierte
Durchführung und Auswertung der entsprechenden Meßverfahren vor-

aus. In der BRD enthält das Normblatt DIN 50 119 (S t a n d v e r s u c h)
[2.12] allgemeine Gesichtspunkte. Nähere Angaben macht DIN 50 118
(Z e i t s t a n d v e r s u c h) . Entsprechende - sehr ähnliche - Normen
in der DDR sind TGL 11 224 (Zeitstandversuch), TGL 10 975 (nicht
unterbrochener Kriechversuch) und TGL 10 976 (unterbrochener
Kriechversuch), vgl. [2.13].

Die Z e i t s t a n d f e s t i g k e i t wird definiert als "diejenige auf den
Anfangsquerschnitt der Probe bezogene ruhende Belastung, die nach
Ablauf einer bestimmten Versuchszeit den Bruch der Probe hervor-
ruft". Es versteht sich, daß dieser Wert nicht direkt, sondern nur
durch Interpolation einer Folge von Einzelversuchen mit jeweils neuen
Proben bestimmt werden kann, vgl. Abb.2.6.

Analog definiert wird die Zeitstandkriechgrenze, kurz: Z e i t k r i e c h -
g r e n z e . Im speziellen Fall des Zugversuchs wird sie als Z e i t -
d e h n g r e n z e bezeichnet und ist diejenige auf den Anfangsquerschnitt
der Probe bezogene ruhende Belastung, die nach Ablauf einer bestimmten Versuchszeit eine bleibende Dehnung von bestimmtem Betrag hervorruft - häufig 0,2% oder 1%.

Die Forderung nach Zugrundelegung der b l e i b e n d e n Dehnung gibt
zu einer kritischen Anmerkung Anlaß: Die bleibende Dehnung soll
normgemäß durch Vergleich mit der Ausgangslänge nach Entlastung
auf Vorlast, aber erst 30 min nach dieser Entlastung, ermittelt
werden; bei sog. Langzeitstandversuchen ($\gtrsim$ 1000 h) wird sie an der
ausgebauten, erkalteten Probe durch Vergleich des Abstandes zweier
vor dem Versuch angebrachter Meßmarken bestimmt. Es ist auch,
zulässig, von den Meßwerten "die durch die Prüflast aufgezwungene
elastische Dehnung abzuziehen".

Alle diese Verfahren haben grundsätzliche Mängel. Zunächst ist festzustellen, daß der Anwender sich im Grunde weniger für die bleibende
Dehnung nach Entlastung und Abkühlung auf Raumtemperatur interessiert als für die tatsächliche Gesamtdehnung eines Konstruktions-

elementes unter Betriebstemperatur und Betriebslast. Der "elastische Anteil" einer Verformung bei hoher Temperatur kann nun sehr willkürlich festgestellt werden; er hängt von der Vorgeschichte, der Belastungs- und Entlastungsgeschwindigkeit und von strukturellen Änderungen des Werkstoffes während der Standzeit ab, ist also bei Versuchsbeginn und Versuchsende nicht identisch. Elastische Dehnung und Übergangskriechen bei Belastung sind ebenso schwer voneinander zu trennen wie elastische Kontraktion und nichtstationäres "Rückkriechen" nach Entlastung. Ohne Zweifel ist die DIN-Norm ebenso wie TGL auf Prüfmaschinen ohne kontinuierliche Dehnungsaufzeichnung bzw. auf Prüfmaschinen mit Strängen von mehreren untereinander hängenden Proben zugeschnitten. Die in den letzten Jahren erzielten Fortschritte der Meßtechnik, der Datenerfassung und des Verständnisses der Kriechvorgänge legen es nahe, eine Neufassung der Norm unter ausdrücklicher Bezugnahme auf die bei Prüflast und -temperatur gemessene Längenänderung $l(t)$ anzustreben.

Die graphische Darstellung der Ergebnisse des Zeitstandversuches erfolgt, wie in Abb. 2.6b erläutert, im Z e i t s t a n d s c h a u b i l d . Dabei werden die bei verschiedenen Spannungen ermittelten Versuchszeiten bis zum Bruch als Z e i t b r u c h l i n i e , die ebenso ermittelten Zeiten bis zum Erreichen einer vorgegebenen Dehnung (s.o.) als D e h n g r e n z l i n i e interpoliert. Zeitstandfestigkeit bzw. Zeitdehngrenze ergeben sich dann als Schnittpunkte der genannten Kurven mit der Vertikalen bei der gegebenen Zeit (z.B. 1000 h, 10 000 h). Die Auftragung erfolgt üblicherweise doppeltlogarithmisch.

Neben den genannten Kennwerten spielt die D V M - K r i e c h g r e n z e σ_{DVM} nach DIN 50 117 noch eine Rolle. Sie ist im Gegensatz zu $\sigma_{\varepsilon/t}$ nicht primär auf einen Grenzwert der Dehnung, sondern auf einen solchen der Dehnungsgeschwindigkeit abgestellt: σ_{DVM} ist die Spannung, bei der in der 25. bis 35. Stunde die Kriechgeschwindigkeit - gemessen als $\Delta\varepsilon/\Delta t$ mit $\Delta t = 10$ h - gerade den Wert $10 \cdot 10^{-4}$ %/h annimmt, ohne daß die verbleibende Dehnung nach 45 h den Wert von 0,2% überschreitet. (Falls letzteres doch der Fall ist, gilt die Spannung $\sigma_{0,2/45}$ als σ_{DVM}.) Normalerweise wird σ_{DVM} durch lineare Auf-

tragung von Meßwerten $\Delta\varepsilon/\Delta t$ über σ ermittelt. - Dieser Kurzzeit-
test wird von DIN 50 117 ausdrücklich auf die Prüfung von Stahl und
Stahlguß im Temperaturbereich zwischen 350 und 500°C beschränkt.

Wegen der umfangreichen amerikanischen Literatur auf diesem Gebiet
ist es zweckmäßig, kurz auf die U S - N o r m e n einzugehen. Sie sind
grundsätzlich stärker auf die m i n i m u m   c r e e p   r a t e $\dot\varepsilon_{min}$ als
auf den erreichten c r e e p   s t r a i n $\varepsilon(t)$ abgestellt, im Unterschied
zur deutschen Normung. $\dot\varepsilon_{min}$ ist im Prinzip mit der sekundären oder
stationären Kriechgeschwindigkeit identisch, läßt sich jedoch auch
dann eindeutig angeben, wenn - wie bei vielen austenitischen Stählen
- ein stationärer Kriechbereich nicht auftritt. Diese positive Möglichkeit wird jedoch von der US-Norm nicht ausgeschöpft, indem praktisch
eine Kriechgeschwindigkeitsgrenze (σ für $\dot\varepsilon = 10^{-4}$ %/h) als c r e e p
s t r e n g t h bestimmt wird unter der Annahme, daß zwischen 0 und 1%
Dehnung eine konstante Kriechgeschwindigkeit vorliegt, was keineswegs
der Fall ist. Insofern fällt die US-Norm doch wieder mit $\sigma_{1/10000}$
bzw. $\sigma_{1/100\,000}$ zusammen.

Es wird ferner unterschieden [2.14] zwischen dem c r e e p   t e s t ,
der in erster Linie zur genauen Ermittlung von $\varepsilon(t)$ bzw. der minimum
creep rate bzw. Zeitdehngrenze (s.o.) dient, und dem s t r e s s -
r u p t u r e   t e s t . Der letztere entspricht dem "klassischen" Zeitstandversuch nach DIN 50 118, führt zur Ermittlung der Bruchzeit t_B (engl.
r u p t u r e   l i f e , time to rupture), wird aber in den USA in der Regel
nicht über 1000 h ausgedehnt. Er dient weniger zur Beschaffung von
Konstruktionsunterlagen, als vielmehr zum raschen relativen Vergleich
der Eignung von Werkstoffen für Hochtemperatureinsatz. Die Kenngröße r u p t u r e   s t r e n g t h entspricht der deutschen Zeitstandfestigkeit.

2.2.3. Ermittlung der Temperatur- und Spannungsabhängigkeit der Kriechrate

Im Vordergrund des technologischen wie des wissenschaftlichen Inter-
esses steht die stationäre Kriechgeschwindigkeit. Ihre Abhängigkeit
von den Parametern T und σ läßt sich auf elementare Weise ermit-

teln, indem man eine Reihe von Proben bei ebensoviel Temperaturen
bzw. Spannungen der Kriechbelastung unterwirft, den stationären Be-
reich abwartet und die so erhaltenen Meßwerte $\dot{\varepsilon}_1(T_1)$, $\dot{\varepsilon}_2(T_2)$, $\dot{\varepsilon}_3(T_3)$
usw. über der Temperatur bzw. über der Spannung in geeigneter Weise
aufträgt. Dies entspricht auch dem Vorgehen beim Zeitstandversuch,
vgl. Abb.2.6, und kann als Standardverfahren bezeichnet werden. Es
hat jedoch den Nachteil, daß die gesuchten Abhängigkeiten nur mit
einem erheblichen Aufwand an Proben und langwierigen Einzelversuchen
einigermaßen sicher ermittelt werden können.

Aus dieser Überlegung heraus sind die alternativen Verfahren der
Temperatur- und Lastwechsel entwickelt worden [2.15],
[2.16]. Sie reduzieren den Versuchsaufwand erheblich, sind allerdings nur dann anwendbar, wenn das untersuchte Material unter den
gegebenen Bedingungen tatsächlich einen hinreichend langen Bereich
stationären Kriechens aufweist. Diese Methode wird also in der Regel
für Standversuche mit Gesamtdehnungen unter 1% nicht brauchbar sein.
Apparativ setzt der Temperaturwechselversuch voraus, daß die Kriechapparatur mit einem Ofen geringer thermischer Trägheit und einem
Regelungsaggregat ausgerüstet ist, welches gestattet, die Probentemperatur innerhalb einiger Minuten um etwa $\pm$ 10 bis 20 K um einen
Mittelwert herum zu ändern, dann aber wieder konstant zu halten. Es
ist ferner der Einfluß der thermischen Ausdehnung bzw. Kontraktion
von Probe und Einspannvorrichtung während des Temperaturwechsels
zu beachten. Der Lastwechselversuch erfordert eine Belastungsvor-
richtung, welche Zugabe und Wegnahme von Zusatzlasten zu einer
Grundlast ohne Stoßbeanspruchung der Probe ermöglicht.

Die graphische Auswertung erfolgt zweckmäßig in der $\dot{\varepsilon}(\varepsilon)$-Darstel-
lung, Abb.2.8. Durch Wechsel der Temperatur (Last) zurück auf den
Ausgangswert kontrolliert man die Reproduzierbarkeit der Messung.

Aus Abb.2.8. geht hervor, daß das Verfahren im Prinzip zwei Informationen liefern kann: Angenommen, der Temperatur- oder Lastwechsel würde ohne Zeitverlust erfolgen, so erhält man durch Messung unmittelbar vor und nach dem Wechsel (A und B in Abb.2.8) den Ein-

fluß der Temperatur (Spannung) auf die Verformungsgeschwindigkeit
bei konstantem Strukturparameter S, da das Gefüge bzw.
die Fehlordnung des Gitters sich in dem als beliebig kurz angenommenen Zeitintervall zwischen beiden Messungen nicht ändern kann. Informationen über die Funktion $\varepsilon(\sigma)$ bei S = const lassen sich allerdings
mit größerer Sicherheit und geringerem Aufwand aus dem Span-
nungsrelaxations-Versuch gewinnen, Abschn.2.4.

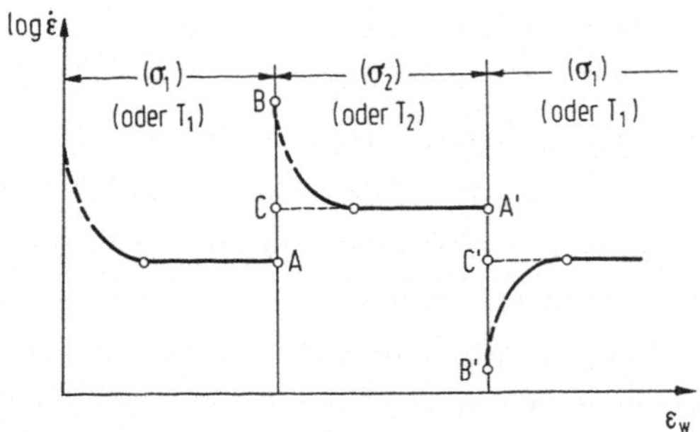

Abb.2.8. Schema der Auswertung eines Spannungswechselversuches,
$\sigma_2 > \sigma_1$ bzw. $T_2 > T_1$.

Wartet man hingegen ab, bis der Strukturparameter S sich der neuen
Temperatur (Spannung) wieder angepaßt hat, so daß der Kriechvorgang
erneut stationär geworden ist, so erhält man aus dem Vergleich der
Meßwerte A und C den Einfluß der Parameteränderung auf die stationäre Kriechrate einschließlich der damit verbundenen Änderungen. Diese Aussage ist offensichtlich komplexer, jedoch praktisch wichtiger als die erste. Hinzu kommt, daß zumindest bei Temperaturwechsel
der Zeitbedarf endlich ist, so daß die Konstanz von S in der Regel
nicht gewährleistet ist. Eine Extrapolation der Übergangskurve auf den
Zeitpunkt des Wechsels ist daher problematisch, der Meßwert B also
mit größerer Unsicherheit behaftet als der Meßwert C.

Bei solchen Lastwechselversuchen, bei denen abschnittweise nicht
die Spannung σ, sondern die Last P konstant gehalten wird, vgl.
Abschn.2.2.1, verläuft auch im stationären Bereich die $\dot{\varepsilon}$-Gerade nicht
horizontal, Abb.2.9b. In diesem Falle extrapoliert man die stationäre
Gerade auf den ε-Wert zurück, bei dem der Lastwechsel stattgefunden

hat. Damit erfaßt man zwar nicht Vergleichszustände gleicher Struktur,
aber wenigstens solche mit gleicher Geometrie.

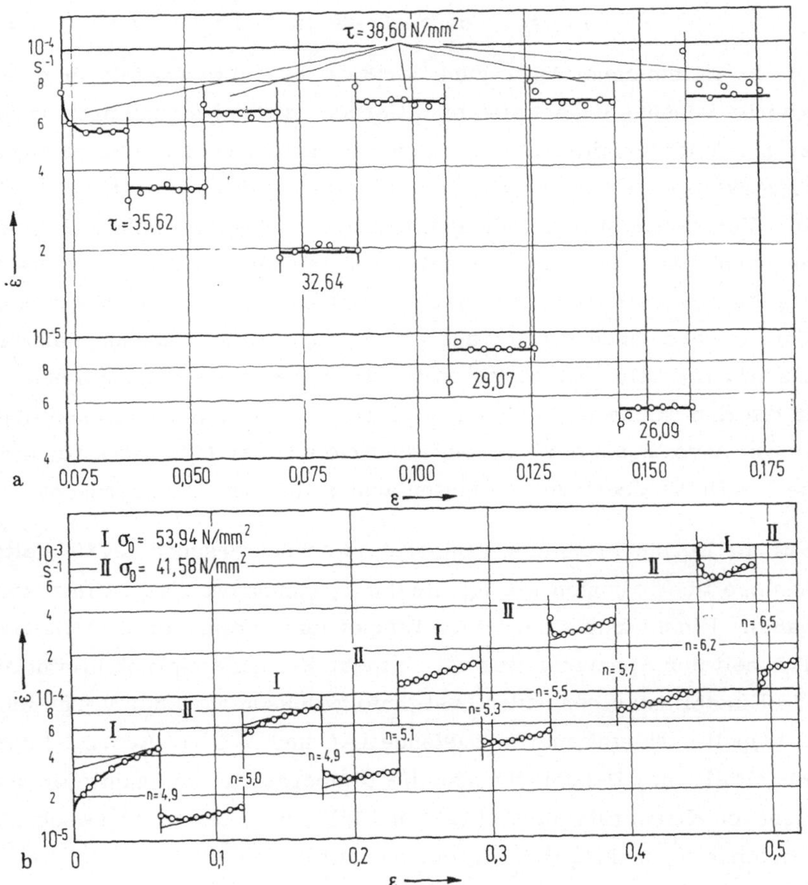

Abb.2.9. Kriechkurven $\dot\varepsilon(\varepsilon)$. a) mit Spannungswechseln für einen
ferritischen Stahl mit 4 Gew.-%Mo, 0,19 Gew.-%C (mit Mo$_2$C-Di-
spersionsverfestigung) bei 730°C und jeweils konstanter Spannung.
[2.19]; b) mit Lastwechseln für einen kohlenstofffreien ferritischen
Stahl mit 4 Gew.-%Mo bei 745°C und jeweils konstanter Last [2.18].

Die Folgen der Querschnittsänderung beim Kriechversuch mit konstanter Last können andererseits auch benutzt werden, um aus einem Kriechversuch ohne Lastwechsel Aussagen über die Spannungsabhängigkeit von
$\dot\varepsilon_s$ zu erhalten. Ist diese nämlich durch ein Potenzgesetz (1.2) zu beschreiben, so folgt in technischen Einheiten wegen (2.2a) und (2.17)

$$\dot{\varepsilon}_0 = B\sigma_0^n \left(1 + \varepsilon_0\right)^{n+1} . \qquad (2.19)$$

Logarithmiert ergibt dies unter Beachtung von (2.2b)

$$\log \dot{\varepsilon}_0 = \text{const} + 0,434\,(n+1)\,\varepsilon_w . \qquad (2.19a)$$

Die logarithmische Auftragung der Kriechgeschwindigkeit über der wahren Dehnung liefert also eine Gerade, deren Neigung proportional zu $n+1$ ist und die somit aus einem Einzelversuch die Spannungsabhängigkeit der Kriechrate in einem kleinen σ-Bereich liefert [2.3]. Das Verfahren ist den Bedingungen des Zeitstandversuches (P = const) angepaßt; es liefert jedoch nicht in jedem Fall dieselben n-Werte wie die Standardversuche oder Lastwechselversuche (s.o.). Aus diesem Grunde bezeichnen wir den aus (2.19) bestimmten Spannungsexponenten als n'. Die Differenz zwischen n' und n hängt damit zusammen, daß in die Ermittlung von n' - im Gegensatz zu der von n - die kontinuierlichen Änderungen der Probengeometrie und der Mikrostruktur eingehen. - Diese Überlegungen gelten analog für den Druckversuch.

Für die Durchführung der Temperaturwechselversuche [2.15] gelten analoge Überlegungen wie für die der Spannungswechsel. Hinzu kommt, daß die Einstellung einer neuen Temperatur infolge der thermischen Trägheit der Apparatur wesentlich mehr Zeit in Anspruch nimmt als die Einstellung einer neuen Last. Infolgedessen wird der Vergleich der extrapolierten stationären Zustände (AC und $A'C'$ in Abb.2.8) der Regelfall sein. Beschreibt man die Temperaturabhängigkeit der stationären Kriechrate durch (1.1) und führt man Temperaturwechsel zwischen T_1 und $T_2 < T_1$ durch, so ergibt sich

$$Q_c = R\ln(\dot{\varepsilon}_1/\dot{\varepsilon}_2)/(1/T_2 - 1/T_1) . \qquad (2.20)$$

(2.20) kann umgeformt werden, indem man $T_1 = \overline{T} + \Delta T/2$, $T_2 = \overline{T} - \Delta T/2$ schreibt, so daß $\overline{T}$ die Mitteltemperatur des jeweiligen Wechsels ist. Meist wird man $\Delta T^2/4$ gegen $\overline{T}^2$ vernachlässigen können: Bei $\overline{T}$ = 1500 K, ΔT = 20 K ist z.B. $\Delta T^2/4$ nur ca. 0,4% von $\overline{T}^2$; in dieser Näherung ist

$$Q_c = R\overline{T}^2\ln(\dot{\varepsilon}_1/\dot{\varepsilon}_2)/\Delta T . \qquad (2.20a)$$

Der Fehler in der Bestimmung von Q_c mit der differentiellen Methode wird also um so größer, je ungenauer ΔT bestimmt werden kann. Verfügt man in der Apparatur etwa über eine Meß- und Regelgenauigkeit für die Temperatur von ± 1 K, so kann bei $\Delta T = 20$ K die Aktivierungsenergie nicht genauer als auf etwa $\pm 5\%$ bestimmt werden. Mögliche Fehler in der Messung von $\dot\varepsilon$ machen sich wegen des Logarithmus weniger bemerkbar.

2.2.4. Probenform und Probenvorbehandlung

Für den Zeitstandversuch mit Zugbeanspruchung sind nach DIN 50 118 normale Zugproben, sog. Proportionalstäbe nach DIN 50 125, zu verwenden, bei denen Meßlänge zu Durchmesser sich mindestens wie 3 : 1 verhalten. Wird bei der Versuchsführung kontinuierliche Dehnungsmessung angewendet, so soll L : d = 5 sein. Der Ausrundungsradius am Übergang von der Meßlänge zum Einspannkopf soll d/2 betragen; es wird empfohlen, daß der kleinste Querschnitt des Kopfes (Gewindequerschnitt) mindestens 1,5 mal größer als der Prüfquerschnitt ist. Rillen, die zur Aufnahme von Dehnungsmessern (Extensometern) dienen sollen, dürfen wegen der Kerbwirkung nur in die Einspannköpfe eingestochen werden. Es muß allerdings bemerkt werden, daß von der Anwenderseite her nachdrücklich Langzeitstandprüfungen mit absichtlich gekerbten Proben, insbesondere für warmfeste Schmiedestähle, gefordert werden, da im Einsatz ohnehin meist mehrachsige Spannungszustände vorliegen, vgl. z.B. [2.17]. Ein Vorschlag zur Gestaltung einer solchen Probe - mit einer Kerbung, die dem Gewinde M 10 entspricht - findet sich in [2.13] auf S. 118. Zum Anbringen von Extensometern sind an die Meßlängenbegrenzung aufgesetzte Wülste (Bunde) zweifellos besser geeignet als Rillen (Kerben), allerdings auch schwerer herzustellen. Auf dem Markt befinden sich auch Standprüfeinrichtungen, die das Anbringen von Taststangen für Dehnungsmesser an glatten Proben durch kleine Körnereindrücke und Spitzschrauben ermöglichen.

Für die Untersuchung der Gefügeänderungen sowie der Rißbildung und -ausbreitung während des Kriechens empfiehlt es sich, zur Minderung des Versuchsaufwandes entweder einen P r o b e n s t r a n g mit mehreren Proben unterschiedlichen Querschnittes oder, noch besser, eine

Stufenprobe zu verwenden, wie sie von verschiedenen Autoren angegeben wurde, z.B. [2.20], [2.21]. Eine solche Probe, die schematisch in Abb.2.10a dargestellt ist, liefert in einem Versuch mehrere Abschnitte, die den Kriechprozeß unter verschiedener - z.B.
jeweils um 20% zunehmender - Belastung durchlaufen haben. Hinrei-
chende Länge der temperaturkonstanten Zone in der Versuchsapparatur
muß gewährleistet sein.

Für den Stauchversuch werden, sofern es sich um polykristal-
line Metalle handelt, zylindrische Proben mit einem Verhältnis Höhe
zu Durchmesser von 1,5 bis 2,5 verwendet. Soll zur Vermeidung von
Ausbauchung eine Schmierung der Stirnflächen stattfinden, vgl. die
Diskussion in Abschn.2.1.2, so empfiehlt es sich, durch Eindrehen
konzentrischer Ringrillen in beide Stirnflächen ein radiales Weg-
drücken des Schmiernittels zu verhindern, vgl. [2.22]. L. c. finden
sich auch Angaben darüber, welche Schmiermittel empfohlen werden:
Emulsionen von Graphit oder MoS_2, bei höheren Temperaturen geeignet
ausgewählte Glasfolien usw., vgl. hierzu auch [2.23].

Eine sog. Doppelscherprobe, Abb.2.10, wurde von Dorn und
Mitarbeitern ursprünglich für die Untersuchung des Kriechens in Pris-
menebenen von hexagonalen Einkristallen entwickelt [2.24], später
aber auch bei dispersionsgehärteten Stahlproben verwendet [2.19]. Sie
liefert sehr homogene Verformungszustände über die gesamte Meßlänge und entsprechend hohe Reproduzierbarkeit der Meßwerte.

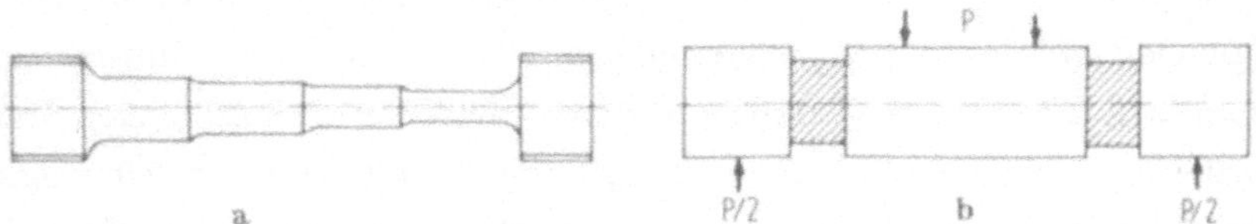

Abb.2.10. a) Stufenprobe (für Zugbeanspruchung) [2.21]; b) Doppelscherprobe nach Dorn u. M. [2.24]. Die eigentliche Meßlänge
ist schraffiert, die Beanspruchung wird durch die Pfeile angezeigt.

2.2.5. Belastungseinrichtungen

Kommerzielle Geräte, sog. Standprüfer, sind überwiegend für Langzeit-
versuche und Messungen an vielen Proben ausgelegt. Batterien, in de-

nen jeweils 5 Einheiten zusammengefaßt sind, Mehrproben- und Mehr-
stranggeräte, in denen bis zu 12 Proben gleichzeitig geprüft werden
können, herrschen daher vor. Auf eine robuste, kostensparende, einfach zu bedienende Ausführung wird besonderer Wert gelegt.

Die Belastung erfolgt allgemein durch Gewichte, die den langen Arm
eines Schneidenhebels belasten, dessen kurzer Arm den einen Proben-
spannkopf trägt. Der andere Spannkopf ist mit dem Gestell fest verbunden. Feineinstellung der Last erfolgt stufenlos durch ein Laufgewicht
auf dem langen Hebelarm. Es gibt Fabrikate, bei denen das Laufgewicht
mit elektrischem Motorantrieb auch während des Versuches auf der
Laufschiene des Belastungshebels verschoben werden kann. Dadurch
sind nicht nur Lastwechselversuche leicht durchzuführen, sondern es
können auch durch einen entsprechenden Regelkreis Versuche bei k o n -
s t a n t e r S p a n n u n g gefahren werden, vgl. Abschn.2.2.1.

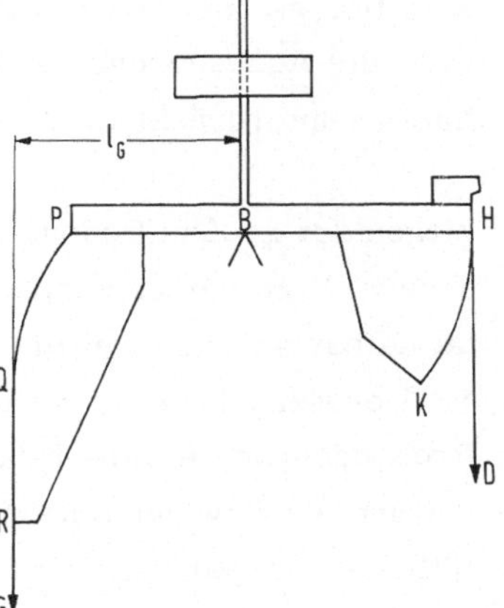

Abb.2.11. Vorrichtung nach Andrade
und Chalmers [2.25] für Kriechversuche mit Zugbeanspruchung unter
Konstanthaltung der Spannung.

Weniger aufwendig erreicht man das gleiche nach einem klassischen
Vorschlag von Andrade und Chalmers [2.25], Abb.2.11. Die Zugkraft
auf die Probe wird durch den Draht D übertragen, der an einem Kreis-
segment HK entlang läuft, dessen Zentrum im Schneidenlager B des
Hebels liegt. Das Belastungsgewicht hängt ebenfalls an einem Stahl-
draht, der über die zweite Kurvenscheibe PQR läuft. Diese ist mit
Hilfe eines graphischen Verfahrens so konstruiert, daß das vom Ge-

wicht ausgeübte Moment umgekehrt proportional zur Verlängerung
der Probe abnimmt, indem die effektive Länge l_G des Gewichtsarmes
sich verkürzt, vgl. auch (2.18):

$$l_G = l_G^0 / (1 + \varepsilon_0) . \qquad (2.21)$$

Die genannten Autoren konnten mit dieser Anordnung die Spannung σ
bei Probendehnungen bis zu 30% auf ± 1% konstant halten. - Derartige
"Andrade-Chalmers-Arme" wurden in neuerer Zeit u.a. von Raymond
und Dorn [2.26] sowie von Evans und Wilshire [2.27] eingesetzt. Bei
hohen Kräften sind konstruktive Abwandlungen erforderlich, etwa
derart, daß das Laufgewicht mit einer Führungsrolle an einer Füh-
rungsschiene entlangläuft.

Beim Druckversuch wird (2.18) dadurch befriedigt, daß der effektive
Lastarm sich mit zunehmender Stauchung proportional zu $1 + \varepsilon_0$ ver-
längert. Sellars und Quarrell [2.11] haben dies mit einer Winkelkon-
struktion gelöst. Diese Maßnahme hat natürlich nur dann einen Sinn,
wenn die Ausbauchung bei Verformung durch Schmierung der Auflageflächen unterdrückt wird, vgl. Abschn.2.2.1 und 2.2.4.

Wegen der großen Bedeutung der Spannungskonstanz sind auch noch
andere Wege der Lastanpassung eingeschlagen worden. Der Originali-
tät halber sei eine weitere Konstruktion von Andrade aus dem Jahre
1911 erwähnt [2.28], bei der das Belastungsgewicht entsprechend der
Probendehnung in eine Flüssigkeit eintaucht. Durch geeignete Form-
gebung des Gewichtes kann wiederum erreicht werden, daß (2.18) erfüllt ist. Harper und Dorn [2.29] griffen neuerdings dieses Prinzip
auf.

Die Probe kann außer durch Gewichte und Hebel auch durch eine ver-
stellbare Zugfeder belastet werden [2.30]. Die jüngsten Fortschritte in der Technik pneumatischer Regelungen lassen für nicht zu
hohe Lasten pneumatische Systeme wegen ihrer leichten Steu-
erbarkeit (programmierte Lastaufgabe, Lastwechsel, σ-Konstanz) zu-
kunftsträchtig erscheinen [2.31], [2.32]. - Die Zentrifugalkraft
nutzten Deutsch et al. [2.33] aus, wobei Flachproben auf dem Rand des

Rotors in axialer Richtung befestigt und am anderen Ende mit Gewichten belastet sind, so daß Biegebeanspruchung eintritt.

Während die bisher genannten Verfahren auf dem Prinzip beruhen, eine Last bzw. Kraft statisch vorzugeben oder konstant einzuregeln und die Verformungsrate zu messen, mit welcher das Material hierauf reagiert, wird neuerdings häufiger eine Methode angewendet, die von einem anderen Prinzip Gebrauch macht. Es werden Festigkeitsprüfmaschinen mit hydraulischem oder elektromechanischem Antrieb verwendet, die mit leistungsfähigen Regelungssystemen ausgestattet sind. Diese Maschinen geben primär eine einstellbare Verformungsgeschwindigkeit vor und messen die im Material dadurch verursachte Spannung, sind also für Kriechversuche an sich nicht konzipiert. Die Programmsteuerung der Maschine gestattet jedoch eine Betriebsweise, die praktisch einem Kriechversuch gleichkommt: Es wird eine Sollspannung σ_0 und ein Regelintervall $\Delta\sigma$, z.B. $\pm 2\%$ von σ_0, eingestellt, Dabei verformt die Probe sich schrittweise gemäß Abb.2.12. Wenn $\Delta\sigma$ hinreichend klein gewählt wird, stellt der ausgemittelte Polygonzug mit ausreichender Genauigkeit die Kriechkurve $\varepsilon(t)$ dar, die man mit σ_0 = const auch erhalten hätte. Beispiele: [2.34], [2.35]; im letzteren Beispiel wird die eingestellte Spannung $\sigma(\varepsilon_0)$ programmgesteuert, so daß an der Probe nicht P, sondern σ konstant bleibt.

Meßeinrichtungen für das Kriechen in Torsion werden von Zama et al. [2.36] sowie von Green et al. [2.37] beschrieben. Wegen der Kriechversuche in 4-Schneiden-Biegung vgl. Coble et al. [2.38], Farb et al. [2.39] sowie Engelhard und Rejman [2.40].

Auf Zusatzeinrichtungen, insbesondere auch der kommerziellen Zeitstandgeräte (kardanische Probenaufhängung, Überbelastungsschutz, Stoßdämpfer für den Eintritt des Bruches usw.), braucht an dieser Stelle nicht näher eingegangen zu werden.

2.2.6. Technik und Genauigkeit der Dehnungsmessung

Für Untersuchungen der Hochtemperaturplastizität kann als typische Größenordnung eines geringen Dehnungsbetrages $0,2\% = 2 \cdot 10^{-3}$ be-

trachtet werden. Exakte Erfassung eines Vorganges, der zu dieser
Dehnung führt, setzt voraus, daß dieser Betrag in mindestens 10 Intervalle unterteilt werden kann. Das ist dann der Fall, wenn die Meßgenauigkeit besser ist als $5 \cdot 10^{-5}$, d.h. bei 50 mm Meßlänge $\pm 2,5$ μm.
Eine solche Meßgenauigkeit ist bei Raumtemperatur unschwer zu erreichen; für ein Meßverfahren, welches die Länge der Probe innerhalb der Kriechapparatur bei hoher Temperatur kontinuierlich registrieren soll, stellt sie hingegen eine sehr hohe Anforderung dar.

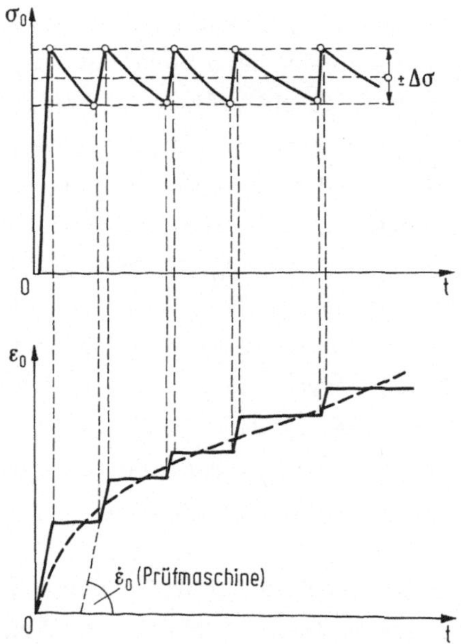

Abb.2.12. Schema der "Quasi-Kriechverformung" in einer auf $\sigma_0 \pm \Delta\sigma$
und ε_0 eingestellten Zugprüfmaschine. $\Delta\sigma$ ist übertrieben groß dargestellt.

Aus diesem Grunde wird für Kriechdehnungsmessungen im 0,1 %-Be-
reich auch beim heutigen Stand der Meßtechnik die diskontinuierliche
Vermessung von Strichmarken - oder Vickers-Härteeindrücken - an
vorsichtig ausgebauten Proben mit Hilfe des optischen Komparators
der kontinuierlichen Messung bei Versuchstemperatur vorgezogen. Für
besonders hohe Präzisionsansprüche ist die Messung in einem temperaturkonstanten Raum vorzunehmen [2.41]. - Falls mit Mehrproben-

Strängen gearbeitet wird, ist dies ohnehin das einzige praktikable Verfahren und deshalb auch nach DIN 50 118 zulässig.

Demgegenüber wird ein großer Teil der experimentellen Arbeiten, insbesondere solcher mit primär wissenschaftlicher Zielsetzung, im Bereich wesentlich größerer Dehnungen - bis zu 50 % und mehr - durchgeführt. Diese Untersuchungen sind außerdem durch Last- und Temperaturwechsel gekennzeichnet, Abschn. 2.2.3. In diesen Fällen ist kontinuierliche Messung notwendig, und dies gilt auch für Kurzzeittests in der technologischen Werkstoffprüfung.

Die einfachste kontinuierliche Dehnungsmessung im Zug-, Druck- oder Biegeversuch ist die Verfolgung des Vorschubs von Zugstange bzw. Druckstempel der Maschine. Wegen der unübersichtlichen Fehlerquellen, die in elastischen Verformungen belasteter Apparateteile liegen, reicht dieses Verfahren für Messungen hoher Genauigkeit nicht aus. Vielmehr muß der Meßwert durch unbelastete Meßfühler (Taststangen) von der Probe abgenommen und mechanisch in eine kalte Zone der Meßapparatur geführt werden (Extensometer).

In der kalten Zone können entweder mechanische Meßuhren mit Ableseskalen montiert werden oder aber elektronische Dehnungsaufnehmer. Vorzugsweise werden linear arbeitende Differentialtransformatoren in miniaturisierter Ausführung verwendet, die einen Gleichspannungsausgang mit einer Empfindlichkeit von z.B. 500 mV/mm aufweisen. Meßempfindlichkeiten von $5 \cdot 10^{-5}$ lassen sich mit solchen Anordnungen allgemein erreichen. Optische Meßverstärker der klassischen Art (z.B. Martens-Spiegel) sind von den elektronischen Verlagerungsaufnehmern praktisch verdrängt worden.

Ein besonderer Vorzug der elektronischen Dehnungsmessung liegt darin, daß das ggf. nachverstärkte Ausgangssignal des Meßgliedes nicht nur zur Anzeige, sonder auch zur Registrierung mit Kompensationsschreibern verwendet werden kann. Neuerdings ist der Trend erkennbar, die Primärdaten über einen Analog-Digital-Umwandler auf einen Datenträger (Lochstreifen) aufzunehmen und somit wenn nicht "on-line", so doch ohne weitere Zwischenschritte Datenverarbeitungsprozessen zuzuführen. Hierzu gehören etwa die Umrechnung primärer $l(t)$-Werte auf wahre Dehnungen, die Ableitung der Dehnungsgeschwindigkeit usw., vgl. etwa [2.27], [2.42].

Auf die Möglichkeit, die Probe durch ein Sichtfenster in der Kriechapparatur zu beobachten und die relative Verschiebung von Meßmarken mit einem Kathetometer zu verfolgen, sei hingewiesen. Ansell und Lenel [2.43] geben an, hiermit eine Ansprechempfindlichkeit von 10^{-4} zu erzielen.

Bei der Beurteilung der für $\varepsilon(t)$ erreichbaren Meßgenauigkeit dürfen die störenden Einflüsse der Langzeitdrift des elektronischen Dehnungsaufnehmers und der Temperaturschwankungen in der Apparatur bzw. Probe nicht außer acht gelassen werden. Diese vom allgemeinen Temperaturniveau, der Güte der Regelung, der Konstanz der Netzspannung und der Raumtemperatur abhängigen Schwankungen können bei Temperaturen unter ca. 700°C mit großem Aufwand auf $\pm 0,1$ K begrenzt werden. Normalerweise wird man bis ca. 1000°C mit $\pm 0,5$ K bis ± 1 K rechnen müssen; für Messungen oberhalb von 1000 bis 1500°C findet man im Schrifttum Angaben zwischen ± 1 und ± 3 K.

Bei einem Metall wie Aluminium, dessen linearer Ausdehnungskoeffizient ca. $2 \cdot 10^{-5}$ K^{-1} beträgt, bewirkt eine Temperaturschwankung von $0,5$ K bereits eine Dehnung von 10^{-5}. Wesentlich genauere Dehnungsmessungen sind also sinnlos. Spielen sich die genannten T-Schwankungen mit einer mittleren Frequenz von ca. 1 min^{-1} ab, so überlagern sich der plastischen Kriechgeschwindigkeit thermische Schwankungen mit einer Amplitude $\Delta\varepsilon_{therm} \approx 3 \cdot 10^{-7}$ s^{-1}. Das bedeutet, daß Kriechgeschwindigkeiten unterhalb von 10^{-6} s^{-1} nur mit wirklich guten Temperaturregelsystemen "in situ" gemessen werden können. Bei $3 \cdot 10^{-8}$ s^{-1} = 10^{-2} %/h dürfte derzeit die Empfindlichkeitsgrenze kontinuierlicher Dehnungsmessungen erreicht sein.

2.2.7. Weitere experimentelle Anforderungen

Kriech- und Zeitstandversuche an herkömmlichen Werkstoffen bleiben in den meisten Fällen im Temperaturgebiet bis 800°C und werfen daher keine besondere Probleme auf. Kriechversuche mit hohen Verformungsraten an hochwarmfesten Legierungen, ferner an hochschmelzenden Metallen (Ta, Nb, Mo, W, Re), an oxidkeramischen Werkstoffen und Kernbrennstoffen erstrecken sich jedoch bis zu 2000°C und darüber.

Die normalen metallischen Heizleiter auf NiCr- und FeCrAl-Basis scheiden oberhalb 1200°C für die Erzeugung dieser Temperaturen aus; Edelmetalle (Pt-Rh-Bandwicklungen) haben sich bei der erforderlichen Größe des beheizten Versuchsraumes nicht bewährt. Heizleiter auf $MoSi_2$-Basis, die in verschiedenen Variationen angeboten werden, kommen bis ca. 1600°C in Betracht. Von hier ab bis 2000°C bieten sich zunächst Kohlerohrkurzschlußöfen in Spezialausführung als robuste Heizungen an; sie verbrauchen jedoch sehr viel Energie und sind nicht leicht zu regeln. Strahlungsheizungen mit optischer Konzentration der Energiezufuhr in der Probenachse (engl.: image furnaces) sind eine elegante und wenig aufwendige Lösung, sofern der Zugang der Strahlung zur Probe sichergestellt werden kann und deren Absorptionsvermögen ausreicht. Tantal- und Wolframnetzheizelemente haben sich in den letzten Jahren trotz ihres hohen Preises am besten eingeführt. Sie müssen allerdings sorgfältig vor oxidierenden Gasen geschützt werden.

Kritisch ist bei der Auslegung einer Kriechapparatur die Werkstoffauswahl für die kraftübertragenden Teile. Bis zu Betriebstemperaturen von ca. 900°C ist das Angebot an hochwarmfesten Legierungen heute hierfür ausreichend. Oberhalb 1000°C spielt Wolfram für Zugstangen und Druckstenpel eine bedeutende Rolle; als Beispiel seien die Untersuchungen von Vandervoort et al. an W, W-Re und Re genannt, von denen nur [2.44] zitiert sein möge: Dort werden W-Stangen von 25 mm Durchmesser eingesetzt. Wolfram hat den Nachteil, gegen oxidierende Gase noch empfindlicher zu sein als Graphit, der nur gasförmige Oxidationsprodukte liefert, weshalb auch Graphit breite Verwendung in Hochtemperaturkriechanlagen findet, z.B. bei der Untersuchung von ThO_2 [2.45], oder von UO_2-Mo-Cermets [2.46]. Falls die Verformung unter oxidierender Atmosphäre erfolgen muß, kommen bis etwa 1800°C

Stempel, Zugstangen und andere Konstruktionsteile aus Al_2O_3 in Frage.
Hier hat es sich als sehr vorteilhaft erwiesen, daß besonders kriech-
feste Stangen, Scheiben usw. aus Einkristallsaphir in den benötigten
Abmessungen zu vertretbaren Preisen erhältlich sind. Saphir wird
z.B. als Konstruktionswerkstoff verwendet in einer Apparatur, in der
Rutilkristalle in reinem Sauerstoff verformt werden [2.39].

Ein anderes Problem, das mit den hohen Temperaturen zusammenhängt,
ist der Schutz der Apparatur sowie der Proben vor Oxidation. Neben
Schutzgassystemen werden auch eine Reihe von Vakuumkriechapparatu-
ren beschrieben mit Betriebsdruckwerten von 10^{-6} Torr, z.B. [2.47],
[2.48], bis zu 10^{-8} Torr. [2.44].

Sonderausführungen von Kriechapparaturen sind z.B. konstruiert worden für Messungen unter hydrostatischem Druck [2.30], [2.49], dies
allerdings bei niedrigen Temperaturen, so daß Siliconöl als Drucküber-
tragungsflüssigkeit verwendet werden konnte. Eine ausführliche Darstellung sowohl über die Technik von Kriechmessungen unter hohem
Druck als auch über die Ergebnisse solcher Untersuchungen geben
McCormick und Ruoff [2.50].

Ein weiteres experimentelles Sondergebiet, welches zunehmend Interesse beansprucht, sind Kriechmessungen an Reaktorwerkstoffen unter
Bestrahlung, sog. "in-pile-Experimente". Eine für den Karlsruher
Forschungsreaktor FR 2 entworfene Vorrichtung beschreiben Brucklacher und Dienst [2.51], Kriechversuche unter Bestrahlung mit
35 MeV-Protonen Holmes und Petersen [2.52].

Wegen weiterer Einzelheiten zur Versuchstechnik muß der Leser auf
die im Text zitierte Literatur verwiesen werden.

2.3. Der Warmverformungsversuch

<u>Vorbemerkung.</u> Der Sprachgebrauch läßt nicht klar erkennen, worin der
Unterschied zwischen einem "Kriechversuch" und einem "Warmver-

formungsversuch" liegt. Gelegentlich findet man daher zur Unterscheidung die Begriffe "statische" und "dynamische" Warmverformung, jedoch entstehen hier Überschneidungen mit der Bezeichnungsweise für Versuche unter periodisch wechselnder Last. Außerdem ist der Begriff "statische Verformung" als solcher widersprüchlich. In der Werkstoffprüfung spricht man von "Verformung mit zügiger Beanspruchung" (im Gegensatz zu ruhender Beanspruchung). Einigermaßen sinnvoll wäre auch die Unterscheidung in W a r m b e l a stungs- und W a r m v e r f o r m u n g s v e r s u c h. Damit würde zum Ausdruck gebracht, daß im einen Fall das Verhalten der Probe unter einer gegebenen Last (das Zeitstandverhalten) im Vordergrund steht, im anderen Fall das Verhalten der Probe gegenüber einem aufgezwungenen Verformungsprozeß.

2.3.1. Allgemeines, Warmzugversuch

Die Einordnung des Warmverformungs-, insbesondere Warmzugversuches in die allgemeinen Möglichkeiten zur Messung der Hochtemperaturplastizität geht aus Abb.2.6, Zeile b, hervor. Vom Antrieb der Prüfmaschinen wird über ein geeignetes Getriebe eine Verformungsgeschwindigkeit vorgegeben. Gemessen wird die Kraft P und damit die Spannung σ an der Meßlänge der Probe, die sich als Folge dieser Verformung mit wachsender Dehnung (Stauchung, Biegung, Torsion) einstellt.

DIN 50 122 behandelt den Begriff der W a r m s t r e c k g r e n z e im Warmzugversuch, die auf relativ komplizierte Weise ermittelt wird - kompliziert deswegen, weil die Zeitabhängigkeit aller Vorgänge im Hochtemperaturbereich die genaue Einhaltung eines Belastungsprogrammes erfordert. DIN 50 122 schränkt daher sogleich ein, daß die so bestimmte Warmstreckgrenze bei höheren Temperaturen (bei Baustählen: oberhalb von 350°C) keine Berechnungsgrundlage für den Konstrukteur mehr darstellen kann und durch den Zeitstandversuch zu ersetzen ist.

Während daher der normale Warmzugversuch technisch nur wenig interessant ist, ist er insbesondere seit Einführung der "harten",

elektronisch geregelten Prüfmaschinen mit präziser Spannungs-Dehnungs-
Registrierung für wissenschaftliche Untersuchungen häufig eingesetzt
worden. Der Erfolg dieser Methode beruht im Prinzip auf der Grundgleichung (1.2), wonach es gleichwertig sein muß, ob bei gegebener
Temperatur die Spannung σ konstant gehalten und $\dot{\varepsilon}$ gemessen wird
oder umgekehrt - vorausgesetzt, man vergleicht nur Zustände mit
gleichem Strukturparameter S. Zur Analyse des thermisch aktivierten
Verformungsverhaltens von ein- und polykristallinen Werkstoffen
(Aktivierungsanalyse) ist das Verfahren daher auch in der Theorie sorgfältig ausgebaut worden [2.53]. Die Analogie drückt sich u.a.
in folgenden Sachverhalten aus, wobei auf Abschn.1 verwiesen wird:

Im Kriechversuch ist ein grundlegender experimenteller Tatbestand
die Spannungsabhängigkeit der Kriechgeschwindigkeit
(engl.: stress sensitivity of creep rate), vielfach dargestellt als

$$\dot{\varepsilon} = B\sigma^n \quad (S, T \text{ konstant}).\tag{2.22}$$

Dieser Tatbestand ist gleichbedeutend mit dem der Geschwindigkeitsabhängigkeit der Fließspannung (engl.: strain rate
sensitivity of flow stress) im Warmverformungsversuch, vielfach dargestellt als

$$\sigma = C\dot{\varepsilon}^m \quad (S, T \text{ konstant}).\tag{2.23}$$

Beide Beziehungen sind offenbar identisch, wenn

$$m = 1/n; \quad C = B^{-1/n}.\tag{2.24a,b}$$

Zur Bestimmung von n ist der Spannungswechselversuch,
Abschn.2.2.3, besonders geeignet. Analog ist zur Bestimmung von m
der Geschwindigkeitswechselversuch sehr wertvoll. Beim
Wechsel zwischen zwei Spannungen σ_1, σ_2 und der entsprechenden
Geschwindigkeit $\dot{\varepsilon}_1$, $\dot{\varepsilon}_2$ ergibt sich

$$\ln\left(\dot{\varepsilon}_1/\dot{\varepsilon}_2\right) = n\ln\left(\sigma_1/\sigma_2\right)\tag{2.25a}$$

bzw.

$$\ln\left(\sigma_1/\sigma_2\right) = m\ln\left(\dot{\varepsilon}_1/\dot{\varepsilon}_2\right).\tag{2.25b}$$

Es muß wieder auf die Forderung hingewiesen werden, daß nur strukturell gleichwertige Zustände miteinander verglichen werden dürfen.
Dies ist insbesondere dann möglich, wenn es gelingt, durch Extra-
polation den Wert von $\dot{\varepsilon}$ (bzw. σ) unmittelbar nach der Änderung von
σ (bzw. $\dot{\varepsilon}$) zu erfassen. Die Vergleichsbasis muß in jedem Falle klar
erkennbar sein.

Sofern Materialien geringer Duktilität untersucht werden, so daß kleine
Maximaldehnungen auftreten, läßt sich die gleiche Methodik auf den
empfindlicheren Biegeversuch übertragen, Abb.2.12. So berichten z.B.
Farnsworth und Coble [2.54] über Untersuchungen im Bereich kleiner
Biegegeschwindigkeiten an polykristallinem SiC bei Temperaturen von
1900 bis 2200°C. Die 4-Schneiden-Biegevorrichtung aus Graphit war
dabei in eine Prüfmaschine eingesetzt worden.

Normalerweise wird der Zug- oder Biegeversuch bei kleinen Verformungsgeschwindigkeiten durchgeführt. Für Warmzugverformung im
Bereich $10^{-2} < \dot{\varepsilon} < 10 \ \mathrm{s}^{-1}$ sind jedoch Sonderausführungen entwickelt
worden. Eine davon gestattet mit Hilfe eines programmgesteuerten
Preßluftantriebes eine Kurzzeitbelastung mit konstanter Zuggeschwin-
digkeit, Kemppinen [2.55]. - Auf die Problematik der Konstanz von
$\dot{\varepsilon}$ wird im folgenden Abschnitt eingegangen.

2.3.2. Der Warmverformungsversuch in Kompression

In diesem Zusammenhang muß an den Unterschied zwischen den Meß-
größen ε_0 bzw. $\dot{\varepsilon}_0$ und σ_0 einerseits, den Rechengrößen ε_w bzw. $\dot{\varepsilon}_w$
und σ_w andererseits erinnert werden.

Beim Kriechversuch läßt sich $\varepsilon_w(t)$ aus ε_0 ausrechnen und σ mit
Hilfe spezieller Vorrichtungen konstanthalten. Analoges gilt für die
Warmverformungsversuche: Aus der primären Meßgröße σ_0 läßt sich
die wahre Spannung σ ausrechnen; für konstante wahre Verformungsgeschwindigkeit muß durch Zusatzeinrichtungen gesorgt werden.

Es wird meist zu wenig beachtet, daß die überall gebräuchlichen "har-

ten" Prüfmaschinen keineswegs mit $\dot{\varepsilon}$ = const verformen. Vielmehr
wird der Traversenvorschub geregelt, es ist also letztlich dl/dt oder
$\dot{\varepsilon}_0$ konstant. Insofern entspricht der Verformungsversuch mit $\dot{\varepsilon}_0$ =
= const dem Kriechversuch mit P = const. Die Abweichung zwischen
den Versuchen mit $\dot{\varepsilon}_0$ = const und $\dot{\varepsilon}_w$ = const ist allerdings wesentlich geringer als die zwischen Versuchen mit σ_0 = const und σ_w =
= const, so wie sie etwa in Abb.2.7 dargestellt war. Das liegt daran,
daß sich im zweiten Fall der hohe Spannungsexponent n, (2.26), auswirkt, im ersten Fall aber nur m, (2.27) und (2.28a): wenn n = 4,
ist m = 0,25. Nach 30% Verformung hat sich zwar $\dot{\varepsilon}_w$ auch um 30%
geändert, mit m = 0,25 bedingt dies jedoch nur einen Fehler von 7%
in der gemessenen Spannung. In manchen Fällen wird man dies tole-
rieren können, grundsätzlich aber ist Abhilfe erforderlich.

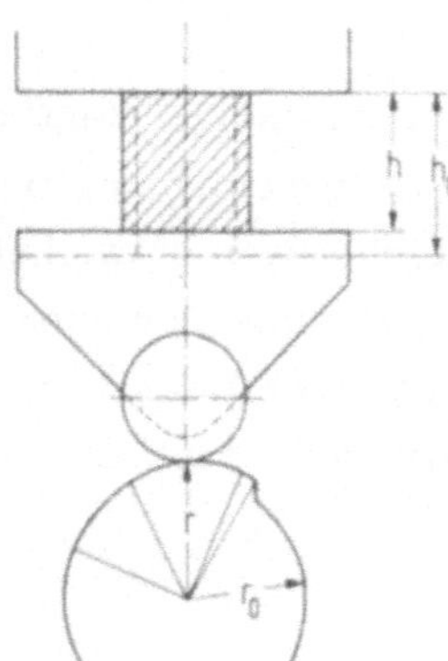

Abb.2.13. Vorrichtung [2.23] nach Orowan
[2.56] für Warmverformungsversuche mit
Druckbeanspruchung unter Konstanthaltung
der wahren Verformungsgeschwindigkeit.

Während Andrade und Chalmers durch eine einfache Mechanik die Voraussetzungen für den Kriechversuch mit σ = const gaben, vgl.
Abschn.2.2.5, entwickelte Orowan [2.56] durch eine ebenso einfache
Mechanik die Voraussetzungen für den Warmverformungsversuch mit
$\dot{\varepsilon}$ = const (engl.: c o n s t a n t   t r u e   s t r a i n   r a t e   t e s t), zumindest in
Kompression. Dieses Prinzip ist in Abb.2.13 dargestellt. Die Forderung
$\dot{\varepsilon}_w$ = const läuft unter Berücksichtigung von (2.2a) auf

$$\dot{\varepsilon}_w = v/h = \text{const} \qquad\qquad (2.26)$$

hinaus, wobei v die Absenkgeschwindigkeit des Preßwerkzeuges,
$h < h_0$ die jeweilige Höhe der Probe ist. Nach Orowan (l.c.) erfüllt
man die Bedingung (2.26), indem man die Vertikalbewegung des
Druckstempels durch eine Kurvenscheibe steuert, die mit konstanter
Winkelgeschwindigkeit ω, aber einem variablen Radius $r(\alpha)$ umläuft.
Die konstante Umfangsgeschwindigkeit wird erreicht, indem man in
den Antrieb außer einem möglichst stufenlos regelbaren Getriebe ein
Schwungrad als Energiespeicher einbaut. Der variable Radius bildet
eine logarithmische Spirale

$$r(\alpha) = r_0 + h_0 [1 - \exp(-\alpha \dot{\varepsilon}/\omega)] \qquad (2.27)$$

und sichert dann (2.26), wie sich zeigen läßt. Bei hohen Verformungsgeschwindigkeiten ist das konstruktive Problem zu lösen, den Antrieb
einschließlich Schwungrad zunächst im Leerlauf auf die gewünschte Um-
fangsgeschwindigkeit $\omega \sim \dot{\varepsilon}_w / \varepsilon_0$ einzuregeln und dann schlagartig für die
Dauer einer Umdrehung das Preßwerkzeug einzukuppeln. Praktische
Ausführungen sind als Plastometer bezeichnet und von Hockett
[2.22] sowie von Kienzle und Bühler [2.23] ausführlich beschrieben
worden. Sie gestatten Versuche mit $\dot{\varepsilon}_w$ = const im Bereich von etwa
$0,1$ bis $200\ s^{-1}$ bei Temperaturen bis zu $1000°C$.

Bei kleineren Verformungsgeschwindigkeiten kann die konstante Verformungsgeschwindigkeit auch durch entsprechend programmierte
Regelsysteme verwirklicht werden; vgl. hierzu etwa Messungen mit
einer modifizierten Strangpresse im Bereich von $0,05$ bis $1\ s^{-1}$
von Uvira und Jonas [2.57]. Im übrigen lassen sich unter Verzicht auf
die Forderung (2.26) natürlich auch normale Fallhämmer, Kurbel-
pressen usw. für Untersuchungen der Hochtemperaturplastizität verwenden. Die Skala der Möglichkeiten reicht von grob qualitativen
Schmiedeversuchen bis zu voll instrumentierten Fallhämmern, etwa
bei Samanta [2.58] im Bereich von 300 bis $900\ s^{-1}$.

Ähnliches gilt für Strangpreßversuche, deren eingehende Be-
handlung ebenso wie die der anderen Warmformgebungsprozesse den
Rahmen dieses Buches sprengen würde. Als neueres Beispiel für eine
Untersuchung, für die sowohl eine instrumentierte 315 Mp-Strangpresse

als auch ein instrumentiertes Warm-Duo-Walzgerüst eingesetzt wurden, möge eine Arbeit von Scharf und Achenbach genannt werden [2.59]. Je mehr sich das Meßverfahren in Richtung auf praktische Umformaggregate hin verlagert, desto größer ist sein Wert für unmittelbar anstehende technische Probleme an einem bestimmten Werkstoff, desto geringer ist aber auch sein verallgemeinerungsfähiger Aussagewert.

2.3.3. Der Torsionversuch (Warmverdrehversuch)

Dieser Versuchstyp hat für die Untersuchung der Kriechfestigkeit eines Werkstoffes nur in Sonderfällen Bedeutung erlangt. Dafür spielt er als fertigungsorientierter Test zur Beurteilung der Verarbeitbarkeit eines Werkstoffes in den verschiedenen Warmformgebungsverfahren eine erhebliche und zunehmende Rolle. In einem kritischen Vergleich von etwa 20 Testverfahren, die für den gleichen Zweck entwickelt worden sind, kommen Schmidt und Diederichs [2.8] zu dem Ergebnis, daß der Stauchversuch mit dem Plastometer, Abschn.2.3.2, zwar die eindeutigsten Ergebnisse liefert. Der apparative Aufwand dafür ist jedoch besonders hoch, so daß in der Regel auf ein anderes Verfahren zurückgegriffen werden muß. Hierfür bietet der Warmverdrehversuch (hot torsion test) eine Reihe von Vorteilen: Er gestattet sehr hohe Gesamtverformungsgrade bis zu logarithmischen Formänderungsmaßen von 5 (Stauchversuch etwa 1, Zugversuch etwa 0,2); er ist also z.B. zur Beurteilung der Eignung zum Strangpressen mit den dabei vorkommenden sehr hohen Verformungsgraden besonders brauchbar. Er ist ferner relativ einfach durchzuführen. Dafür ist die Geometrie zweifellos weniger übersichtlich als im Stauchversuch, vgl. Abschn.2.1.1.

Der Warmverformungsversuch in Torsion findet sich u.a. in Veröffentlichungen von Hughes [2.60] sowie Hardwick und Tegart [2.62]. Starke Beachtung fanden die etwas später liegenden Arbeiten von Blain und Rossard [2.62]. Als weitere Beiträge zur Entwicklung und Anwendung dieser Methode mögen noch die Arbeiten von Stüwe und Turck [2.63] sowie von Akeret und Künzli [2.64] genannt werden.

Ein wichtiges Problem im Zusammenhang mit der Durchführung des
Versuchs ist die Frage, ob die Probe beiderseitig fest oder aber so
eingespannt wird, daß ein Ende axial frei verschiebbar ist, vgl.
Abschn. 2.1.2, S. 12. Die Vor- und Nachteile beider Anordnungen lassen sich wie folgt gegenüberstellen:

a) Feste Einspannung: Konstanz von l und r während der Verformung, d.h. einfache Geometrie und Auswertung. Dafür starke Zug-
spannungskomponente in der Mantelfläche, also erhöhtes Risiko von
Anrißbildung. Mehrachsiger Spannungszustand kann sowohl als Störung wie auch als wünschenswerte Simulation praktischer Formgebungsprozesse betrachtet werden.

b) Axial freie Einspannung: Die Längsspannungen in der am
meisten gefährdeten Mantelfläche sind gegenüber dem Fall der festen
Einspannung reduziert; sie sind allerdings keineswegs gleich Null,
sofern man darauf Wert legt, daß ebene Querschnittsflächen eben bleiben (innen liegende Zylinderflächen kontrahieren sich schwächer als
außen liegende, vgl. (2.7)). Die Geometrie ist unübersichtlich, Radius r und Länge l der Proben ändern sich mit dem Verdrehwinkel, l
muß daher kontinuierlich gemessen werden. Mit r und l ändern sich
auch die Momente entsprechend dem Integral (2.10), was die Auswertung erschwert. Einige der genannten Schwierigkeiten fallen bei
hohlgebohrten Proben weg, vgl. Abschn. 2.1.3; dies bringt
dafür erheblichen Aufwand bei der Probenherstellung und die Gefahr
des Ausknickens der Rohrwand mit sich.

Diese Gegenüberstellung macht verständlich, daß die Mehrzahl der
Autoren sich für feste Einspannung entschieden hat. Diejenigen, die
freie Einspannung gewählt haben, vernachlässigen die Änderungen der
Probengeometrie meist wieder bei der Auswertung.

Die grundsätzliche Anordnung einer Versuchsanlage für Warmtorsion
geht aus Abb. 2.14 hervor. Ein möglichst stufenloses Getriebe unter-
setzt den Motorantrieb so, daß Umdrehungsgeschwindigkeiten von 10
bis 750 min^{-1} erreichbar sind. Wenn es darum geht, technische Warm-

formgebungsprozesse zu simulieren, wären höhere Umdrehungszahlen wünschenswert, sie sind jedoch nach Kenntnis des Verfassers noch nicht realisiert worden. Ein zweiter wichtiger Bestandteil ist eine schnelle Kupplung, um nach Erreichen der gewünschten Geschwindigkeit des Antriebes die Probe belasten und wieder entlasten zu können.

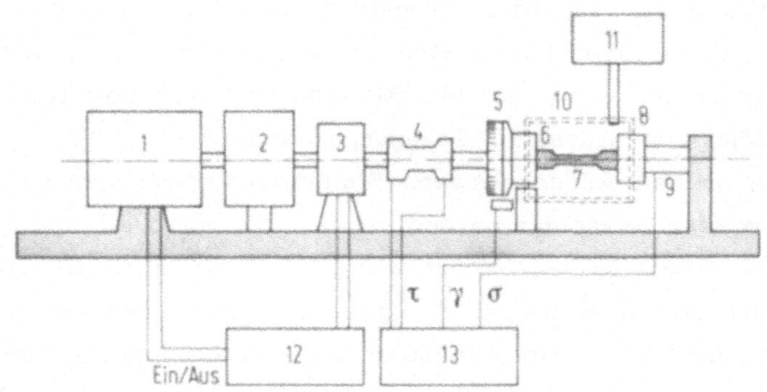

Abb.2.14. Schema des Aufbaues eines Torsionsversuches. 1: Motor; 2: Getriebe; 3: Kupplung; 4: Drehmomentmesser; 5: Zeitmarkengeber; 6,8: Einspannköpfe; 7: Probe; 9: Axiallastmesser; 10: Ofen; 11: Temperaturregelung; 12: Steuerung für Antrieb/Kupplung; 13: Registriervorrichtung.

Mit mechanischen Kupplungen ist man an Versuchszeiten von über 0,5 s gebunden; elektromagnetische Kupplungen gestatten Belastungsintervalle bis herab zu 1 ms. (Bei 600 min^{-1} entspricht 0,1 s gerade einer Umdrehung der Probe). Mit diesen Daten lassen sich Verformungsraten $\dot{\gamma}$ bis hinauf zu etwa 10 s^{-1} erreichen (Definition von γ vgl. Abschn.2.1.1).

Das wichtigste Meßgerät ist ein Drehmomentenmesser, oft als Hebelarm mit Kraftmessung durch Dehnungsmeßstreifen ausgebildet. Wegen der Kupplungseffekte, die keinen ganz konstanten Ablauf der Drehbewegung ermöglichen, empfiehlt sich ein Zeitmarkengeber am antriebsseitigen Einspannkopf, der axial fest gelagert ist. Der antriebsferne Einspannkopf kann wahlweise axial fest oder frei gelagert sein. Im ersten Fall ist es von Vorteil, wenn er mit einer zweiten elektronischen Kraftmeßdose verbunden ist, um die Veränderung der Axialspannung während des Versuchs zu registrieren. Die gesamte Datenerfassung muß - sofern es sich um "schnelle" Torsionsversuche handelt - mit sehr kurzer Ansprechzeit erfolgen; es werden Vielkanal-Speicheroszillographen und UV-Registrierschreiber verwendet. Die Einstellung der Temperatur in dem die Probe umgebenden Ofen ist weniger kritisch als bei Kriechversuchen, da die Probe sich aufgrund der raschen Formänderung ohnehin in schwer kontrollierbarer Weise erwärmt. - Weitere Details können den bereits zitierten Veröffentlichungen und anderen, z.B. [2.65] bis [2.67], entnommen werden.

Die Auftragung der Meßergebnisse erfolgt in Form von F l i e ß k u r v e n $\tau(\gamma)$ (engl.: torque-twist-curves). Die Fließschubspannung τ wird aus dem gemessenen Drehmoment und den Probenabmessungen mit Hilfe von (2.12) abgeleitet, desgleichen die Schiebung aus $\gamma = r_0 \psi / l_0$. Oft wird statt τ die F o r m ä n d e r u n g s f e s t i g k e i t $k_f = 2\tau$ aufgetragen. Durch Integration der $\tau(\gamma)$-Kurve erhält man die s p e z i f i - s c h e   F o r m ä n d e r u n g s a r b e i t A_F.

2.4. Der Spannungsrelaxationsversuch

Obwohl dieses Untersuchungsverfahren wichtige Informationen zu liefern vermag und in der wissenschaftlichen Literatur häufig beschrieben worden ist - [2.53], [2.68] bis [2.73] u.a. - hat es im Bereich der Technik bisher wenig Verbreitung gefunden.

Der Versuch wird durchgeführt, indem die auf konstanter Temperatur befindliche Probe zunächst einer Verformung unterworfen wird, in der Regel einer Dehnung mit gleichmäßiger Geschwindigkeit $\dot{\varepsilon}_0$. Bei einem bestimmten Dehnungswert ε_0 wird der Antrieb der Maschine abgestellt und sodann von diesem Zeitpunkt $(t = 0)$ an das zeitliche Abklingen der Spannung $\sigma(t, \varepsilon_0, \dot{\varepsilon}_0)$ - eben die Spannungsrelaxation - gemessen.

Grundlage des Verfahrens ist die Tatsache, daß die Aufrechterhaltung der Verformungsrate $\dot{\varepsilon}_0$ vor dem Beginn der eigentlichen Messung eine Spannung $\sigma > 0$ erforderte, welche bei $t = 0$ als $\sigma = \sigma_0$ vorhanden ist. Diese Spannung ist in dem Aggregat (Maschine und Probe) einerseits als elastische Verformung der Maschine - z.B. Durchbiegung ihres Querhauptes - gespeichert, andererseits in einer elastischen Dehnung der Probe. Erstere beschreibt man durch den linearen Ansatz

$$\Delta z = P_0 / R \, , \qquad (2.28)$$

wobei die Bedeutung von Δz aus Abb.2.15 hervorgeht; P_0 ist die zur Zeit $t = 0$ insgesamt wirksame Kraft, R wird als Steifigkeit der Maschine bezeichnet.

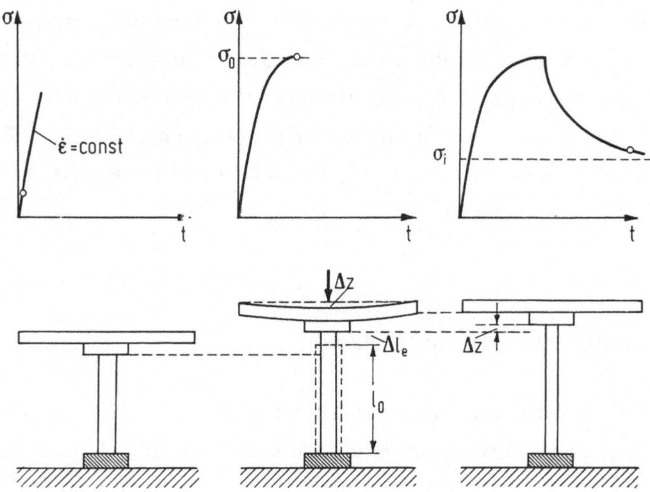

Abb.2.15. Prinzip des Spannungsrelaxationsversuches.

Den zweiten Anteil an gespeicherter Energie kann man ebenfalls durch einen linearen Ansatz beschreiben:

$$\Delta l_e = (l_0 / EF_0) P_0 = (l_0 / E) \sigma_0 \, . \qquad (2.29)$$

Hierbei ist Δl_e diejenige elastische Längenänderung, um welche die Probe sich verkürzen würde, wenn sie momentan von σ_0 auf $\sigma = 0$ entlastet würde, E ist der Elastizitätsmodul des Probenwerkstoffes in dem bei $t = 0$ vorliegenden Gefügezustand, l_0 und F_0 sind Länge bzw. Querschnitt der Probe im entspannt gedachten Zustand,

$\sigma_0 = P_0/F_0$. Die tatsächliche Länge der eingespannten belasteten Probe beträgt bei $t = 0$ also $l_0 + \Delta l_e$.

Man kann davon ausgehen, daß in der Maschine keine plastische Formänderung stattfindet. Wäre dies auch in der Probe so, so würde der durch Δz, Δl_e und σ_0 gekennzeichnete Spannungszustand auf beliebig lange Zeit "eingefroren". Insbesondere bei höherer Temperatur ist dies jedoch nicht der Fall, da thermisch aktivierte plastische Formänderung innerhalb des Probenwerkstoffes möglich ist. Diese Formänderung wird daher, gesteuert durch die Spannung im Aggregat (Maschine und Probe), bei $t = 0$ einsetzen und in dem Sinne ablaufen, daß σ verringert wird.

Den Abbau der Spannung kann man sich in 2 Schritte zerlegt denken: Zunächst werden durch radiale Fließvorgänge so lange neue Gitterebenen in die Probenachse eingeschoben, bis die Probe im spannungsfreien Zustand die Länge $l_0 + \Delta l_e$ hat. Waren bei $t = 0$ zunächst n Gitterebenen mit dem elstisch gedehnten Abstand $a' = a_0(1 + \varepsilon)$ vorhanden, so sind es nach vollständigem Spannungsabbau $n' = n(1 + \varepsilon)$ Gitterebenen mit dem Normalabstand a_0. Die zusätzlichen Atome kommen letztlich aus der Mantelzone der Probe, die also während der Spannungsrelaxation dünner - nicht länger - wird: Spannungsrelaxation verläuft nicht bei konstantem Volumen.

In dem Maße, in dem durch diesen Vorgang die elastische Verzerrung in der Probe abgebaut wird, geht auch σ bzw. P zurück. In einem zweiten gedanklichen Schritt müssen also weitere Gitterebenen in die Zugachse einschoben werden, um gemäß (2.28) die Probe noch so weit zu verlängern, daß sie der Maschinenduchbiegung Δz folgt; Δz ist jedoch bei "harten" Maschinen um Größenordnungen kleiner als der erstgenannte Anteil.

Wenngleich also die Probe, etwa bei Beobachtung mit dem Kathetometer, im Relaxationsversuch praktisch ihre Länge $l(t = 0) = l_0 + \Delta l_e$ beibehält, verformt sie sich plastisch so, daß ihre im entspannten Zustand gemessene Länge von l_0 auf insgesamt

$$l_\infty = l_0 + \Delta l_e + \Delta z = l_0 + [(l_0/E) + (F_0/R)]\sigma_0 \quad (2.30)$$

zunimmt; sie erfährt also de facto eine Kriechdehnung. Während
die (entspannte) Probenlänge von l_0 auf l_∞ zunimmt, geht die Spannung von σ_0 entweder auf 0 oder auf einen Zwischenwert σ_i zurück.
σ_i wird üblicherweise mit den inneren Spannungen in der Probe
identifiziert; näheres vgl. Abschn.3.3.4 und 4.4. Diesen Vorgang beschreibt man zweckmäßig unter Berücksichtigung von (2.30) als

$$\varepsilon(t) = (1/E^*)[\sigma(t) - \sigma_0] . \qquad (2.31)$$

Der "effektive Elastizitätsmodul" E^* faßt die Eigenschaften von Maschine und Probe zusammen. Vergleich von (2.31) mit (2.30) zeigt,
daß

$$1/E^* = 1/E + F_0/l_0 R . \qquad (2.31a)$$

Durch sehr "harte" Konstruktion der Maschine kann der zweite Term
vernachlässigbar klein gemacht werden. Da man im Versuch nicht
$\varepsilon(t)$, sondern tatsächlich $\sigma(t)$ mißt, ist eine andere Schreibweise von
(2.31) vorzuziehen:

$$\sigma(t) = \sigma_0 - E^* \varepsilon(t) = \sigma_0 - E^* \int_0^t \dot{\varepsilon}(\sigma)dt . \qquad (2.32)$$

(2.32) kann man als Grundgleichung der Spannungsrelaxation bezeichnen.

(2.32) läßt die ungewöhnlichen Möglichkeiten dieses Versuchstyps
erkennen: Die Spannungsabhängigkeit der Verformungsrate läßt sich
durch Messung des zeitlichen Abfalls der Restspannung im Intervall
zwischen σ_0 und dem Endwert σ_i in einem Versuch erfassen - und
zwar wegen der sehr kleinen Gesamtdehnung während der Messung und
bei Beschränkung auf kurze Meßzeiten bei praktisch gleichbleibender
Substruktur des Materials (S = const, vgl. Abschn.1.1.7). Bei wei-
cher Substruktur die Funktion $\dot{\varepsilon}(\sigma)$ gemessen wird, hängt davon ab,
bis zu welchem Wert ε bzw. mit welcher Geschwindigkeit $\dot{\varepsilon}$ die Probe
vor der eigentlichen Messung verformt wurde. Man kann also die ver-
schiedenen Abschnitte einer Kriechkurve, die sich bei konstanter

Spannung entwickelt, intervallweise mit dem Spannungsrelaxationsversuch "abtasten", ohne daß die Substruktur der Probe verändert,
d.h. die Fortsetzung des Kriechversuches beeinflußt würde, vgl. etwa
Watanabe et al. [2.35].

Welche Funktion $\sigma(t)$ man im Experiment beobachtet, hängt nach
(2.32) offensichtlich von der Gestalt der Funktion $\dot{\varepsilon}(\sigma)$ ab. Um die
Integration durchführen zu können, schreibt man

$$\dot{\sigma} = d\sigma/dt = - E^{*}\dot{\varepsilon}_{S}(\sigma) , \qquad (2.33)$$

wobei der Index S andeuten soll, daß es sich um die Spannungsabhängigkeit von $\dot{\varepsilon}$ bei konstantem Strukturparameter handelt - nicht zu
verwechseln mit der stationären Kriechgeschwindigkeit, welche den
spannungsabhängigen Faktor $S(\sigma)$ zusätzlich enthält! Die Erfahrung
zeigt, daß eine graphische Auftragung der Restspannung σ über log t
in weiten Bereichen eine lineare Beziehung liefert, Abb.2.16. Dies
läßt vermuten, daß $\sigma(t)$ der Beziehung

$$\sigma(t) = \sigma_0 - b\ln(1 + t/t_0) \qquad (2.34)$$

gehorcht, welche für Zeiten $t \gg t_0$ in

$$\sigma(t) \approx \sigma_0 + b\ln t_0 - b\ln t \qquad (2.34a)$$

übergeht. Abweichungen von (2.34a) sind nicht nur für sehr kleine
Zeiten zu erwarten - weil dann die 1 nicht mehr gegen t/t_0 vernachlässigt werden kann -, sondern auch für sehr lange t oder besser für
sehr kleine Restspannungen, weil $\sigma(t)$ sicher nicht negativ werden
kann. - Ein zunächst rein empirischer Ansatz, der diese Beobachtungen und Überlegungen befriedigt, ist

$$\dot{\varepsilon}_{S}(\sigma) = B\sinh [(\sigma - \sigma_{i})/b] . \qquad (2.35)$$

Er trägt zugleich dem Meßergebnis Rechnung, daß die Spannungsrelaxa-
tion in der Regel nicht bis auf $\sigma = 0$, sondern nur bis auf $\sigma = \sigma_i$ führt.
(Unter σ_i sinkt die Restspannung erst nach wesentlich längeren Zeiten
ab, welche eine Erholung der Substruktur ermöglichen. S = const gilt
dann nicht mehr.) Im wichtigsten "logarithmischen" Zeitbereich folgt

aus (2.35) in der Näherung

$$\dot{\varepsilon}_S(\sigma) \cong B \exp[(\sigma - \sigma_i)/b] \qquad (2.35a)$$

und durch Einsetzen von (2.34a) in (2.33)

$$t_0 = b/E^*B \ . \qquad (2.36)$$

Die Neigung einer Auftragung von σ über log t wie in Abb.2.16 liefert
also den Koeffizienten b, der nach (2.35) die Spannungsabhängigkeit

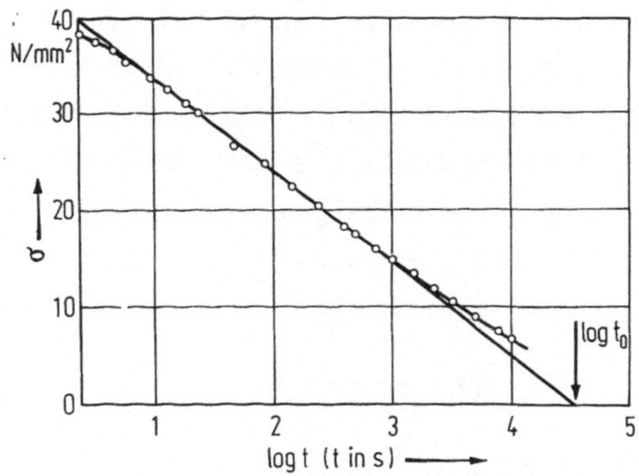

Abb.2.16. Spannungsrelaxation an Magnesium [2.73].

von $\dot{\varepsilon}$ bei konstanter Substruktur beschreibt. Der Achsenabschnitt
liefert zusätzlich E^*B, sofern σ_i als asymptotischer Wert vorab ermittelt wurde. Meist wird b als

$$b = kT/V \qquad (2.37)$$

geschrieben, wobei das A k t i v i e r u n g s v o l u m e n V durch

$$V = \partial \log \dot{\varepsilon}/\partial\sigma \qquad (2.38)$$

bestimmt ist. Die modellmäßige Interpretation von V wird in
Abschn.4.3 behandelt.

2.5. Der Druckerweichungsversuch

Genauer gesagt, handelt es sich um die Prüfung der Druckerweichung
(DE) bei steigender Temperatur und konstantem Druck, vgl. den Ent-
wurf zu DIN 51053 (Oktober 1967). Ganz ähnlich verläuft das ältere
Verfahren zur Bestimmung der Druckfeuerbeständigkeit
(DFB) nach DIN 51064, ein gängiges Verfahren zur Kennzeichnung
der Hochtemperaturplastizität keramischer Stoffe.

Wie der Name schon sagt, handelt es sich um einen Kompressionsver-
such, dessen Prinzip in das Schema der Abb.1.2 in Zeile d einzuord-
nen ist. Es wird eine konstante Nennspannung $0,02 \ kp/mm^2$ oder rund
$0,2 \ N/mm^2$ auf die kalte Probe aufgebracht (bei Sonderqualitäten auch
$0,04$ oder $0,08 \ kp/mm^2$). Die zylindrische Probe hat wegen des oft
grob heterogenen Gefüges keramischer Stoffe relativ zu Metallproben
große Abmessungen: 50 mm Durchmesser, 50 mm Höhe; eine zentrale Bohrung nimmt den Dehnungsfühler auf.

Bei dieser konstanten Belastung wird linear mit 5 K/min aufgeheizt,
wobei die Änderung der Probenlänge 1 kontinuierlich gemessen wird
(es sind komplett instrumentierte Meßplätze im Handel). $1/1_0$ wird
als Höhenänderungs-Temperaturkurve über der (zeitproportionalen)
Temperatur aufgetragen. Dabei überlagert sich die thermische Dehnung des Werkstoffes mit der Verkürzung durch plastische Verformung, die wegen der starken Temperaturabhängigkeit der Kriechrate
allerdings erst bei hoher Temperatur einsetzt. Als Kenngrößen werden
die Temperaturen $T_{0.5}$ und T_1 ermittelt, welche 0,5 bzw. 1% Verkürzung der Probe - gemessen vom Maximum der Kurve ab - entsprechen; sofern die Probe nicht vorher (bei T_f) bricht, wird auch noch
T_5 (5% Verkürzung) gemessen. Beschreibt man den einprogrammierten
Temperaturanstieg als $T(t) = T_0 + \beta t$, so sind die Darstellungen

$$\varepsilon(t) = \Delta 1/1_0 = \alpha \beta t - \int_0^t \dot{\varepsilon}[T(t)]dt \qquad (2.39a)$$

und

$$\varepsilon(T) = \Delta l / l_0 = \alpha(T - T_0) - (1/\beta) \int_{T_0}^{T} \dot{\varepsilon}(T)dT \qquad (2.39b)$$

offenbar gleichwertig; α ist dabei der lineare Wärmeausdehnungs-
koeffizient des zu prüfenden Materials. - Der charakteristische Verlauf von $\varepsilon(T)$, Abb.2.17, ist nun die Folge der in (1.1) zum Ausdruck
gebrachten allgemeinen Temperaturabhängigkeit der Kriechgeschwindigkeit. Einsetzen von (1.1) in (2.39) führt nämlich auf

$$\varepsilon(T) = \alpha(T - T_0) - (A/\beta) \int_{T_0}^{T} \exp(-Q/RT)dT$$

$$= \alpha(T - T_0) - (A/\beta)F_Q(T). \qquad (2.40)$$

Die Integralfunktion $F_Q(T)$ ist in Abb.2.18 für eine Reihe - konstant
angenommener - Akti rierungsenergien Q dargestellt. Der starke
exponentielle Anstieg dieser Funktion hat zur Folge, daß die plastische

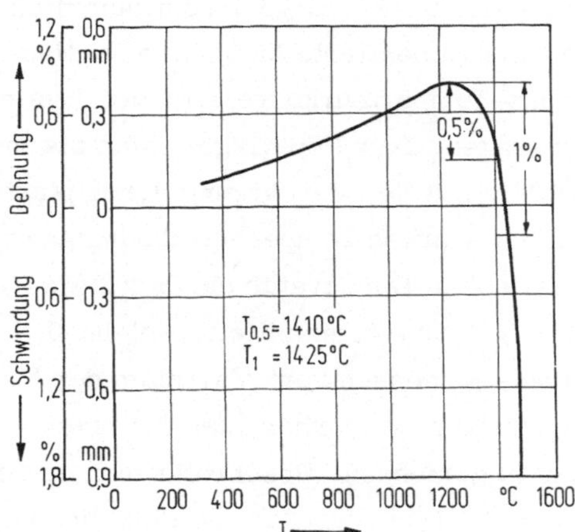

Abb.2.17. Muster einer Höhenänderungs-Temperaturkurve beim
Druckerweichungsversuch nach DIN 51053.

Verkürzung in einem sehr engen Temperaturintervall von unmeßbar
kleinen Werten in rasches Fließen übergeht. Die Lage dieser Erwei-

chungstemperatur hängt im Wesentlichen von Q ab. Durch Differentiation von (2.40) nach der Temperatur findet man, daß die Temperatur
T* des Maximums in Abb. 2.17 durch

$$RT^* = Q/\ln(A/\alpha\beta) \qquad (2.41)$$

bestimmt ist. Der Vorexponentialfaktor A aus der Kriechgleichung
(1.1) geht ebenso wie die Aufheizgeschwindigkeit β nur logarithmisch in (2.41) ein; Ungenauigkeiten des Temperaturprogrammreglers wirken sich daher auf T^* (bzw. $T_{0.5}$, T_1) nur geringfügig aus.
Die Streuungen, die durch die Heterogenität des Probengefüges bedingt sind, überwiegen.

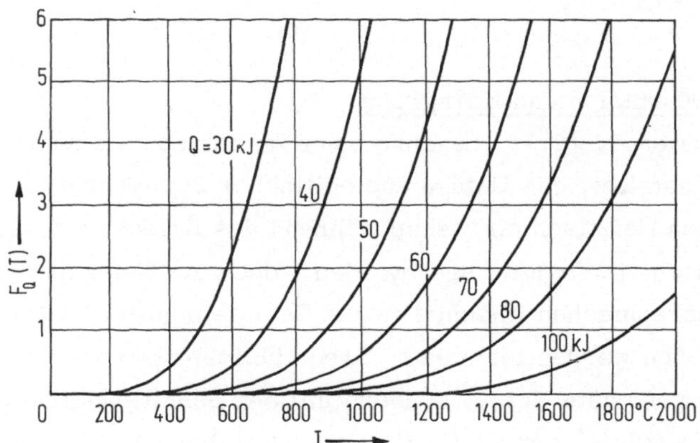

Abb. 2.18. $F_Q(T)$, das Integral über die Arrhenius-Funktion
$\exp(-Q/RT)$, erstreckt von Raumtemperatur T_0 bis T, für verschiedene Werte der Aktivierungsenergie Q.

Ein abgewandeltes Verfahren, welches noch geringere Streuungen
liefern soll, schlägt Mraček [2.74] vor: Der Druckerweichungsversuch wird dabei nicht in Kompression, sondern in Torsion durchgeführt, und es werden nicht bestimmte Werte von ε, sondern solche von $d\varepsilon/dt$ bzw. $d\gamma/dt$ zur Werkstoffkennzeichnung verwendet.

2.6. Methodik der Bestimmung der Strukturparameter

<u>Vorbemerkung.</u> Neben den makroskopischen Verformungsdaten (Ver-
formungsgrad, -geschwindigkeit, -temperatur, angewendete Spannungen) spielt die Bestimmung derjenigen Größen, die in
Abschn. 1.1.7, als "Strukturparameter" S symbolisch gekennzeichnet
worden waren, eine gleich wichtige Rolle bei der Beschreibung und bei
der Deutung der Hochtemperaturplastizität. Dabei sind sowohl die Kennwerte v o r der zur Diskussion stehenden Warmverformung zu berücksichtigen als auch diejenigen, welche sich w ä h r e n d der Formänderung ausbilden. Anschließend werden die wichtigsten M e t h o d e n
zur Ermittlung dieser Strukturparameter in Kurzform behandelt; die
E r g e b n i s s e und ihre I n t e r p r e t a t i o n sind Gegenstand von
Abschn. 3 bzw. 4.

2.6.1. Kornform und Korngröße

Yokobori et al. [2.75] beschreiben eine horizontale Kriechapparatur,
die es gestattet, das Gefüge austenitischer Stahlproben mit einem beweglichen Heiztischmikroskop während des Kriechprozesses direkt
zu beobachten. In der Regel werden jedoch die Gefügeparameter an
metallographischen Anschliffen bei Raumtemperatur zu ermitteln sein.
Korngrößen werden für diesen Zweck üblicherweise nicht durch Anpassung an genormte Netze, sondern mit der Schnittpunktmethode (engl.:
linear intercept) ermittelt. Hierbei ist zu berücksichtigen, daß oft
bereits im Ausgangsmaterial R i c h t u n g s a n i s o t r o p i e n vorliegen,
die auf die vorangegangenen, ebenfalls anisotrope Verarbeitung des
Materials zurückzuführen sind, vgl. etwa das Kennzeichnungsverfah-
ren von Hunsicker [2.76]. Korngrößenverteilungen gehorchen wie die
Radienverteilungen von Poren und dispersen Phasen sehr oft einer
logarithmischen Normalverteilung.

Die Frage nach der Änderung der Kornform während des Kriechens
hängt eng mit derjenigen nach dem Anteil der Korngrenzengleitung an
der Gesamtverformung ε_t zusammen. Man bezeichnet diesen Beitrag als ε_{gb} ("gb" für grain boundary), den Beitrag der Verformung
innerhalb des Korns als ε_g. Man geht in der Regel aus von der An-

nahme

$$\varepsilon_t = \varepsilon_g + \varepsilon_{gb}. \qquad (2.42)$$

Der Anteil γ ist definiert als $\gamma = 100\, \varepsilon_{gb}/\varepsilon_t$. Die experimentelle Bestimmung von γ bzw. ε_{gb} erfolgt entweder durch Vermessung der Stufen, welche sich an der Oberfläche durch das Herausschieben der obersten Körner bilden, oder durch Vermessung der K o r n f o r m - ä n d e r u n g in Hauptdehnungsrichtung und senkrecht dazu. Im ersten Fall wird die Stufenhöhe h senkrecht zur Oberfläche durch Feinfokussierung oder mit einem Interferenzmikroskop gemessen. Es ist dann

$$\varepsilon_{gb} = k\bar{h}/\bar{l}_g , \qquad (2.43)$$

wobei $\bar{l}_g$ die auf andere Weise (s.o.) bestimmte mittlere Korngröße senkrecht zur Oberfläche ist; der Zahlenfaktor k berücksichtigt, daß die Korngrenzen nicht alle senkrecht zur Oberfläche orientiert sind. Ob das so bestimmte ε_{gb} auch für die Verformung derjenigen Körner gültig ist, die nicht an der Oberfläche liegen, ist nicht gewiß, vgl. die Erörterung bei Langdon und Bell [2.77], bei Davies et al. [2.78] sowie bei Stevens [2.79].

Das zweite Verfahren zur Bestimmung der Korngrenzenverschiebung geht auf Rachinger [2.80] zurück und besteht im Vergleich der mittleren Korngrößen $l^{\parallel}$ und $l^{\perp}$ parallel bzw. senkrecht zur Dehnungsrichtung, vor und nach der Verformung. Eine Verbesserung ist nach Hensler und Gifkins [2.81] durch Ausmessen individueller Körner erzielbar. Es ergibt sich

$$\varepsilon_g = (l^{\parallel}/l_0^{\parallel})(l_0^{\perp}/l^{\perp})^{2/3} - 1 \qquad (2.44)$$

und daraus ε_{gb} mit (2.42). Diese Methode besitzt gegenüber der Oberflächenstufenmethode den Vorteil, daß sie nach dem Versuch auch auf das Probeninnere angewendet werden kann. Dafür ist sie anfällig gegen Fehler, die dadurch entstehen, daß während des Kriechens durch Korngrenzenwanderung eine die plastische Verlängerung z.T. kompensierende Sphäroidisierung der Körner erfolgt.

Eine Kontrolle kann mit einer der zahlreich angewendeten "g r i d "-
Methoden erfolgen: Hierbei wird entweder durch Anritzen auf einer
Teilmaschine oder photographisch [2.82] ein quadratisches Raster auf
die Oberfläche der unverformten Probe aufgebracht und nach der Verformung vermessen. Ist die Maschenweite des Netzes hinreichend
klein, so daß einzelne Quadrate ganz innerhalb eines Kornes liegen,
läßt sich ε_g bestimmen [2.77]. Aus den "Sprüngen" dort, wo die
Rasterlinien von Korngrenzen geschnitten werden, ergibt sich ein Wert,
der ähnlich wie bei der "h-Methode", (2.43), in ε_{gb} umgerechnet werden kann.

2.6.2. Ausscheidungen; disperse Phasen

Es finden die üblichen Methoden der Gefügeauswertung Anwendung, wobei
die Fortschritte der automatischen quantitativen Metallographie in naher
Zukunft zahlreiche neue Daten mit erhöhter Zuverlässigkeit liefern werden
[2.83]. Eine besonders sorgfältige Analyse der Ausscheidungsverteilung in einem Stahlgefüge liefern z.B. Prnka und Foldyna [2.84] anhand
elektronenmikroskopischer Durchstrahlungsbilder. Sie bestimmten den
mittleren Teilchendurchmesser d und die mittlere Teilchenzahl je Volumeneinheit

$$n_v = n_0 / A_0 \, \delta, \qquad\qquad (2.45)$$

wobei n_0 die Anzahl der Teilchen in einer untersuchten Fläche, A_0 die
tatsächliche Größe dieser Fläche und δ die Dicke der Folie ist. Hieraus folgt als "mittlere freie Weglänge" zwischen 2 Teilchen

$$L_{tf} = n_v^{-1/3} - d. \qquad\qquad (2.46)$$

L.c. wird eine Reihe anderer Publikationen zu diesem Problem zitiert.
Ferner sei besonders auf die neueren Darstellungen von Ashby und Ebeling [2.85] sowie von Exner [2.86] hingewiesen.

Gerade bei warmfesten Stählen und "Superlegierungen" spielt die che-
mische Zusammensetzung der Ausscheidungen eine wesentliche Rolle.
Hierzu kann die Elektronenstahlmikrosonde nur bei Dispersionen mit
Teilchengrößen oberhalb einiger µm angewendet werden. Für feinere

Teilchen wird entweder die Mikroanalyse von elektrochemisch gewonnenen Isolaten (Rückstandsanalyse) oder die elektronenoptische Feinbereichsbeugung herangezogen, sei es in der durchstrahlbaren Folie, sei es im sog. Ausziehabdruck (engl.: extraction replica). Näheres über die elektronenmikroskopische Technik findet sich in einschlägigen Büchern, z.B. bei v. Heimendahl [2.87].

2.6.3. Poren

Hier seien in erster Linie die Hohlräume (engl.: cavities) genannt, die sich während der Verformung vorzugsweise an Korngrenzen bilden. Für diese Untersuchungen muß die metallographische Probenvorbereitung besonders sorgfältig durchgeführt werden (Diamantpolitur, Elektrowischpolitur). Zur Auswertung wird z.B. von Gittins [2.88] sowie von Wingrove und Taplin [2.89] eine Beziehung benutzt, die auf Fullman [2.90] zurückgeht:

$$n_v = \pi n_a^2 / n_l , \qquad\qquad (2.47)$$

wobei n_v die Zahl der Poren je Volumeneinheit, n_a die der im Schliffbild sichtbaren Poren je Flächeneinheit und n_l die Zahl der Poren je Längeneinheit einer Geraden ist, die man in die Bildebene legt. - Während Form und Größe bzw. Anzahl der Poren sich nur aus licht- oder elektronenmikroskopischen Bildern erschließen lassen, erhält man die Gesamtporosität weit zuverlässiger aus Dichtemessungen, die allerdings eine Genauigkeit von $\pm 10^{-5}$ erreichen müssen. Experimentelle Wege hierzu beschreiben u.a. Boettner und Robertson [2.91], Woodford [2.21] sowie Ratcliffe [2.92].

Da die Poren vielfach auf den Korngrenzen angeordnet sind, wurde zur Untersuchung ihrer Morphologie (insbesondere bei Eisen) das Verfahren angewendet, die Proben auf tiefe Temperatur abzukühlen und dann interkristallinen Sprödbruch hervorzurufen [2.93], [2.94]. Auf den so freigelegten Grenzflächen zeichnen sich die Poren bei geeigneter Beschattung im elektronenmikroskopischen Abdruckbild (Fraktographie) ebenso wie im Rasterelektronenmikroskop (REM, engl. SEM für scanning electr. micr.) deutlich ab.

2.6.4. Versetzungsanordnungen

Im Oberflächenbild einer Probe zeigen sich Versetzungslinien im Inneren als Durchstoßpunkte an. Diese können mit geeigneten Ätzmitteln, evtl. nach "Dekoration" mit Ausscheidungen von Fremdatomen, als Ätzgrübchen (engl.: etch-pits) sichtbar gemacht werden [2.95]. Versetzungslinien, welche parallel zur Beobachtungsfläche liegen, müssen durch statistische Betrachtungsweise berücksichtigt werden. Dies gilt auch für Versetzungen, deren Durchstoßpunkte sehr eng beieinander liegen und daher in ein Ätzgrübchen fallen. Bei gleichmäßiger Verteilung kann die Versetzungsdichte in cm/cm^3 bzw. cm^{-2} aus der Zahl N_g der Ätzgrübchen auf der (wahren) Fläche A_0 mit folgender Beziehung ermittelt werden:

$$\rho = c_g N_g / A_0 \, . \tag{2.48}$$

Dabei ist c_g ein Faktor, welcher die Orientierung der Versetzungslinien gegenüber der Schnittfläche angibt. Bei isotroper Verteilung ist z.B. $c_g = 2$.

Wegen der endlichen Größe der Ätzgrübchen ist das Verfahren auf Gefüge mit Versetzungsdichten unter ca. 10^8 cm^{-2} beschränkt. Es eignet sich daher besonders für Untersuchungen an Halbleitern wie Ge, Si [2.96] und Ionenkristallen, z.B. MgO [2.97] oder LiF [2.98]; l.c. finden sich nähere Angaben über die verwendeten Ätzmittel und die sonstige Methodik. Da die Versetzungsdichten in Metallen bei Hochtemperaturkriechversuchen ebenfalls nicht groß sind, wurde das Verfahren auch hier vielfach angewendet, wobei insbesondere die Arbeiten über die Substruktur von Fe-Si-Legierungen mit und ohne Textur typisch sind, [2.99] bis [2.101].

In neuerer Zeit wird jedoch in verstärktem Maße die Durchstrahlungs-Elektronenmikroskopie (engl.: transmission electron microscopy, TEM) zur qualitativen und quantitativen Beobachtung der Versetzungsstruktur hinzugezogen. Das Durchstrahlungsbild kann hinsichtlich der darauf sichtbaren Versetzungen wie folgt ausgewertet werden: Entweder man zählt die sichtbaren Durchstoßpunkte auf beiden Seiten der Folie innerhalb einer (wahren) Fläche A_0 aus, dann ist

$$\rho = n/2\,A_0 , \qquad\qquad (2.49)$$

oder man bestimmt nach Ham [2.102] die Zahl n_s der Schnittpunkte von Versetzungslinien mit einer willkürlich in das Bild gelegten Geraden der Länge L. Dann ist

$$\rho = 2\,n_s/L\delta , \qquad\qquad (2.50)$$

wobei δ die Dicke der durchstrahlten Folie ist, die auf andere Weise bestimmt wird, vgl. [2.87]. Abwandlungen des Verfahrens finden sich bei Cuddy [2.103] und Keh [2.104]. Besonders eingehende Untersuchungen über die Auswertemethodik sowie Ergebnisse von Anwendungen des 1000 kV-Elektronenmikroskops in Stockholm finden sich bei Lagneborg et al. [2.105]. Auch röntgenographische Verfahren lassen sich einsetzen, einmal, um Versetzungen bei geringen Dichten direkt abzubilden, zum anderen, um aus einer Formanalyse der Beugungsreflexe quantitative Angaben über die Versetzungsdichte zu erhalten, vgl. Seeger und Wilkens [2.106] sowie Karashima et al. [2.107].

Ein wesentliches Merkmal zahlreicher Gefüge von kriechverformten Proben ist die deutliche Ausbildung von S u b k ö r n e r n mit entsprechenden Grenzen. Diese sind sowohl mit der Ätzgrübchen- als auch mit der TEM-Technik deutlich zu erkennen. In früheren Arbeiten wurden sie allerdings röntgenographisch als Ursache der Aufspaltung der Reflexe nachgewiesen, z.B. von Wood und Rachinger [2.108]. Die Methode wurde auch später noch oft eingesetzt; sie ist in Bezug auf den Betrag des Orientierungsunterschiedes von Subkörnern in komplexen Gefügen nicht sehr genau. Eine gute zusätzliche Informationsquelle sind deswegen "grids", vgl. S. 60 oben. Sie bilden aufgrund der Subkornbildung während des Kriechens Knicke aus, welche z.B. bei Versuchen an Tantal Winkelunterschieden von ca. 1° entsprechen [2.109].

Untersuchungen dieser Art werden meist durchgeführt, um Aufschluß über den Strukturparameter S w ä h r e n d des Verformungsprozesses zu erhalten. Dies setzt voraus, daß die bei Raumtemperatur an der entlasteten Probe durchgeführte mikroskopische Untersuchung d i e -

selbe Realstruktur erfaßt, die bei Versuchstemperatur unter Last
vorlag. Ob diese Voraussetzung erfüllt, oder ob sie durch Erholungsvorgänge während der Abkühlung bzw. "handling"-Effekte verletzt ist,
muß im Einzelfall geprüft werden. Vielfach konnte gezeigt werden, daß
sich Zahl und Anordnung der Versetzungen nicht wesentlich ändern,
wenn die Probe unter Last abgekühlt wird. Bei schnellen Warm-
verformungsvorgängen ist dieser Weg nicht gangbar. Man versucht
dann, zumindest nachträgliche Rekristallisation dadurch zu verhindern,
daß die Probe unmittelbar nach dem Verformungsvorgang durch geeignete Vorrichtungen abgeschreckt wird.

Literatur

2.1.   Gesetz über Einheiten und Meßwesen in der BRD vom 2.7.69,
        in Kraft getreten am 3.7.70. Vgl. ISO-Empfehlung R 1000,
        Febr. 1968

2.2.   Strecker, A.: Kommentar zum Eichgesetz und Einheiten-
        gesetz. Deutscher Eichverlag, Braunschweig 1971

2.3.   Blum, W., Ilschner, B.: phys.stat.sol. $\underline{20}$ (1967) 629/42

2.4.   Dubbels Taschenbuch f. d. Maschinenbau, 12. Aufl.. Bd. I,
        S. 362/63 u. 366/67. Springer, Berlin etc. 1966

2.5.   Hollenberg, G.W., Terwilliger, G.R., Gordon,
        R.S.: J. Am. Ceram. Soc. $\underline{54}$ (1971) 196/99

2.6.   Engelhardt, G., Thümmler, F.: Ber. DKG $\underline{47}$ (1970)
        571/77

2.7.   Timoshenko, S.: Strength of Materials, 3. Aufl., Bd. 1,
        S. 442. Van Norstrand, New York 1955

2.8.   Schmidt, W., Diederichs, R.: DEW Techn. Ber. $\underline{9}$
        (1969) 462/75 (l.c. 39 einschlägige Literaturhinweise)

2.9.   Z.B. Balser/Kayser: Das internationale System der
        Einheiten, Heisler, Stuttgart 1967

2.10.   Ilschner, B.: Z. f. Werkstofftechnik $\underline{2}$ (1971) 123/27

2.11.   Sellars, C.M., Quarrell, A.G.: J. Inst. Met. $\underline{90}$
        (1961/62) 329/36

2.12.   Deutscher Normenausschuß (Hrsg.): Materialprüfnormen
         für metallische Werkstoffe. DIN-Taschenbuch 19, Abschn.
         3.4, S. 100 ff. Beuth, Berlin 1966

2.13.   Nitzsche, K. (Hrsg.): Werkstoffprüfung von Metallen,
         Bd. 1, S. 96/123. Dt. Verl. Grundstoffind., Leipzig 1963

2.14.   Dieter, G.E.: Mechanical Metallurgy. Mc Graw Hill, New
         York 1961. Hier: Kap.13 (Creep and Stress Rupture),
         S. 335/69

2.15.   Huang, H.I., Sherby, O.D., Dorn, J.E.: Trans. Met.
         Soc. AIME 206 (1956) 1385/88

2.16.   Dorn, J.E.: J. Mech. Phys. Solids 3 (1954) 85

2.17.   Schinn, R., Schieferstein, U.: im Druck

2.18.   Fuchs, A., Ilschner, B.: Acta Met. 17 (1969) 701/10

2.19.   Amin, K.E., Dorn, J.E.: Acta Met. 17 (1969) 1429/34

2.20.   Olsson, K.G.: Jernkont. Ann. 150 (1966) 573

2.21.   Woodford, D.A.: Met. Sci. J. 3 (1969) 234/40

2.22.   Hockett, J.E.: Proc. ASTM 59 (1959) 1309/19

2.23.   Kienzle, O., Bühler, H.: Z. Metallkde. 55 (1964)
         668/73

2.24.   Schwartz, D.M., Mitchell, J.B., Dorn, J.E.: Acta
         Met. 15 (1967) 485/90

2.25.   Andrade, E.N. da C., Chalmers, B.: Proc. Roy. Soc.
         A 138 (1932) 348/74

2.26.   Raymond, L., Dorn, J.E.: Trans. Met. Soc. AIME 230
         (1964) 560/67

2.27.   Evans, W.J.: Wilshire, B.: Trans Met. Soc. AIME 242
         (1968) 1303/07

2.28.   Andrade, E.N. da C.: Proc. Roy. Soc. A 84 (1911) 1/12

2.29.   Harper, J., Dorn, J.E.: Acta Met. 5 (1957) 654/65

2.30.   McCormik, P.G., Ruoff, A.L.: J. Appl. Phys. 40
         (1969) 4812/18

2.31.   Norman, E.C., Duran, S.A.: Acta Met. 18 (1970) 723/31

2.32.   Assmann, H.: Dissertation Erlangen 1971

2.33.   Deutsch, D.E., Carey, R.S., Hull, J.L.: Trans. ASM
        54 (1961) 504/13

2.34.   Borch, N.R., Hauber, J.R.: Trans. Met. Soc. AIME 242
        (1968) 1933/36

2.35.   Watanabe, T., Karashima, S.: Supplement Trans.
        Japan. Inst. Met. 9 (1968) 242/47

2.36.   Zama, W.A., Lang, D.D., Brotzen, F.R.: J. Mech.
        Phys. Sol. 8 (1960) 45

2.37.   Green, L., Stehsel, M.L., Waller, C.E., in West-
        brook, J.H. (Hrsg.): Mechanical Properties of Intermetallic
        Compounds. Wiley, New York 1967, S. 121/40

2.38.   Coble, R.L., Guerard, Y.H.: J. Am. Ceram. Soc. 46
        (1963) 353/54

2.39.   Farb, N.E., Johnson, O.W., Gibbs, P.: J. Appl.
        Phys. 36 (1965) 1746/51

2.40.   Engelhardt, G., Rejman, G.: Ber. DKG 47 (1970) 485/88

2.41.   Martinod, H., Renon, C., Calvet, J.: Mém. Sci. Rev.
        Mét. 66 (1969) 303/10

2.42.   Milička, K.: Z. Metallkde., 61 (1970) 145/51

2.43.   Ansell, G.S., Lenel, F.V.: Trans. Met. Soc. AIME 221
        (1961) 452/56

2.44.   Vandervoort, R.R., Barmore, W.C.: Trans. Met.
        Soc. AIME 245 (1969) 825/29

2.45.   Poteat, L.E., Yeast, C.S.: J. Am. Ceram. Soc. 49
        (1966) 410/14

2.46.   Hübner, H., Ilschner, B.: Proc. Brit. Ceram Soc.
        20 (1972) 149/164

2.47.   Paufler, P., Schulze, G.E.R.: phys. stat. sol. 24
        (1967) 77/87

2.48.   Shahinian, P.: Trans. ASM 49 (1957) 862/82

2.49.   Ratcliffe, R.T., Greenwood, G.W.: Phil Mag. 12
        (1965) 59/69

2.50.   McCormick, P.G., Ruoff, A.L.: Creep under High Pres-
        sures, in H.L.D. Pugh (Hrsg.): Mechanical Behaviour of
        Materials under Pressure. Elsevier, Amsterdam 1970,
        S. 355/90

2.51.   Brucklacher, D., Dienst, W.: J. Nucl. Mat. 36 (1970)
        244/47

2.52. Holmes, J.T., Petersen, L.O.: Phil. Mag. 16 (1967) 845/48

2.53. Mecking, H., Lücke, K.: Mater. Sci. Engg. 1 (1967) 349/59

2.54. Farnsworth, P.L., Coble, R.L.: J. Am. Ceram. Soc. 49 (1966) 264/68

2.55. Kemppinen, A.I.: in [1.16], S. 117/21

2.56. Orowan, E.: Brit. Iron Steel Research Assn. Report MW/F/22/50, London 1950

2.57. Uvira, J.L., Jonas, J.J.: Trans. Met. Soc. AIME 242 (1968) 1619/26

2.58. Samanta, S.K.: in [1.16], S. 122/30

2.59. Scharf, G., Achenbach, D.: Z. Metallkde. 60 (1969) 904/09

2.60. Hughes, D.E.R.: J. Iron and Steel Inst. 170 (1952) 214

2.61. Hardwick, D., Tegart, W.J.McG.: J. Inst. Met. 90 (1961/62) 17/21

2.62a. Rossard, C., Blain, P.: Mém. Sci. Rev. Mét. 55 (1958) 573/94

b. Blain, P., Rossard, C.: Neue Hütte 7 (1962) 679/81

c. Blain, P., Rossard, C.: Freiberger Forschungsh. B87 (1963) 89

2.63. Stüwe, H.-P., Turck, H.: Z. Metallkde. 55 (1964) 699/703

2.64. Akeret, R., Künzli, A.: Z. Metallkde. 57 (1966) 789/92

2.65. Shapiro, E., Dieter, G.E.: Metallurg. Trans. 1 (1970) 1711/19, vgl. auch G. E. Dieter, J. Mullin, E. Shapiro: in [1.16], S. 7/13

2.66. Farag, M.M., Sellars, C.M., Tegart, W.J.McG.: in [1.16], S. 60/67

2.67. Vaughan, T.B.: in [1.16], S. 68/77

2.68. Feltham, P.: J. Inst. Met. 89 (1960/61) 210/14

2.69. Feltham, P.: Phil. Mag. 6 (1961) 259/70 u. 847/50

2.70. Feltham, P.: phys. stat. sol. 3 (1963) 1903

2.71.   Feltham, P., Lehmann, G., Moisel, R.: Acta Met.
        17 (1969) 1305/09

2.72.   Guiu, F., Pratt, P.L.: phys. stat. sol. 6 (1964) 111/120

2.73.   Gibbs, G.B.: Phil. Mag. 13 (1966) 317/29

2.74.   Mraček, J.: Ber. DKG 47 (1970) 187/90

2.75.   Yokobori, T., Ishii, H., Fujimura, Y.: Rep. Res.
        Inst. for Strength and Fracture, Tohoku Univ. Sendai, 2
        (1966) Nr. 1, S. 1/19

2.76.   Hunsicker, H.Y.: Trans. Met. Soc. AIME 245 (1969)
        29/42

2.77.   Langdon, T.G., Bell, R.L.: Trans. Met. Soc. AIME
        242 (1968) 2479/84

2.78.   Davies, P.W., Dennison, J.P., Evans, R.W.: J.
        Inst. Met. 93 (1964/65) 25/26

2.79.   Stevens, R.N.: Trans. Met. Soc. AIME 236 (1966) 1762/64

2.80.   Rachinger, W.A.: J. Inst. Met. 81 (1952/53) 33/41

2.81.   Hensler, J.H., Gifkins, R.C.: J. Inst. Met. 92
        (1963/64) 340

2.82.   Bell, R.L., Langdon, T.G.: J. Sci. Instr. 42 (1965) 896

2.83.   Blank, J.R., Gladman, T.: Quantitative Metallography,
        in F. Weinberg (Hrsg.): Tools and Techniques in Physical
        Metallurgy, Bd. 1. Dekker, New York 1970, S. 265/327

2.84.   Prnka, T., Foldyna, V.: Arch. Eisenhüttenw. 40, (1969)
        499/504

2.85.   Ashby, M.F., Ebeling, R.: Trans. Met. Soc. AIME
        236 (1966) 1396/1404

2.86.   Exner, H.E.: Prakt. Metallographie 3 (1966) 334/41

2.87.   v. Heimendahl, M.: Einführung in die Elektronenmikros-
        kopie. Werkstoffkunde Bd. 1. Vieweg, Braunschweig 1970

2.88.   Gittins, A.: Met. Sci. J. 1 (1967) 214/16

2.89.   Wingrove, A.L., Taplin, D.M.R.: Scripta Met. 3 (1969)
        649/54

2.90.   Fullman, R.L.: Trans. Met. Soc. AIME 197 (1953) 447/52

2.91.   Boettner, R.C., Robertson, W.D.: Trans. Met. Soc.
        AIME 221 (1961) 613/22

2.92.   Ratcliffe, R.T.: J. Sci. Instr. $\underline{41}$ (1964) 115

2.93.   Crussard, C., Tamhankar, R.: Trans. Met. Soc.
         AIME $\underline{212}$ (1958) 718/30

2.94.   Wingrove, A.L., Taplin, D.M.R.: J. Mater. Sci. $\underline{4}$
         (1969) 789/96. Vgl. [3.247]

2.95.   Johnston, W.G.: in J. E. Burke (Hrsg.): Progr. in
         Ceram. Sci. Bd. $\underline{2}$ (1962), S. 1/75

2.96.   Springer, E.: Z. Metallkde. $\underline{62}$ (1971) 298/302

2.97.   Stokes, R.J.: J. Am. Ceram. Soc. $\underline{49}$ (1966) 39/46

2.98.   Reppich, B., Streb, G.: in Vorbereitung. Vgl. G.
         Streb: Diplomarbeit Erlangen 1970

2.99.   Hibbard, W.R., Dunn, C.G.: Acta Met. $\underline{4}$ (1956) 306/15

2.100.   Barrett, C.R., Nix, W.D.: Acta Met. $\underline{13}$ (1965) 1247/58

2.101.   Lytton, J.L., Barrett, C.R., Sherby, O.D.: Trans.
         Met. Soc. AIME $\underline{233}$ (1965) 1399/1408

2.102.   Ham, R.K.: Phil. Mag. $\underline{6}$ (1961) 1183/84

2.103.   Cuddy, L.J.: Metallurg. Trans. $\underline{1}$ (1970) 395/401

2.104.   Keh, A.S.: in Direct Observation of Imperfections in Crys-
         tals, J. B. Newkirk, J. H. Wernick (Hrsg.). Wiley, London,
         1962 S. 213/38

2.105a. Modéer, B., Lagneborg, R.: Jernkont. Ann. $\underline{155}$ (1971)
         363/67
     b. Bergman, B., Lagneborg, R.: l.c. $\underline{155}$ (1971) 368/72
     c. Odén, A., Lind, E.: Lagneborg, R.: l.c. $\underline{155}$ (1971)
         386/88

2.106.   Seeger, A., Wilkens, M.: in Reinststoffprobleme III,
         E. Rexer (Hrsg.) Akademie-Verlag, Berlin 1967, S.29/122

2.107.   Hasegawa, T., Sato, H., Karashima, S.: Trans.
         Japan. Inst. Met. $\underline{11}$ (1970) 94

2.108.   Wood, W.A., Rachinger, W.A.: J. Inst. Met. $\underline{76}$
         (1949/50)

2.109.   Green, W.V., Gillis, P.P., Zukas, E.G.: Acta Met.
         $\underline{18}$ (1970) 43/52

3. Meßergebnisse

3.1. Verlauf der Kriechkurve

3.1.1. Anfangsdehnung

Ein Kriechversuch findet zwar bei konstanter Spannung σ statt, jedoch wird der Soll-Wert σ wegen der Trägheit des Systems nicht momentan, sondern innerhalb eines endlichen Zeitintervalls Δt aufgebracht. Δt ist freilich relativ zur Dauer des Kriechversuchs sehr klein. Am Ende von Δt - unmittelbar nach Lastaufgabe - wird eine Anfangsdehnung ε_0 gemessen. Da die Spannung σ von der gesamten Probe getragen wird, enthält ε_0 einen elastischen (reversiblen) Anteil von der Größenordnung σ/E und ferner einen plastischen Anteil, wie er sich auch bei einem Verformungsversuch mit der vorgegebenen Geschwindigkeit $\dot{\varepsilon} \approx \varepsilon_0/\Delta t$ eingestellt hätte.

ε_0 ist experimentell schwer festzulegen, zumal wenn die Kriechgeschwindigkeit im anschließenden Übergangsbereich mit $\varepsilon_0/\Delta t$ vergleichbar ist. Es bleibt dann nur die Möglichkeit, die innerhalb von 1 bis 2 s nach Lastaufgabe gemessene Dehnung als ε_0 auszuwerten, wie es Feltham und Meakin [3.1] getan haben, wobei erhebliche Streuungen auftreten können. ε_0 hängt naturgemäß auch vom Probenzustand unmittelbar vor der Lastaufgabe und vom Verlauf von $\sigma(t)$ zwischen $t = 0$ und Δt ab. Mit diesen Einschränkungen wird z.B. bei Cu [3.1] und bei Ni-Co-Mischkristallen [3.2] ein Zusammenhang von der Form der "parabolischen Verfestigung" gefunden:

$$\varepsilon_0(\sigma) = (1/\chi_p)\sigma^p. \qquad (3.1)$$

χ_p bezeichnet man als parabolischen Verfestigungskoeffizienten, p ergibt sich in der Regel als angenähert 2. Vom atomistischen Standpunkt aus kann ε_0 als diejenige Dehnung verstanden werden, welche durch

die Summe von elastischer Verzerrung, athermischen und thermisch
aktivierten Versetzungsbewegungen unter Einschluß von Gleit- und
Schneidprozessen innerhalb der Lastaufgabezeit Δt bewirkt wird. Die
thermisch aktivierten Prozesse sind naturgemäß zeitabhängig. Dies
führt nicht nur zur Geschwindigkeitsabhängigkeit von ε_0, sondern
auch dazu, daß diese Prozesse für $t > \Delta t$ weiterlaufen: Die Anfangsdehnung setzt sich im Übergangskriechen fort.

3.1.2. Übergangskriechen

Ein "klassischer" Ansatz zur empirischen Beschreibung des Verlaufs
der Kriechkurve zwischen ε_0 und ε_1 (Abb.1.1) geht auf Andrade
[2.28] zurück:

$$l(t) = l_0(1 + \beta t^{1/3}) \exp(kt) \tag{3.2}$$

(sog. "β-flow"). Der Exponentialterm sollte das Aufsteigen der Kriechkurve im sekundären und tertiären Bereich erfassen. Nachdem später
der Begriff des stationären Kriechens entwickelt war, formten Cottrell
und Aytekin [3.3] Andrades $t^{1/3}$-Ansatz so um, daß er eine zeitpro-
portionale Dehnung enthält:

$$\varepsilon(t) = \varepsilon_0 + \beta' t^{1/3} + \dot{\varepsilon}_s t. \tag{3.3}$$

Der 2. Term erlaubt in der Tat eine gute Beschreibung von Meßergebnissen im Übergangsbereich, z.B. am Cu [3.1], an Ni-Co-Legierun-
gen [3.2], Abb.3.1, und an niedrig legierten ferritischen Stählen
[3.4].

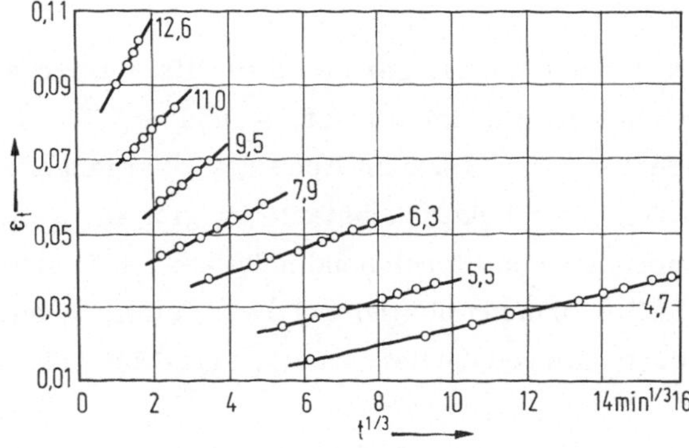

Abb.3.1. Proportionalität der Dehnung ε_t im Übergangsbereich zu $t^{1/3}$
gemäß (3.2) [3.2]

Dieser Formel steht der exponentielle Ansatz von McVetty [3.5] bzw.
Garofalo [3.6] gegenüber:

$$\varepsilon(t) = \varepsilon_0 + \varepsilon_t(1 - e^{-mt}) + \dot{\varepsilon}_s t . \qquad (3.4)$$

Conway und Mullikin [3.7] testeten diese und andere Ansätze mit Daten von W, Ni und Pb. Die Ähnlichkeit der Funktionen und die Streubreite der Meßwerte ließen dabei keine eindeutige Entscheidung zu,
jedoch wurde der Ansatz (3.4) für überlegen befunden. Evans und
Wilshire [2.27] untersuchten diesen Bereich der Kriechkurve mit
großer Präzision an Rein-Fe, Ni und Zn, letzteres mit kornwachs-
tumshemmenden Zusätzen, und stellten fest, daß die Meßwerte sich
mit Ausnahme der ersten 10% des Übergangsbereiches sehr gut durch
(3.4) beschreiben lassen.

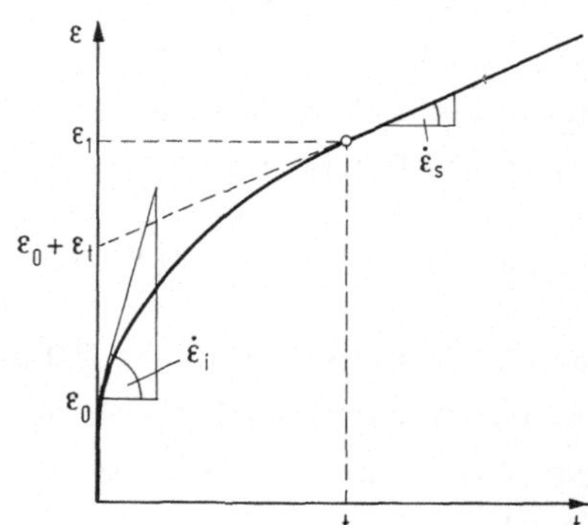

Abb.3.2. Bestimmungsgrößen des
Übergangskriechens zur Erläuterung von (3.4) und (3.5)

Der mittlere Term von (3.4), der das eigentliche Übergangskriechen
beschreibt, weist zwei Parameter auf, ε_t und m. Wie Abb.3.2 zeigt,
ist ε_t nicht identisch mit ε_1, dem Ende des Übergangsbereiches in
Abb.1.1. Die Geschwindigkeitskonstante m gibt an, nach welcher Zeit
t_1 der Klammerausdruck hinreichend nahe an 1 ist (etwa für $t_1 = 4/m$),
so daß weitere Verformung überwiegend vom stationären Kriechvorgang
getragen wird. t_1 korrespondiert zu ε_1, vgl. Abb.1.1.

Die Kriechgeschwindigkeit folgt aus dem Ansatz (3.4):

$$\dot{\varepsilon}(t) = m\varepsilon_t e^{-mt} + \dot{\varepsilon}_s . \qquad (3.5)$$

Die Anfangskriechrate (engl. initial creep rate) ist

$$\dot{\varepsilon}_i = m\varepsilon_t + \dot{\varepsilon}_s \,. \qquad (3.5a)$$

Der Befund, daß (3.4) für die Verformung-Zeit-Kurve von den Meßdaten gut befolgt wird, wird durch zwei zusätzliche Beobachtungen ergänzt, aus denen sich Aussagen über die beiden Parameter m und ε_t
ergeben [2.27], [3.6], [3.8]:

1. Die Geschwindigkeitskonstante m des Übergangskriechens ist pro-
portional zur stationären Kriechgeschwindigkeit $\dot{\varepsilon}_s$, Abb.3.3a: $m = A\,\dot{\varepsilon}_s$.

2. Auch die Anfangskriechrate $\dot{\varepsilon}_i$ ist proportional zu $\dot{\varepsilon}_s$, Abb.3.3b:
$\dot{\varepsilon}_i = B\,\dot{\varepsilon}_s$.

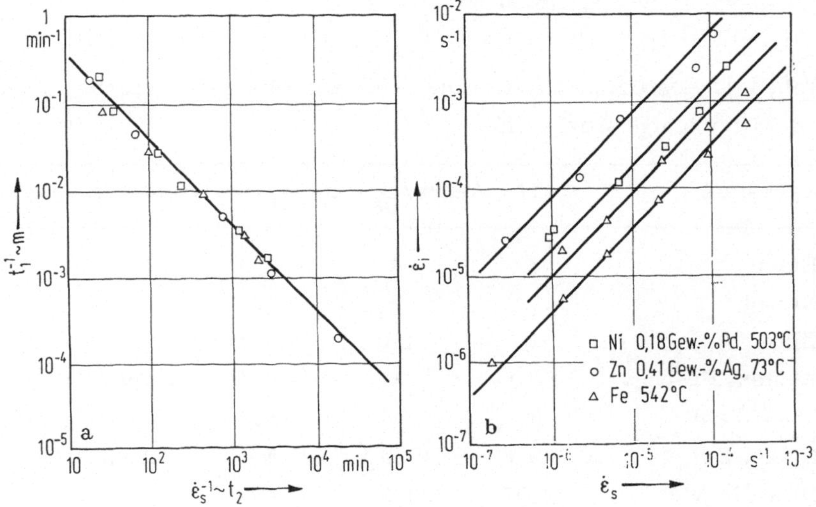

Abb.3.3. a) Proportionalität zwischen der Zeitkonstanten des Übergangsbereiches und $\dot{\varepsilon}_s$ bzw. $1/t_2$. b) Proportionalität zwischen
$\dot{\varepsilon}(t = 0)$ und $\dot{\varepsilon}_s$ beim Kriechen von Fe, Ni und Zn [2.27]

Der Vergleich der letzten Aussage mit (3.5a) zeigt, daß der Parameter
$\varepsilon_t \approx$ const sein muß. Da das Übergangskriechen im Sinne von (3.4)
nach $t_1 \approx 4/m$ beendet ist, ergibt sich ferner, daß der Übergangsdehn-
bereich $\Delta\varepsilon_1$ in 1. Näherung von σ und T unabhängig ist:

$$\Delta\varepsilon_1 \equiv \varepsilon(t_1) - \varepsilon_0 \approx \varepsilon_t + \dot{\varepsilon}_s t_1 \approx \varepsilon_t + 4/A = \text{const}. \qquad (3.6)$$

Aus diesen zunächst formalistisch anmutenden Koeffizientenvergleichen ist eine wichtige Folgerung zu ziehen: Offensichtlich wird das Übergangskriechen von denselben Konstanten beherrscht wie das stationäre Kriechen. Also ist auch zu erwarten, daß die Elementarschritte der Verformung im Übergangsbereich mit denen im stationären Teil übereinstimmen. Dieser Gesichtspunkt wurde insbesondere auch von Webster et al. [3.8] herausgestellt und plausibel gemacht.

Die bisherigen Feststellungen, die sich in Tab.3.1 widerspiegeln, sind übrigens nicht daran gebunden, daß man den Exponentialansatz (3.4) akzeptiert; derselbe Sachverhalt wird für das Andradesche $t^{1/3}$-Gesetz (3.3) als Konstanz von ε_1 bzw. als Proportionalität zwischen β^3 und $\dot{\varepsilon}_s$ gefunden [3.2].

Tab.3.1. Koeffizientenbeziehungen für das Übergangskriechen nach (3.4) für einige Werkstoffe

Werkstoff	$\varepsilon_t(\%)$	$A = m/\dot{\varepsilon}_s$	$B = \dot{\varepsilon}_i/\dot{\varepsilon}_s$	Abhängig von
Eisen	5	45	3,3	-
Nickel	3	75	3,3	-
Zink	1	190	3,3	-
Austen. Fe-Leg.	4 - 11	50	3 - 6,4	Korngröße
18-8-Stahl	6	40	3,3	-
Ni-20%Cr	0,3 - 1	1000	4	Spannung
Nimonic 80A	0,05	10000	4	-

Die ersten fünf Zeilen der Tabelle sind einer Literaturauswertung durch Webster et al. [3.8] entnommen (Originaldaten bei [2.27], [3.6]), die letzten zwei Zeilen der Arbeit von Sidey und Wilshire [3.9]. Ob die Unterschiede in den Zahlenwerten durch unterschiedliche Meßtechnik bedingt oder physikalisch signifikant sind, muß hier offen bleiben.

Nicht alle Details der formalen Ansätze werden stets experimentell bestätigt: In den ersten 10% des Übergangsbereiches $\Delta\varepsilon_1$ nimmt die Dehnung bei einigen Werkstoffen deutlich rascher zu als nach (3.4), vgl. etwa [3.9] und dort zitierte weitere Literatur.

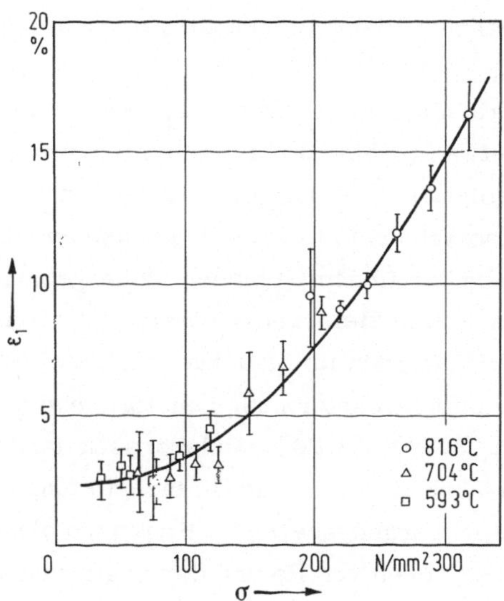

Abb.3.4. Länge des Übergangskriechbereiches in einem austenitischen Stahl (AISI 316, Typ X 7 CrNiMo 18/8) als Funktion der Spannung bei verschiedenen Temperaturen. Meßwerte von Garofalo et al. [3.12]

Ferner ergibt $\Delta\varepsilon_1$ sich keineswegs immer als spannungsunabhängig, wie (3.6) es vorschreibt: Insbesondere in Legierungen des Eisens und im Ni-Cr-System wurde vielfach beobachtet, daß $\Delta\varepsilon_1$ mit abnehmender Spannung abnimmt, [2.27], [3.6], [3.10] bis [3.17], vgl. hierzu Abb.3.4. (3.6) führt zu dem Schluß, daß in diesen Fällen das Verhältnis A zwischen der Zeitkonstanten m und der stationären Kriechrate $\dot{\varepsilon}_s$ mit fallender Spannung zunimmt, z.B. weil m mit σ schwächer abfällt als $\dot{\varepsilon}_s$. Für eine Ni-20%Cr-Legierung konnte dies direkt nachgewiesen werden [3.9]. Die oben betonte Übereinstimmung der Elementarvorgänge im Übergangs- und Stationärbereich findet hier eine Grenze. Die vorliegenden Daten lassen jedoch erkennen, daß $\Delta\varepsilon_1$ - im Einklang mit (3.6) - auch für sehr große A-Werte nicht auf Null zurückgeht, sondern nur gegen ε_t, meist $\approx 1\%$, strebt.

Diese Feststellung ist von erheblicher technischer Bedeutung, denn
sie besagt, daß der für die Normung, Abschn.2.2.2., wichtige Kriech-
dehnbereich unterhalb 0,2% in aller Regel noch im Übergangsbereich
liegt. Daß viele Daten und Grundvorgänge sich vom stationären Bereich trotzdem auf das Zeitstandverhalten übertragen lassen, liegt an
der unter a erwähnten Proportionalität zwischen $\dot{\varepsilon}_i$ und $\dot{\varepsilon}_s$.

Vorstehende Betrachtung ging davon aus, daß der Übergangskriechbereich sich über etwa 0,1 bis 5% plastischer Verformung erstreckt,
wie es Tab.3.1 zeigt. Für ferritische Stähle werden ähnliche Werte
(5 bis 10%) beobachtet [2.18], [3.14], ebenso an polykristallinem Mg
[3.18]. Demgegenüber finden sich auch Meßergebnisse von wesentlich
größeren und wesentlich kleineren ε_1-Werten: In Ionenkristallen mit
NaCl-Struktur z.B. werden im Stauchversuch an ⟨100⟩-orientierten
Einkristallen bis zu 60% Verformung benötigt, ehe sich ein stationärer
Zustand einstellt [3.19], [3.20]. Andererseits fanden Dorn et al.
[2.24] an Mg-Li-Einkristallen (für Einfachgleitung orientiert) nur
einen sehr kleinen Übergangsbereich. Praktisch ohne Primärbereich
erfolgt auch das Kriechen von Re und der Legierung WRe5 [2.44],
[3.64]. Sehr geringe ε_1-Werte werden ferner in kriechfesten aus-
scheidungsgehärteten Werkstoffen gefunden, so an Leichtmetall [2.43]
und einer Ni-Basis-Legierung [3.9], vgl. Tab.3.1.

Cannon und Sherby [3.21] zeigen, daß man innerhalb der Mischkristallegierungen Gruppen "mit" und "ohne" Übergangsbereich heraus-
arbeiten kann. Diese lassen sich mit der Größendifferenz der Legie-
rungspartner sowie dem Wert des Elastizitätsmoduls korrelieren, vgl.
auch Abschn.3.2.4.

Daß das Übergangskriechen im Falle des sog. Nabarro-Herring-
Kriechens grundsätzlich entfällt, hängt mit dem dafür maßgeblichen
Mechanismus zusammen, vgl. Abschn.3.6.7. Messungen an hoch-
reinem Beryllium [2.34] seien als Beispiel zitiert.

Erwähnt werden muß noch der Begriff des anomalen Übergangskriechens (engl.: inverted transient creep): Er besagt, daß bei

einer sprunghaften Erhöhung der Belastung die Kriechrate nicht,
wie normal, zunächst sehr groß ist und dann abnimmt, sondern umgekehrt, Abb.3.5. Anomales Übergangskriechen wurde insbesondere

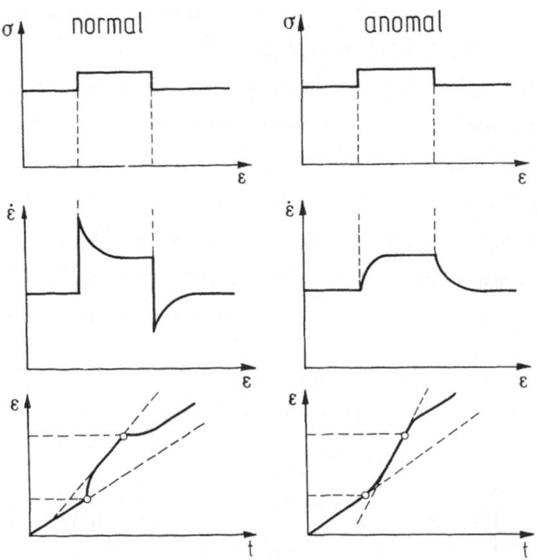

Abb.3.5. Normales und anomales Übergangskriechen bei Spannungswechseln

an kubisch-raumzentrierten Fe-Legierungen beobachtet [2.18],
[3.22], [3.14]. In diesen Werkstoffen erfolgt beim Anstieg der Spannung von kleinen zu hohen Werten ein Wechsel von anomalem zu nor-
malem Übergangsverhalten, wie er beim Vergleich der linken und
rechten Hälfte der Abb.2.9b deutlich wird (die wahre Spannung ist
wegen der höheren Dehnung bei den rechten Zyklen größer als bei den
linken). Bei mittleren Spannungen ergibt sich ein Verhalten, bei dem
das Übergangskriechen "wegkompensiert" ist. Der Versuch einer
Deutung dieses Phänomens wird bei Fuchs und Ilschner [2.18] sowie bei Nix et al. [3.23] unternommen.

3.1.3. Logarithmisches Kriechen

Bei niedrigen Temperaturen $(T < 0,3\ T_m)$ führt eine Auftragung der gemessenen Dehnung gegen den Logarithmus der Zeit auf eine Gerade,

Abb.3.6. Statt der nächstliegenden Form $\varepsilon = a \log t + b$, die für $t \to 0$ offensichtlich nicht zutreffen kann, schreiben wir sogleich

$$\varepsilon(t) = c \ln(1 + t/t_0) . \qquad (3.7)$$

Für $t \gg t_0$ geht (3.7) in das einfache logarithmische Gesetz über. Für die Anfangsgeschwindigkeit ergibt sich $\dot{\varepsilon}(t = 0) = c/t_0$. Es wäre unzutreffend, das "logarithmische Kriechen" dem in Abb.1.1 charakterisierten Verhalten mit stationärem Bereich II gegenüberstellen zu wollen, da es grundsätzlich nur in Dehnungsbereichen weit unterhalb von ε_t (s.o.) beobachtet wird. (3.7) beschreibt also eine spezielle Form des Übergangskriechens für niedrige Temperaturen. Die Ähnlichkeit zum Spannungsabfall im Relaxationsversuch gemäß (2.34) fällt auf und ist nicht zufällig: Das eine wie das andere Verhalten

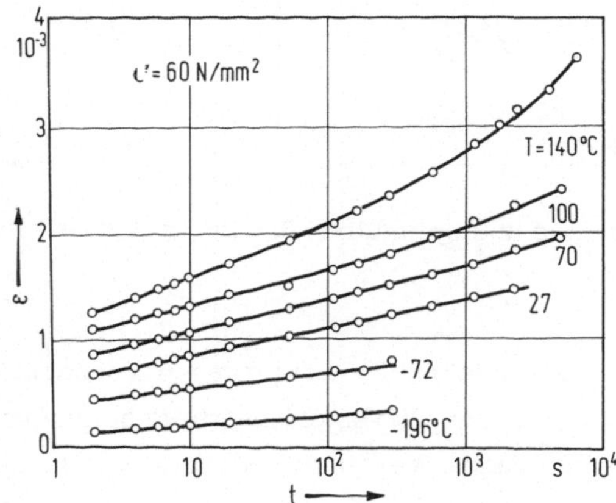

Abb.3.6. Logarithmisches Kriechen von Cu [3.68]; vgl. [1.12]

kennzeichnet einen Verformungsprozeß, bei dem die Erholung der Versetzungsanordnung entweder durch kurze Zeiten bei hoher Temperatur (Spannungsrelaxation) oder durch niedrige Temperatur bei längeren Zeiten (logarithmisches Kriechen) unterdrückt ist. Beide Prozesse spielen sich in der Ausdrucksweise von Abschn.1.1 bei "S ≈ const" ab, beide führen mithin nur zu sehr kleinen Dehnungen. Die Äquivalenz der beiden Zeitgesetze wurde u.a. von Guiu und Pratt [2.72] behandelt; die Parameter b in (2.34) und c in (3.7) können durch die Beziehung

$b = hc$ mit $h = \partial\sigma/\partial\varepsilon$ miteinander verknüpft werden; h ist der Verfestigungskoeffizient.

Logarithmisches Kriechen erfolgt bei $\sigma = \text{const}$, Spannungsrelaxation
bei abnehmender Gesamtspannung. Dies ist jedoch kein grundsätzli-
cher Unterschied; die Verformungsvorgänge werden im Einzelnen
nicht von der äußeren Spannung σ, sondern von der Differenz $\sigma - \sigma_i$
gesteuert, wobei σ_i die inneren Spannungen kennzeichnet, vgl.
Abschn. 3.3.4. Im Verlauf der Spannungsrelaxation strebt nun das abnehmende σ gegen einen durch den Strukturparameter S vorgegebenen Wert
σ_i; beim logarithmischen Kriechen hingegen strebt σ_i infolge von Ver-
festigungsvorgängen von kleinen Werten her gegen das konstante
äußere σ. In beiden Fällen strebt die maßgebende Größe $\sigma - \sigma_i \to 0$
und verlangsamt die Verformungsgeschwindigkeit entsprechend. Ein
Beispiel für logarithmisches Kriechen findet sich bei Feltham [3.24],
weitere werden von Garofalo [1.12] referiert.

3.1.4. Stationäres Kriechen

Kriechverformung mit konstanter Geschwindigkeit $\dot{\varepsilon}_s$ über einen längeren Dehnbereich ist nur bei $\sigma = \text{const}$ zu erwarten, bei Kriechversuchen mit $P = \text{const}$ wegen der laufenden Querschnittsveränderung
nicht, vgl. Abschn.2.2.1. Stationäres Kriechen in dem Sinne, daß $\dot{\varepsilon}$
sich nur und genau in dem Maße ändert, welches der Querschnitts-
zu- oder -abnahme entspricht, läßt sich aus einer Auftragung $\varepsilon(t)$
nur schwer, aus einer Auftragung $\dot{\varepsilon}(\varepsilon)$ recht bequem entnehmen, vgl.
die geraden Abschnitte in Abb.2.9. In vielen Fällen stellt sich jedoch
wirklich kein stationäres Kriechen ein - sei es, weil die Ausbildung
einer stabilen Substruktur durch Ausscheidungspartikel, hohe Ver-
setzungsaufspaltung oder andere Gründe behindert wird oder weil der
tertiäre Kriechbereich sich sehr frühzeitig bemerkbar macht. Ein
Beispiel gibt Abb.3.7. In diesen Fällen wird die Angabe der s t a t i o -
n ä r e n Kriechgeschwindigkeit $\dot{\varepsilon}_s$ meist durch die der m i n i m a l e n
$\dot{\varepsilon}_{min}$ ersetzt.

Der sekundäre Bereich der Kriechkurve ist nach kleinen Dehnungen
hin durch ε_1 begrenzt, vgl. Abschn.3.1.2, nach dem Tertiärbereich

hin durch ε_2. In einer sehr sorgfältigen statistischen Auswertung
präziser Kriechdaten an einem austenitischen Stahl (CrNiMo 18-8-2)

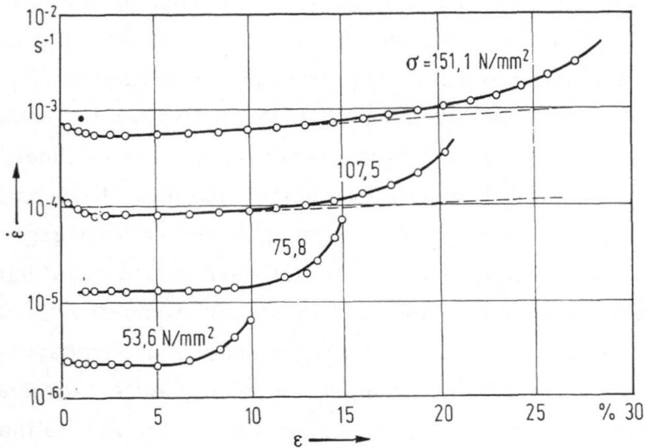

Abb.3.7. Schwach ausgeprägter stationärer Kriechbereich bei einer
Ni-Cr-Legierung [3.14]

ermittelten Garofalo et al. [3.12], daß die Ausdehnung des Sekundärbe-
reiches, $\varepsilon_2 - \varepsilon_1$ in Abb.1.1, bei konstanter Temperatur von der angelegten Spannung ebenso wie ε_1 weitgehend unabhängig ist. Wie groß
$\varepsilon_2 - \varepsilon_1$ wird, hängt weitgehend vom Gefügezustand, insbesondere von
Korngrenzenausscheidungen, ab.

3.1.5. Tertiärer Kriechbereich

Der Übergang vom sekundären in den tertiären Kriechbereich verläuft
ebenso kontinuierlich wie der vom primären in den sekundären Bereich.
Dennoch kann man in geeigneter Weise einen Zeitpunkt t_2 und eine
Dehnung ε_2 für das Ende des sekundären, d.h. den Anfang des tertiären Bereiches definieren. t_2 leitet sich unter Berücksichtigung des
vorangegangenen Übergangskriechens aus (3.4) ab:

$$t_2 = t_1 + (\varepsilon_2 - \varepsilon_1)/\dot{\varepsilon}_s . \qquad (3.8)$$

Die Anfangsdehnung ε_0 wurde dabei gegenüber den großen Beträgen von
ε_2 und ε_1 vernachlässigt. Wenn tatsächlich, wie in Abschn.3.1.4

erwähnt, die Länge des stationären Kriechbereiches konstant ist, folgt aus (3.8), daß $t_2 \sim 1/\dot{\varepsilon}_s$ ist.

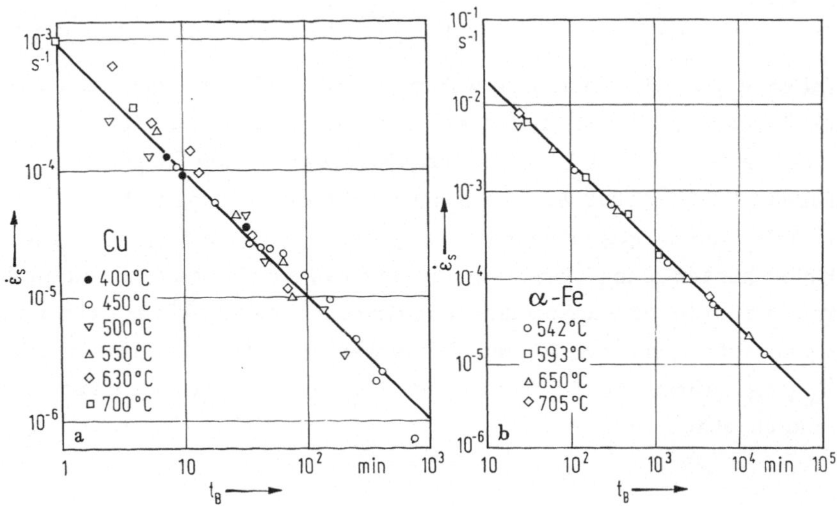

Abb.3.8. Proportionalität zwischen der Zeit t_B bis zum Bruch und dem Kehrwert der stationären Kriechrate gemäß (3.11). a) Cu [3.1]; b) α-Fe [3.26]

Der tertiäre Bereich leitet den Kriechbruch ein, dessen Phänomenologie und Mechanismus in Kap.3.5. behandelt wird. Die zugrunde liegenden Prozesse der Bildung und des Wachstums von Rißkeimen sind komplex, so daß eine einfache Zeitfunktion $\varepsilon(t)$ im tertiären Bereich nicht erwartet werden kann. Immerhin finden Davies and Dutton [3.25] für Au, Cu, Cu-Al, Ni-Pd und eine warmfeste Ni-Legierung einheitlich eine Zeitabhängigkeit gemäß

$$\varepsilon_{III}(t) = \dot{\varepsilon}_s t + K(\sigma,T)t^{4/3} . \tag{3.9}$$

Spätere Messungen von Davies and Williams [3.26] an α-Eisen bestätigten (3.9) zwar für den Anfang des Tertiärbereiches; danach und bis zum Bruch erweist sich jedoch die Funktion

$$\varepsilon_{III}(t) = \dot{\varepsilon}_s t + A \exp(pt) \tag{3.10}$$

als überlegen. - Das Ende des Tertiärbereiches - der Bruch - wird durch ε_B und t_B gekennzeichnet, Abb.1.1. Zahlreiche Messungen haben gezeigt, daß t_B und $\dot{\varepsilon}_s$ durch die einfache Beziehung (3.11) verknüpft sind:

$$t_B = C/\dot{\varepsilon}_s \, . \tag{3.11}$$

Diese empirische Beziehung wurde ursprünglich von Monkman und Grant [3.27] aufgestellt; sie findet sich u.a. bestätigt an Cu [3.1], an austenitischem Stahl [3.12], an Ni und NiCr-Legierungen [3.14] und an α-Eisen [3.26], Abb.3.8. Sie besagt im Zusammenhang mit (3.8) und der in Abb.3.3b dargestellten Beziehung zwischen t_1 und $\dot{\varepsilon}_s$, daß alle Kriechkurven eines Werkstoffes untereinander ähnlich sind. Im primären und im tertiären Abschnitt der Kriechkurve läßt die zeitabhängige Kriechrate sich durch je einen Mittelwert ersetzen, der seinerseits zu $\dot{\varepsilon}_s$ proportional ist. Die Längen der Abschnitte ε_1, $\varepsilon_2 - \varepsilon_1$ und $\varepsilon_B - \varepsilon_2$ sind unabhängig von $\dot{\varepsilon}_s$.

3.2. Einflußgrößen auf die stationäre Kriechgeschwindigkeit

3.2.1. Spannung

Die funktionale Darstellung der Meßergebnisse zur Spannungs- bzw. Lastabhängigkeit von $\dot{\varepsilon}_s$ ist in der Literatur nicht einheitlich. Am häufigsten wird die Potenzfunktion verwendet, vgl. (1.2):

$$\dot{\varepsilon}_s(\sigma) = B_1 \sigma^n \, . \tag{3.12}$$

Sie läßt sich auf Daten von sehr vielen metallischen und nichtmetallischen, ein- und vielkristallinen Stoffen anwenden. Für den Spannungsexponenten n ergeben sich häufig Werte zwischen 3 und 5 (vgl. Abb.3.9a,b), und längere Zeit wurde dies für eine feststehende Gesetzmäßigkeit gehalten. Seltener wird $n = 1$ bis 2 gefunden, und in diesen Fällen liegt in der Regel Nabarro-Herring-Kriechen oder superplastisches Verhalten vor; Abschn. 3.6.6 und 3.6.7. Andererseits werden höhere Spannungsexponenten genannt, häufig nahe 7 (Abb.3.9c), aber auch darüber bis zu $n = 40$ [3.172].

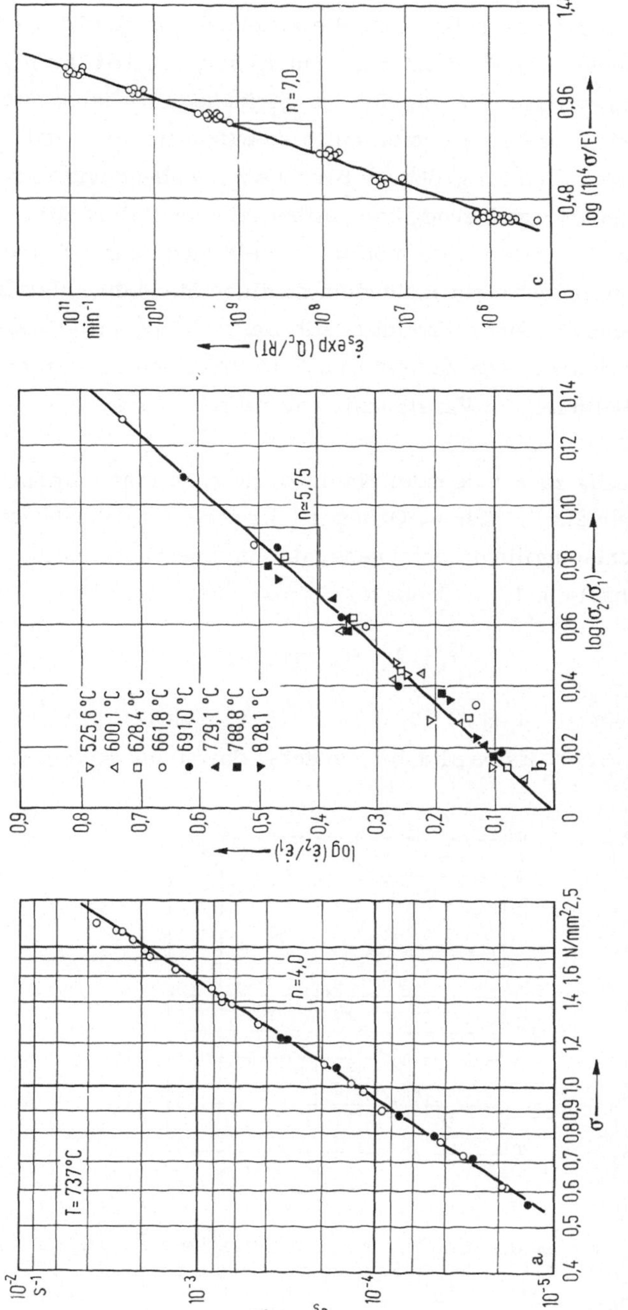

Abb.3.9. Beispiele für die Spannungsabhängigkeit von $\dot\varepsilon_s$ nach dem Potenzgesetz (3.12). a) NaCl-Einkristall, nach Blum et al. [2.3]; b) FeSi-Mischkristall-Legierung, nach Dorn et al. [3.29]; c) polykristallines Rein-Ni, nach Norman et al. [2.31]

Angaben wie die letztgenannten können natürlich nur den Wert einer
empirischen Kenngröße haben, und die zitierten Autoren betonen dies
selbst. An dieser Stelle sei auf das Prinzip der Modellkompatibilität hingewiesen: Auch eine "empirische", zunächst durch keine
spezielle Theorie belegte Formel sollte so aufgebaut sein, daß sie mit
allgemeinen Modellen im größeren Sachzusammenhang und mit deren
mathematischer Formulierung kompatibel ist. Die Alternative, eine
Formel müsse in erster Linie möglichst viele Meßdaten optimal beschreiben, entspricht nicht mehr dem heutigen Stand digitaler Daten-
speicherung und Datenverarbeitung. Als Darstellungsmittel hat die ana-
lytische Funktion an Gewicht verloren, als Prüfstein für den erreichten
Grad an modellmäßigem Verständnis hat sie gewonnen.

Ein modellmäßig zu erfassender Naturvorgang, welcher einem Potenzgesetz höherer als 5. oder 6. Ordnung gehorcht, ist schwer vorstell-
bar. Die Vermutung liegt daher nahe, daß in diesen Fällen die weit einfacher aufgebaute und begründbare Exponentialfunktion vorliegt:

$$\dot{\varepsilon}_s(\sigma) = B_2 \exp(\beta\sigma) , \qquad\qquad (3.13)$$

vgl. z.B. Messungen an Al [3.30], Cu [3.1], NiCo [3.2] oder TiO_2
[2.39], Abb.3.10. Es wird dabei zunächst davon ausgegangen, daß

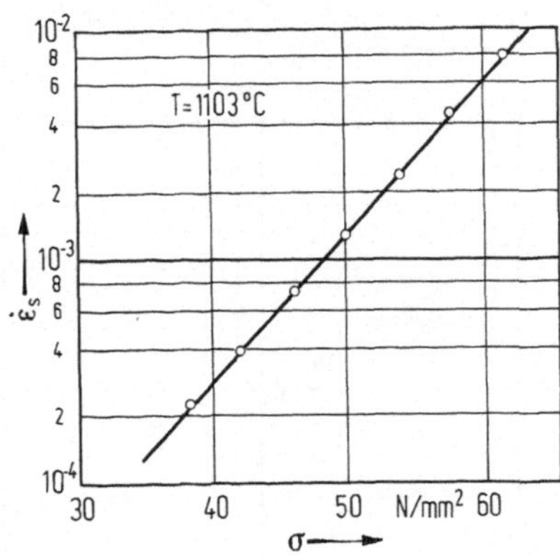

Abb.3.10. Beispiel für die Spannungsabhängigkeit $\dot{\varepsilon}_s$ gemäß dem Exponentialgesetz (3.13): TiO_2-Einkristall, nach Farb et al. [2.39].
Die aufgetragenen Meßwerte lassen sich auch als Potenzgesetz mit
n ≈ 8 darstellen.

β = const und σ die von außen angelegte Spannung sei. - Die Spannungs-
intervalle, in denen solche Ansätze getestet werden, sind aus experi-
mentiertechnischen Gründen meist begrenzt: Bei einer Potenzfunktion
n = 15 z.B. bringt eine Spannungszunahme um 60% eine Vergrößerung
der Kriechgeschwindigkeit um den Faktor 1000, und damit ist die Kapazität einer Meßvorrichtung bald erreicht. Infolgedessen ist eine klare
experimentelle Entscheidung zwischen (3.12) und (3.13) nur selten
möglich, und vorgegebene Meßwerte mit normaler Streuung können in
nicht zu großen σ-Intervallen auch durch Potenzgesetze approximiert
werden.

Bei kleinen Spannungen kann jedoch (3.13) nicht gelten, weil für $\sigma \to 0$
eine endliche Kriechrate B_2 übrig bliebe. Als besseren Ansatz verwendete daher u.a. Feltham [3.31] den Hyperbelsinus:

$$\dot{\varepsilon}_s(\sigma) = B_3 \sinh(\beta\sigma) . \qquad (3.14)$$

Dieser Ansatz ist vom grundsätzlichen Standpunkt her sehr befriedigend, denn er entspricht der Theorie von Prozessen, deren Geschwindigkeit von thermisch aktivierten Elementarschritten kontrolliert wird.
Er hat jedoch den Nachteil, daß für $\sigma \to 0$ die Kriechrate $\dot{\varepsilon}_s$ linear
gegen Null strebt. Dies aber widerspricht den Meßergebnissen, welche
in diesem σ-Bereich mit dem Ansatz (3.12) und n = 4 bis 5 gut übereinstimmen. Verschiedene Autoren, insbesondere Garofalo [3.32] sowie Sellars und Tegart [3.33] kombinierten daher (3.12) und (3.14) zu
dem neuen Ansatz

$$\dot{\varepsilon}_s(\sigma) = B_4 [\sinh(\alpha\sigma)]^n . \qquad (3.15)$$

Er geht für $\alpha\sigma > 2$ in die Exponentialformel über, wobei $B_2 = B_4(1/2)^n$.
Für kleine Spannungen ($\alpha\sigma < 0,3$) ist hingegen das Potenzgesetz (3.12)
eine gute Näherung, wobei $B_1 = B_4{}^n$. Durch (3.15) sind die oben diskutierten Nachteile der zuvor diskutierten Ansätze offenbar beseitigt, so
daß es nicht verwundert, daß beide genannten Autoren die Überlegen-
heit von (3.15) gegenüber (3.12) und (3.13) durch Gegenüberstellung
entsprechender Meßwerte belegen konnten. Ein eindrucksvoller Beweis
für die Güte von (3.15) findet sich auch bei Jonas [3.34], welcher Meß-

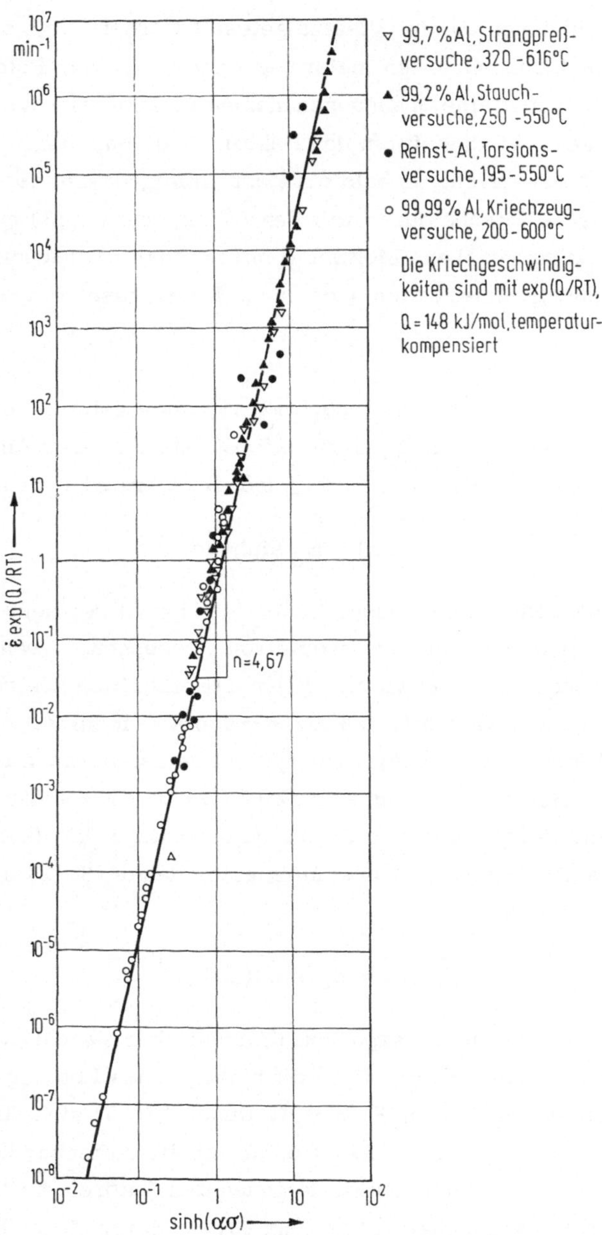

Abb.3.11. Beispiel für die Gültigkeit von (3.15) in einem großen Spannungsbereich, nach Jonas [3.34]

daten verschiedener Autoren betreffend verschiedene Verformungsarten zusammenfaßt, so daß ein Bereich von 15 Zehnerpotenzen in $\dot{\varepsilon}$ bzw. 3 Zehnerpotenzen in σ überstrichen wird, Abb.3.11. Dort ergibt sich aus (3.15) für den Spannungsexponenten n = 4,67.

(3.15) wird mit Recht als empirische Formel bezeichnet. Im Sinne der obigen Bemerkung zur Modellkompatibilität ist sie ebensowenig befriedigend wie die Funktion σ^n mit n = 10 oder 20. Man vermutet doch, daß jedes einfache Modell für thermisch aktiviertes Kriechen auf eine 1. Potenz des Hyperbelsinus führt. Von diesem Standpunkt aus ist der Ansatz

$$\dot{\varepsilon}_s(\sigma) = B_5\, \sigma^{n-1} \sinh(\beta\sigma) \qquad (3.16)$$

vorzuziehen. Auch er geht bei kleinen Spannungen in das Potenzgesetz (3.12) mit $B_1 = B_5$ über. Für hohe Spannungen ist (3.16) trotz der vorgeschalteten Potenz von σ von einer reinen Exponentialfunktion kaum verschieden. (3.16) läßt sich theoretisch begründen, vgl. insbesondere Barrett und Nix [3.35] sowie Abschn.4.6. Blum und Reppich [3.36] konnten ferner anhand zahlreicher Daten aus der Literatur über Al, Ni, Pt, Pb, In, Fuchs und Ilschner [2.18] durch Messungen an Fe-Mo-Legierungen nachweisen, daß (3.16) zur Darstellung der Meßwerte ebenso geeignet ist wie (3.15). Dies wird durch Abb.3.12 veranschaulicht, zu deren Auftragungsweise jedoch noch eine Vorbemerkung erforderlich ist.

Eine sinh-Abhängigkeit der Verformungsgeschwindigkeit von der Spannung wurde bereits im Zusammenhang mit dem Spannungsrelaxationsversuch in Abschn.2.4 festgestellt. (2.35) ist offenbar mit (3.14) identisch, wenn man $b = 1/\beta$ (und $\sigma_i = 0$) setzt. Wir hatten in Abschn.2.4 1/b zunächst ohne theoretische Begründung als V/kT interpretiert und damit ein A k t i v i e r u n g s v o l u m e n V definiert. Diese Art der Darstellung möge zunächst einfach übernommen werden, ihre physikalische Interpretation wird auf Abschn. 4.3 zurückgestellt. Damit nimmt (3.16) folgende Form an:

$$\dot{\varepsilon}(\sigma) = B_5\, \sigma^{n-1} \sinh(V\sigma/kT) . \qquad (3.17)$$

Wie bisher β, so behandeln wir auch V zunächst weiter als Konstante. Um den Ansatz (3.17) an Meßergebnissen zu prüfen, geht man zweckmäßig so vor, daß man logarithmiert und differenziert:

$$\partial \ln \dot{\varepsilon} / \partial \ln \sigma = n_{eff} \, . \qquad\qquad (3.18)$$

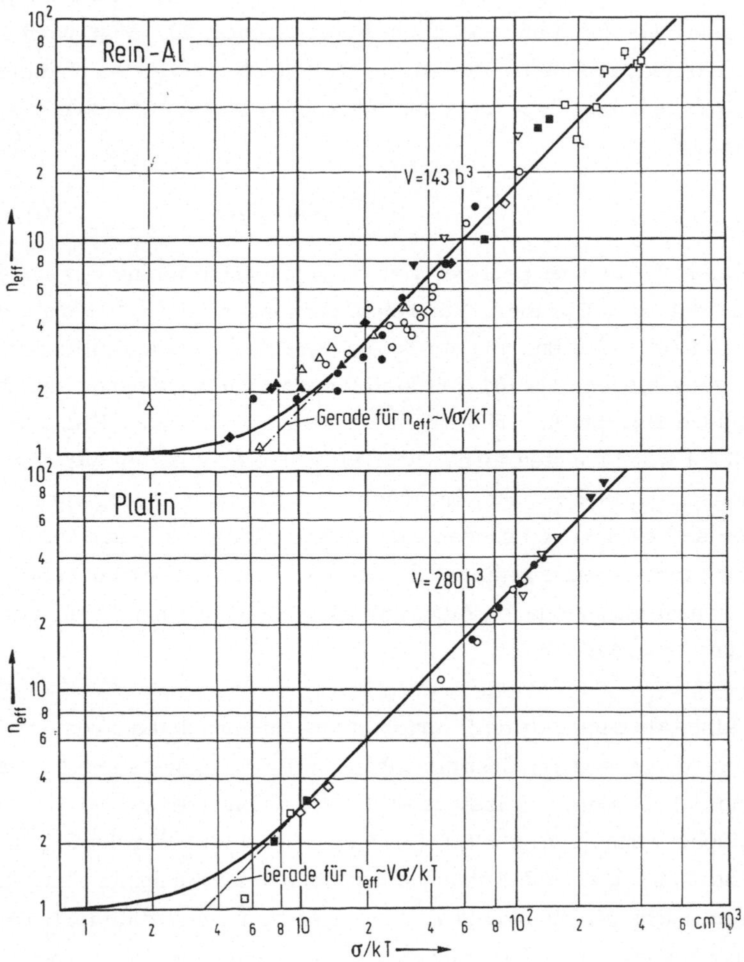

Abb.3.12. Beispiele für die Gültigkeit von (3.17) in großen Spannungsbereichen, nach Blum und Reppich [3.36]. a) Al, Meßwerte verschiedener Autoren (l.c.); b) Pt, wie a. Aufgetragen ist der effektive Spannungsexponent über $\log(\sigma/kT)$

Die Bezeichnung n_{eff} wurde gewählt, weil die Definition (3.18) im
Falle des Potenzansatzes (3.12) den Spannungsexponenten n liefern
wurde. Zur Ausführung von (3.18) muß man beachten, daß

$$d \ln(\sinh x) = (\coth x)dx \, ,$$

$$\coth x \to 1 \text{ für } x \gg 1; \coth x \to 1/x \text{ für } x \ll 1 \, .$$

Anwendung von (3.18) auf die Geschwindigkeitsgleichung (3.17) liefert
daher

$$n_{eff}(\sigma) = n - 1 + (V\sigma/kT)\coth(V\sigma/kT) \, . \qquad (3.19)$$

Obige Näherungen haben zur Folge, daß (3.19) für k l e i n e Spannungen ($V\sigma \ll kT$) durch

$$n_{eff} \approx n - 1 + 1 = n \qquad (3.19a)$$

approximiert wird, hingegen für h o h e Spannungen durch

$$n_{eff}(\sigma) \approx n - 1 + V\sigma/kT \, . \qquad (3.19b)$$

Messungen im Bereich niedriger Spannungen gestatten meist, n zu ermitteln (häufig n = 4 oder n = 4,5). Eine Auftragung von n_{eff} über
σ/kT sollte also für kleine Spannungen eine Horizontale bei n - 1, für
hohe Spannungen einen linearen Verlauf mit der Steigung V ergeben.
Erstrecken sich die Meßwerte über einen größeren Spannungsbereich,
so empfiehlt sich eine logarithmische Auftragung. Diese wurde in
Abb.3.12a,b gewählt. Man erkennt den linearen Anstieg deutlich und
kann aus der Auftragung auch den Wert des Aktivierungsvolumens V
entnehmen, dessen Bedeutung in Abschn. 4.3 erörtert wird. Auch
die Frage einer etwaigen Spannungs- und Temperaturabhängigkeit des
Aktivierungsvolumens stellen wir zurück. An dieser Stelle bleibt fest-
zuhalten, daß im Bereich hoher Spannungen die stationäre Kriechgeschwindigkeit durch einen Exponentialansatz mit einem konstanten
Koeffizienten von der Dimension eines Volumens und der Größenordnung 150 bis 750 b^3 gut beschrieben werden kann (b = Burgers-
Vektor $\approx$ 1 Gitterkonstante). Im Bereich kleiner Spannungen bewährt
sich der Potenzansatz mit konstantem Spannungsexponenten n besser.

Beide Abhängigkeiten können als Grenzfälle der "Kriechformel" (3.17) angesehen werden.

3.2.2. Temperatur

Im einfachsten Fall beeinflussen die Variablen Temperatur und Spannung die Kriechgeschwindigkeit getrennt:

$$\dot{\varepsilon} = f_1(\sigma,S)f_2(T) \, . \qquad (3.20)$$

Der Strukturparameter hängt dabei von der Vorgeschichte des Materials, d.h. im nichtstationären Fall auch von ε ab. Experimentell ergibt sich für die stationäre Kriechgeschwindigkeit nicht zu großer Temperaturbereiche häufig eine Arrheniusfunktion

$$\dot{\varepsilon}_s = f_1(\sigma,S)\exp(-Q_c/RT) \qquad (3.21)$$

mit einer konstanten (scheinbaren) Aktivierungsenergie Q_c, vgl. Abb.3.13. Die Zerlegung gemäß (3.20) ist offenbar zulässig, sofern der Strukturfaktor S keine wesentlichen Temperaturabhängigkeiten enthält und sofern Q_c nicht in erheblichem Maße von der Belastung σ abhängt. Trifft diese Voraussetzung zu, so kann man eine temperaturkompensierte Zeit Z, auch Zener-Hollomon-Parameter genannt, einführen:

$$Z = t \exp(-Q_c/RT) \, . \qquad (3.22)$$

Dies bringt den Vorteil mit sich, daß die als Ableitung von ε nach Z (statt nach t) definierte Kriechrate

$$d\varepsilon/dZ = (d\varepsilon/dt)\exp(+Q_c/RT) = f_1(S,\sigma) \qquad (3.23)$$

von der Versuchstemperatur unabhängig wird. Man kann also in einer einzelnen Auftragung Meßwerte von $d\varepsilon/dZ$, die bei verschiedenen Temperaturen gewonnen werden, über σ auftragen, vgl. Abb.3.9c. Ebenso kann man Meßwerte von ε über Z auftragen, Abb.3.14. Wenn (3.21) gilt, kann Q_c graphisch mit Hilfe der Beziehung

$$Q_c = -R \, \partial\ln\dot{\varepsilon}_s/\partial(1/T) = + RT^2 \partial\ln\dot{\varepsilon}_s/\partial T \qquad (3.24)$$

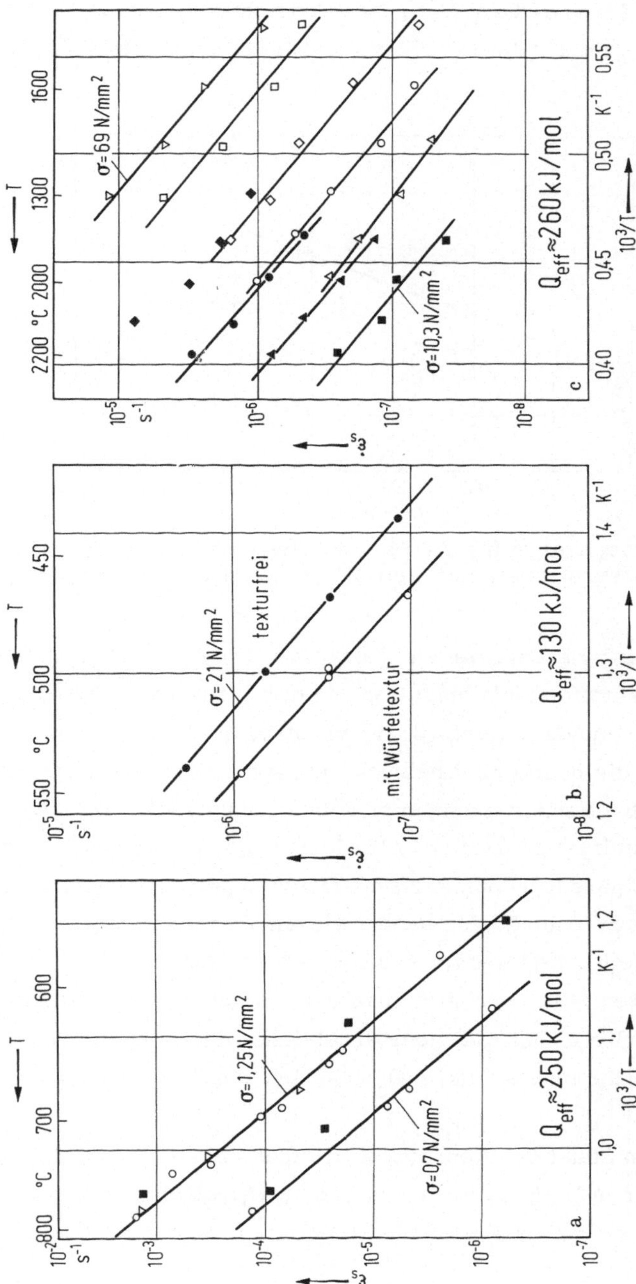

Abb. 3.13. Temperaturabhängigkeit der stationären Kriechgeschwindigkeit $\dot{\varepsilon}_s$ nach (3.21), a) NaCl-Einkristalle, verschiedene Spannungen und Versuchsführungen [2.3]; b) polykristallines Cu, mit und ohne Textur [3.55]; c) polykristallines Re, verschiedene Spannungen und Wärmebehandlungen [2.44]. Wegen der unterschiedlichen Bezeichnungsweise Q_C und Q_{eff} vgl. S. 92.

bestimmt werden. Die Analogie zum funktionalen Verhalten des Diffusionskoeffizienten D(T) ist offensichtlich, und so hat es nicht
an Versuchen gefehlt, die mit Hilfe von (3.24) ermittelten Q_c-Werte

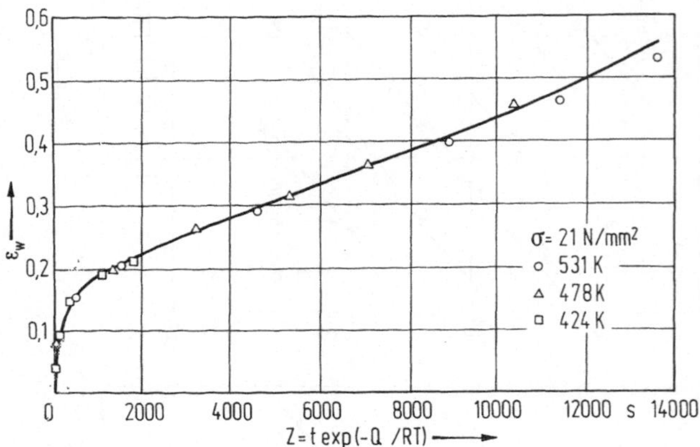

Abb.3.14. Kriechkurve für Al für verschiedene Temperaturen, über
der temperaturkompensierten Zeit Z gemäß (3.22) aufgetragen [1.15]

mit der Aktivierungsenergie der Selbstdiffusion Q_{sd} in den
gleichen Werkstoffen zu korrelieren. In der Tat wurde sehr gute Übereinstimmung gefunden. Dorn [3.39] veröffentlichte 1956 eine Zusammenstellung, die häufig nachgedruckt und später erweitert wurde und
darstellt, daß offenbar ausnahmslos und recht genau $Q_c = Q_{sd}$,
Abb.3.15. Damit ist grundsätzlich ein enger Zusammenhang zwischen dem atomaren Mechanismus der Hochtemperatur-Verformungspro-
zesse und der Selbstdiffusion nachgewiesen - eine Feststellung von
großer Tragweite. Andererseits haben neuere Messungen an denselben und anderen Stoffen gezeigt, daß eine so gute Übereinstimmung
nur selten vorliegt, daß vielmehr erhebliche Abweichungen $Q_c \lessgtr Q_{sd}$
auftreten und daß insbesondere Q_c deutlich von T und σ abhängt.

Beim heutigen Stand der Kenntnis sollte man daher (3.24) als Definition einer effektiven Aktivierungsenergie Q_{eff} auf-
fassen:

$$Q_{eff} \equiv - R\, \partial \ln \dot{\varepsilon}_s / \partial(1/T) \, . \tag{3.24a}$$

Dies gilt unabhängig davor, ob S und Q_C in (3.21) Konstanten sind. Da (3.24a) nur eine Definition ist, kann n i c h t geschlossen werden, daß Q_{eff} etwa die Aktivierungsenergie des geschwindigkeitsbestimmenden atomaren Teilschrittes des ganzen komplexen Kriechprozesses sei (diese wollen wir als w a h r e Aktivierungsenergie Q_C^* bezeichnen).

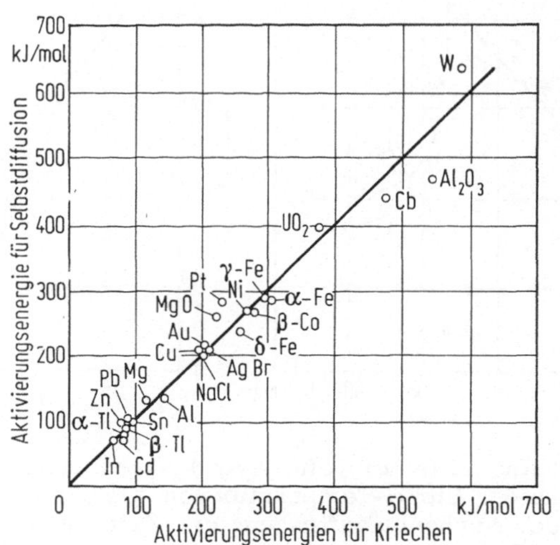

Abb.3.15. Übereinstimmung der Aktivierungsenergien für Selbstdiffusion und für Kriechen von reinen Metallen [1.15] und einigen Verbindungen

Vielmehr ist Q_{eff} nur eine formale Größe zur praktischen Beschreibung der Temperaturabhängigkeit von $\dot{\varepsilon}_s$. Der Unterschied von Q_{eff} und Q_C^* kann auf vier Ursachen zurückgeführt werden:

1. Q_C^* hängt direkt von der Temperatur ab.

2. Der strukturabhängige Vorfaktor $A(S,\sigma)$ in (1.1) hängt von T ab und liefert somit bei Anwendung von (3.24a) Beiträge, die nichts mit Q_C^* zu tun haben.

3. Die Aktivierungsenergie des geschwindigkeitsbestimmenden Vorganges enthält außer Q_C^* weitere, von σ und/oder T abhängige Terme.

4. Zur Verformung tragen mehrere Teilprozesse mit unterschiedlichen Aktivierungsenergien in vergleichbarem Umfang bei, so daß die Exponentialfunktion in (1.1) durch eine Summe von solchen Funktionen mit

unterschiedlichen Q_c, Q_c', Q_c'', ... und unterschiedlichen Koeffizienten A, A', A'', ... zu ersetzen ist.

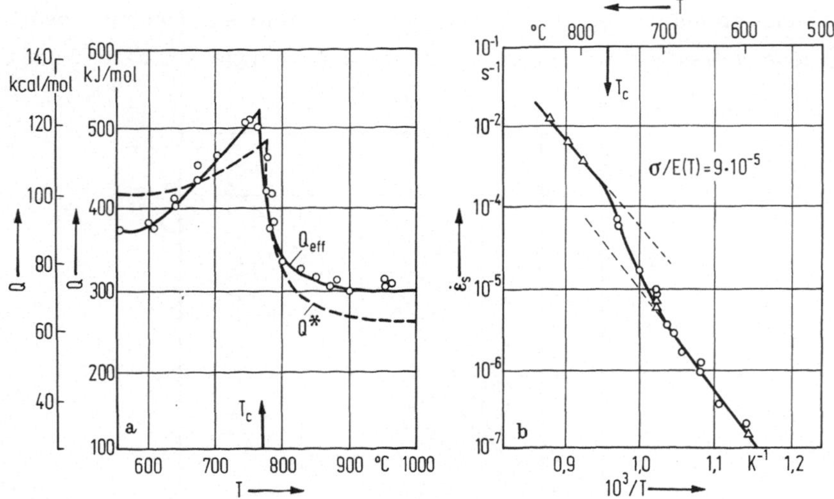

Abb.3.16. a) Anomalie der (effektiven) Aktivierungsenergie des Kriechens nahe der Curie-Temperatur von α-Fe mit 4 % Mo [2.18]; b) Anomalie der Arrheniusauftragung der Kriechgeschwindigkeit von α-Fe nahe T_c [3.13]

Wir erörtern nun die Bedeutung dieser vier Effekte im Lichte der vorliegenden Meßergebnisse nacheinander:

Zu 1. Bei thermisch aktivierten Prozessen werden Energieschwellen in atomarem Maßstab mit Hilfe statistischer Schwankungen der thermischen Energie überwunden. Die Form und Höhe dieser Schwellen hängt von den lokalen Bindungskräften im Gitter ab. Vernachlässigt man die sehr kleinen Änderungen als unmittelbare Folge der Zunahme der Gitterkonstanten mit der Temperatur, so ist eine "echte" Änderung von Q_c nur bei wesentlichen Änderungen in der Elektronenhülle der Gitterbausteine wie bei den sog. "Umwandlungen 2. Art" zu erwarten. Ein typisches Beispiel ist die ferromagnetische Umwandlung des α-Eisens und anderer ferromagnetischer Metalle, Legierungen und Verbindungen am Curie-Punkt T_C. Den starken Einfluß der ferro/paramagnetischen Umwandlung auf $\dot{\varepsilon}_s$ bzw. Q_c zeigt Abb.3.16 a,b. Sie führt, wie man sieht, zu einem starken "peak" von Q_c nahe T_C.

Abgesehen von den umwandlungsbedingten Q-Änderungen wird man
kaum eine starke Temperaturabhängigkeit der wahren Aktivierungsenergie bzw. -enthalpie erwarten können und beobachtete Q_c-
Änderungen mit T auf einen der unter 2 und 3 genannten Gründe zurückzuführen haben. Prinzipiell ist natürlich eine Abhängigkeit $Q_{eff}(T)$
denkbar, auch eine lineare Beziehung der Art

$$Q_{eff}(T) = Q_0 + cT . \qquad (3.25)$$

Nur auf den ersten Blick sieht es so aus, als ob der zweite Term in
(3.25) beim Einsetzen in die Arrhenius-Form im Vorfaktor "unter-
geht". $Q_{eff}(T)$ darf gar nicht in (3.21) eingesetzt werden, denn die
effektive Aktivierungsenergie ist im Gegensatz zu Q_c^* durch die Diffe-
rentialform (3.24a) definiert. Man sieht leicht, daß Anwendung dieser
Definition auf den Ansatz

$$\dot{\varepsilon}(T) = A(S,\sigma) \, (T/T_0)^{c/R} \exp(-Q_0/RT) \qquad (3.26)$$

genau (3.25) liefert. Wird ein solches Verhalten der Verformungsrate
$\dot{\varepsilon}(T)$ gemessen, so ist jedoch sorgfältig zu prüfen, ob die Krümmung
der Arrhenius-Auftragung auf eine echte T-Abhängigkeit der wah-
ren Aktivierungsenergie Q_c^* zurückzuführen ist. Sie könnte auch
lediglich durch einen Faktor vom Typ T^m vorgetäuscht sein, der mit
thermischer Aktivierung gar nichts zu tun hat. Auf den engen Zusammenhang zwischen Enthalpie, Entropie und freier Enthalpie bei thermisch aktivierten Prozessen sei hier nur kurz hingewiesen [3.40].

<u>Zu 2.</u> Der Vorfaktor $A(S,\sigma)$ enthält zumindest einen Teil der Spannungs-
abhängigkeit von $\dot{\varepsilon}$, vgl. den vorhergehenden Abschnitt. Basinski [3.41]
hat schon vor längerer Zeit darauf hingewiesen, daß aus theoretischen
Gründen die Spannung σ in diesem Faktor stets in der Form σ/E bzw.
τ/G auftreten sollte, wobei E bzw. G der Elastizitäts- bzw. Schubmodul
des betreffenden Werkstoffes sind. Nun ist bekannt, daß beide Materialkonstanten mit steigender Temperatur abnehmen; wiederholt wurden
in diesem Zusammenhang die Messungen von Köster [3.42] an Eisen
zitiert. Weitere Beispiele: Al_2O_3-Einkristalle [3.43], Ni-Einkristalle
[3.44], grobkörnige Texturbleche aus Transformatorblech (Fe mit

3 % Si) [3.45]. Die letztgenannte Arbeit macht außer dem Temperatur-
einfluß auch die starke Anisotropie von E bzw. G deutlich, Abb.3.17.
Mit

$$A(\sigma) = \text{const} \, (\sigma/E)^n \qquad (3.27)$$

folgt durch Anwendung der Definition von Q_{eff} auf (1.1)

$$Q_{eff} = Q_C - nR(T^2/E)(dE/dT) . \qquad (3.28)$$

Der zweite Term ist p o s i t i v : da $dE/dT < 0$, wird $Q_{eff} > Q_C$. Kennt
man also n_{eff} und $E(T)$, so kann man die M e ß w e r t e von Q_{eff}
k o r r i g i e r e n und Q_C ermitteln. Ein Beispiel zeigt Abb.3.16a. Das
durch (3.28) charakterisierte Korrekturverfahren geht auf Barrett et
al. [3.46] zurück. Man kann es auch in folgender Form anwenden:

$$Q_C = - R \, d\ln(\dot{\varepsilon}_s E^n)/d(1/T) . \qquad (3.28a)$$

Dabei sind die zur jeweiligen Temperatur T gehörigen Werte von $\dot{\varepsilon}_s$
und E einzusetzen. Ein anderer Weg besteht darin, für die Bestimmung von Q_C grundsätzlich nur Meßwerte heranzuziehen, welche
nicht bei $\sigma = \text{const}$, sondern bei $\sigma/E(T) = \text{const}$ ermittelt worden
sind. Dieses Verfahren ist jedoch bei höheren Spannungen deshalb be-
denklich, weil es voraussetzt, daß auch in den Ausdruck exp $(V\sigma/kT)$
die Spannung als σ/E einzusetzen ist, d.h. daß $V \sim 1/E(T)$ ist. Dies
läßt sich schwer begründen. Auf jeden Fall kann die $E(T)$-Korrektur
für hohe Temperaturen und Spannungsexponenten erhebliche Beiträge
zu Q_{eff} liefern.

Zu 3. In Abschn.2.2.1 war erläutert worden, daß aufgrund der vorliegenden Meßergebnisse ein Exponential- bzw. sinh-Term zur Darstellung der Spannungsabhängigkeit hinzugezogen werden müsse:

$$\dot{\varepsilon} = A(S) \sinh(V\sigma/kT) \exp(-Q_C/RT) \qquad (3.29)$$

$$\approx A(S) \exp[-(Q_C - N_L V\sigma)/RT) \quad \text{für} \quad V\sigma \gg kT.$$

Solange das darin enthaltene Aktivierungsvolumen V von der Temperatur unabhängig ist, erhält man mit (3.24a)

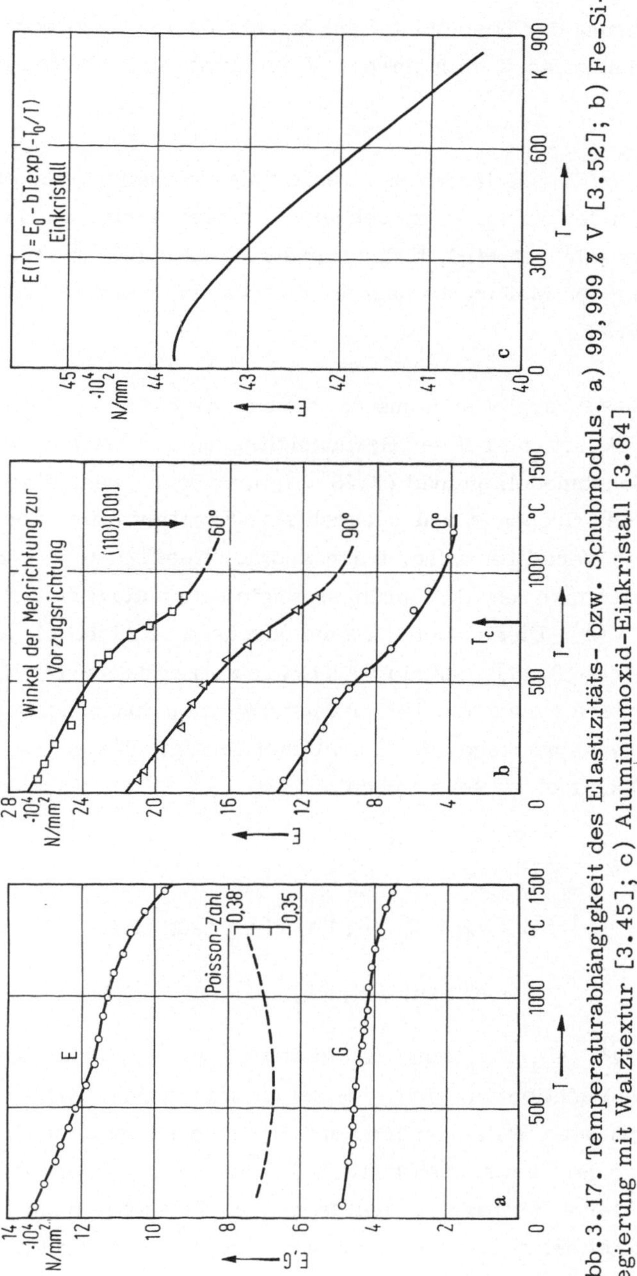

Abb.3.17. Temperaturabhängigkeit des Elastizitäts- bzw. Schubmoduls. a) 99,999 % V [3.52]; b) Fe-Si-Legierung mit Walztextur [3.45]; c) Aluminiumoxid-Einkristall [3.84]

$$Q_{eff} = Q_c - N_L V \sigma. \tag{3.30}$$

Die Einführung der Loschmidt-Zahl N_L als Faktor ist zweckmäßig,
weil üblicherweise Q in molaren, V in atomaren Einheiten gemessen
wird.

Theoretische Gründe lassen es zweckmäßig erscheinen, die empirische
Größe V in der Form Ab zu schreiben, wobei A als A k t i v i e r u n g s -
f l ä c h e bezeichnet wird, b der Burgers-Vektor ist [3.47]. Für die
Darstellung von Meßergebnissen ist dies jedoch unerheblich, vgl.
Abschn. 4.3.

Da $V = Ab > 0$, ergibt sich aus (3.30) ein n e g a t i v e r Beitrag zu
Q_{eff}, umgekehrt wie bei der Berücksichtigung der Temperaturabhängigkeit des Schubmoduls gemäß (3.28). Immer dann, wenn die Beziehung
zwischen den Größen $\dot{\varepsilon}$ und σ durch eine Exponentialfunktion vom Typ
$\exp(V\sigma/kT)$ vermittel$^+$ wird, trägt also der Koeffizient V gemäß
(3.30) zur effektiven Aktivierungsenergie bei, natürlich auch dann,
wenn $V = V(\sigma)$. Dieser Beitrag kann durchaus beträchtlich sein. Z.B.
zeigt Roberts [3.38], daß die "A k t i v i e r u n g s a r b e i t" $N_L V \sigma$ bei
der Warmverformung von UO_2 im untersuchten Spannungsbereich ca.
75 kJ/mol entsprechend ca. 18 kcal/mol beträgt; dieser Wert ist mit
$Q_{sd} \approx 400$ kJ/mol zu vergleichen.

<u>Zu 4.</u> Falls

$$\dot{\varepsilon} = A \exp(-Q_c/RT) + A' \exp(-Q_c'/RT)$$

$$+ A'' \exp(-Q_c''/RT) + \ldots \tag{3.31}$$

und $Q_c > Q_c' > Q_c'' \ldots$, bringt es die starke Temperaturabhängigkeit der
Arrhenius-Funktion mit sich, daß bei entsprechenden Zahlenwerten der
Vorfaktoren eine Reihe von Temperaturbereichen entsteht, in denen jeweils einer der Summanden in (3.31) dominiert, während die anderen
nur sehr kleine Beiträge zu $\dot{\varepsilon}$ liefern, Abb.3.18. Die nach (3.24a)
bestimmte effektive Aktivierungsenergie zeigt in diesem Fall in Abhängigkeit von der Temperatur S t u f e n , die durch Übergänge ver-

bunden sind und die man verschiedenen geschwindigkeitsbestimmenden
Elementarprozessen zuordnen kann. Beispiele geben z.B. für Al
Landon et al. [3.48], für Cu Gilbert und Munson [3.49], für NaCl
Sherby und Burke [3.50], Abb. 3.19. In vielen Fällen wird sich durch

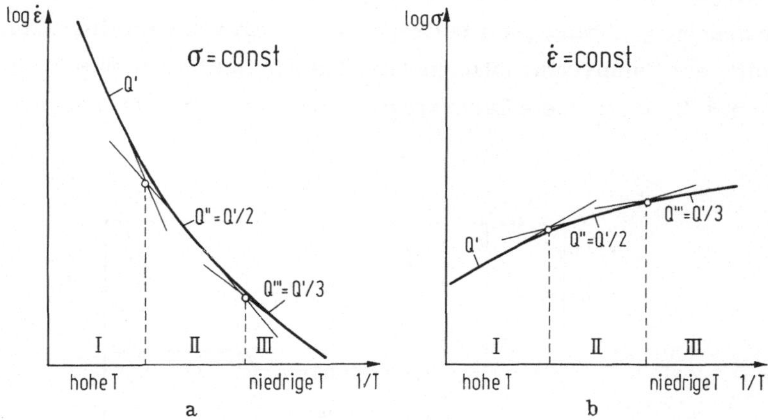

Abb. 3.18. Beteiligung von 3 Verformungsmechanismen mit verschiedenen Aktivierungsenergien im Verhältnis 3 : 2 : 1. a) Kriechrate $\sigma \sim \exp(-Q_C/RT)$ für vorgegebene Spannung; b) Fließspannung $\sigma \sim \exp(+Q_C/nRT)$ für vorgegebenes $\dot{\varepsilon}$ (n = 4)

die Überlappung der Arrhenius-Funktionen kein Bereich mit eindeutig dominierendem Aktivierungsschritt ausbilden; man erhält dann kontinuierliche Kurven für $Q_{eff}(T)$, so etwa bei NaCl-Einkristallen [3.51] oder bei Vanadium [3.52]. Es ist naturgemäß sehr schwierig, in einem solchen Fall Einflüsse auf $Q_{eff}(T)$ abzutrennen, die durch die Faktoren 1 bis 4 bedingt sind.

Zusammenfassend kann die Verformungsgleichung in der Form

$$\dot{\varepsilon}(\sigma,T) = \underbrace{const(\sigma/E)^n}_{I} \, \underbrace{\exp(-Q_C/RT)}_{II} \, \underbrace{\sinh(V\sigma/kT)}_{III} \qquad (3.32)$$

geschrieben werden. Aus einer solchen Funktion lassen sich Kenngrößen zur Beschreibung ihrer Temperatur- und Spannungsabhängigkeit nach folgenden Regeln ermitteln:

$$n_{eff} = \partial\ln\dot{\varepsilon}/\partial\ln\sigma, \qquad\qquad (3.18a)$$

$$V_{eff} = kT\,\partial\ln\dot{\varepsilon}/\partial\sigma, \qquad\qquad (3.18b)$$

$$Q_{eff} = -\partial\ln\dot{\varepsilon}/\partial(1/RT). \qquad\qquad (3.24a)$$

Es zeigt sich, daß der mit I bezeichnete Term im wesentlichen nur
zur Spannungsabhängigkeit beiträgt, wenn man von dem Korrekturterm
infolge der Temperaturabhängigkeit des Elastizitätsmoduls absieht.
Der mit II bezeichnete Term trägt nur zur Temperaturabhängigkeit
bei.

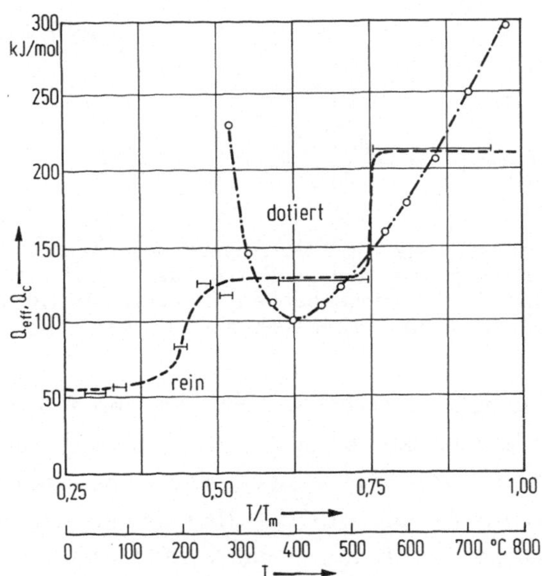

Abb. 3.19. Aktivierungsenergie des Kriechens von polykristallinem
NaCl als Funktion der Temperatur. Reines [3.50] und mit 1000 mol-
ppm Ca^{2+} dotiertes Material [3.51]. Letztere Kurve wurde mit diffe-
rentiellem Meßverfahren erhalten; es sind nicht alle Meßpunkte eingetragen. Vgl. auch W. Blum, Diss. Univ. Erlangen 1969. Der Anstieg
zu tiefen Temperaturen hin beim dotierten Material hängt mit Komplex-
bildung durch die Fremdionen zusammen.

Komplikationen bereitet der Term III, der die Kombination σ/T enthält. Infolgedessen kann dieser Term sich bei Anwendung von (3.18a)
als Temperaturabhängigkeit des effektiven Spannungsexponenten, bei

Anwendung von (3.24a) als Spannungsabhängigkeit der effektiven Aktivierungsenergie bemerkbar machen.

Weitere Einflüsse entstehen dadurch, daß die physikalischen Größen
V und Q_C ihrerseits von der Temperatur, V außerdem von der Spannung abhängen können.

3.2.3. Korngröße

Im Vergleich zu dem starken Effekt von Belastung und Temperatur auf
die stationäre Kriechgeschwindigkeit ist der Einfluß der Korngröße
g e r i n g . Er überschreitet kaum den Faktor 2, wenn alle übrigen Versuchsparameter konstant bleiben. Dennoch verdient er Beachtung: einmal aus technischer Sicht wegen der bei der Werkstoffentwicklung
anzustrebenden optimalen Korngröße, zum anderen aus wissenschaftlicher Sicht wegen der Klärung des Beitrages der Korngrenzen zur
Warmverformung überhaupt.

Die Meßergebnisse hierzu waren bis vor einigen Jahren widersprüchlich. Zwar stimmten alle Autoren, die zur Abhängigkeit $\dot{\varepsilon}(L_K)$ Stellung nahmen, darin überein, daß die Kriechrate im Bereich kleiner
Korngrößen L_K (je nach Werkstoff $< 0,1$ mm) mit wachsender Korngröße abnimmt. Einem Teil der Veröffentlichungen zufolge nimmt $\dot{\varepsilon}$
jedoch mit wachsender Korngröße nach Durchlaufen eines Minimums
wieder zu, vgl. die Messungen an der Legierung Monel (= Cu30Ni67)
[3.10], an austenitischem Stahl [3.53], Abb.3.20a, oder an Ni-Co-
Legierungen [3.2].

Andere Forscher fanden dagegen, daß die Kriechgeschwindigkeit für
höhere Korngrößen im Rahmen der Meßgenauigkeit konstant bleibt,
vgl. z.B. Messungen an Cu85Ni15 [3.54] oder an Reinkupfer [3.55],
Abb.3.20b. Die zuletzt genannte Arbeit von Barrett et al., die auch weitere Literaturhinweise enthält, gibt eine sorgfältige Analyse der erwähnten Diskrepanzen und bringt gewichtige Hinweise dafür, daß der
Wiederanstieg von $\dot{\varepsilon}_s$ mit wachsenden Korngrößen durch die unterschiedliche thermisch-mechanische Vorgeschichte der Proben mit
verschiedener Korngröße vorgetäuscht werden kann.

Als weitere Fehlerquelle bei früheren Messungen wurde verfrühte Anrißbildung im Zugversuch vermutet [3.56]; demnach würde das gemessene
$\dot\varepsilon$ sich schon auf das tertiäre Kriechstadium beziehen. Mit Rücksicht auf
diesen Einwand wurden Stauchversuche an polykristallinem LiF (160 μm <

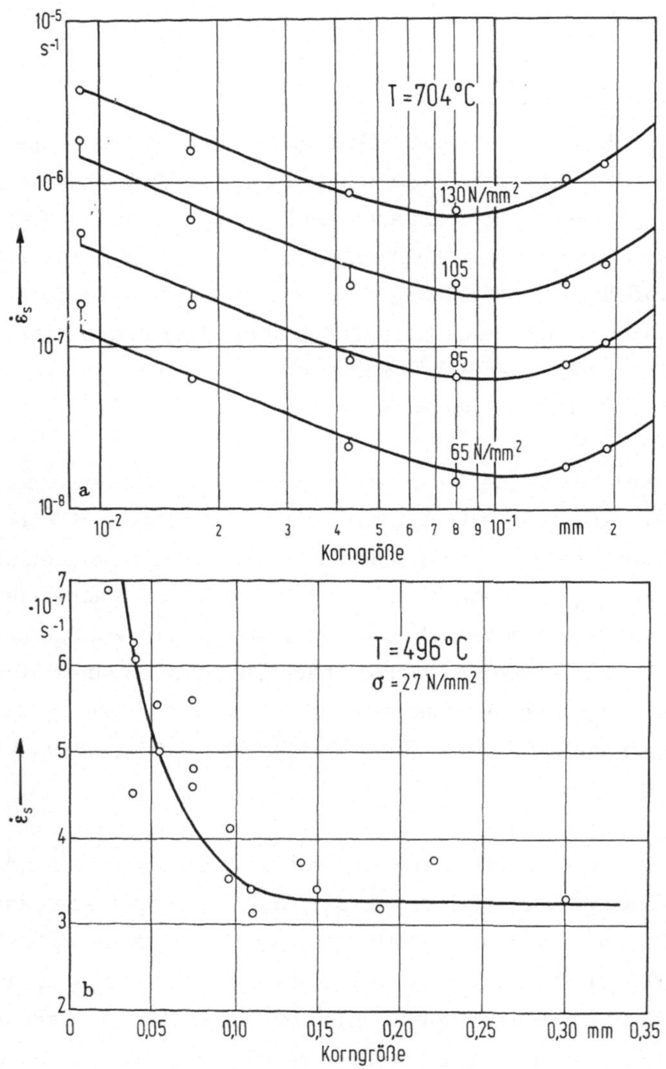

Abb.3.20. a) Abhängigkeit der stationären Kriechgeschwindigkeit
eines austenitischen Stahls von der Korngröße [3.53]; b) Abhängigkeit der stationären Kriechgeschwindigkeit von Reinst-Cu
(99,995 %) von der Korngröße [3.55]

$< L_k < 3000\,\mu m$) als Modellwerkstoff durchgeführt [3.57]; auch sie
zeigen, daß $\dot{\varepsilon}_s$ für höhere Korngrößen im wesentlichen konstant bleibt.

Vom wissenschaftlichen Standpunkt aus ist also mit großer Wahrscheinlichkeit der in Abb.3.20b erkennbare Verlauf zutreffend, gekennzeich-
net durch einen anfänglichen Abfall von $\dot{\varepsilon}_s$ etwa wie $1/L_k$ und Konstanz
der Kriechrate für höhere Korngrößen. Dennoch muß für ingenieur-
mäßige Überlegungen der Wiederanstieg, Abb.3.20a, als Möglichkeit
einbezogen werden, da in der Praxis grobkörniges Gefüge häufig mit
wesentlich anderen Verformungstemperatur-Zeit-Verläufen erzeugt
wird als feinkörniges. Dies bedingt indirekte Einflüsse auf den
Strukturparameter S.

Im übrigen zeigt sich am Beispiel des Korngrößeneinflusses erneut,
daß eine Meßgröße in ihrem funktionalen Verlauf nicht unabhängig von
Modellvorstellungen gesehen werden darf. Die nähere Analyse
der versetzungsgesteuerten Kriechmechanismen, Abschn.4, wird zeigen,
daß eine Begrenzung der Versetzungslaufwege durch Korngrenzen
dann nicht zu erwarten ist, wenn die Subkorngröße kleiner ist als die
Korngröße ($L_{sk} < L_k$). Dies ist für hohe Korngrößen praktisch stets
der Fall, Abschn.3.2. Selbst wenn das Gefüge keine Subkörner aufweist, ist beim heutigen Stand der Kenntnis damit zu rechnen, daß
sowohl Gleitwegbegrenzung als auch Erzeugung/Vernichtung von Versetzungen überwiegend im dreidimensionalen Versetzungsnetzwerk
selbst, d.h. innerhalb der Körner, erfolgt und nicht an den
Großwinkelkorngrenzen.

Insofern ist also überhaupt kein Einfluß von L_k auf $\dot{\varepsilon}$ zu erwarten.
Die Zunahme der Kriechrate bei sehr klein werdenden Korndurch-
messern ist also gar nicht auf den Versetzungsmechanismus im Korn-
inneren zurückzuführen. Sie ist vielmehr die Folge eines zusätzlichen
Beitrages zur Kriechverformung: der Korngrenzengleitung, vgl.
Abschn. 3.3. An dieser Stelle sei vorweggenommen, daß die Korn-
grenzen, evtl. einschließlich der sie umgebenden Gitterbereiche,
Zonen erhöhter Verformungsgeschwindigkeit sind.

Am besten erfaßt man diesen Sachverhalt über eine Scherung γ,
Abb.3.21. Dabei muß der die Scherung vermittelnden Korngrenze eine
Dicke b zugeordnet werden, ähnlich wie im Fall der Korngrenzendif-
fusion. $1/L_k$ ist die Zahl der Korngrenzen je cm Probenhöhe. Hieran

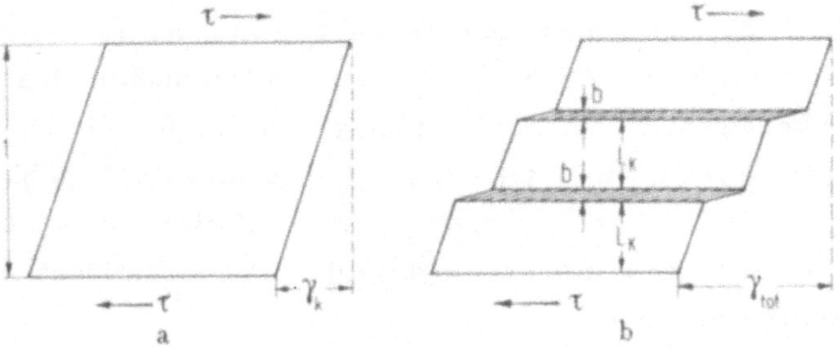

Abb.3.21. Scherung a) ohne und b) mit Korngrenzengleitung, vgl.
(3.33). Die Dicke b der Korngrenzen ist übertrieben dargestellt

ändert sich nichts wesentliches, falls Korngrenzen in beliebigen Rich-
tungen verlaufen, ode.· wenn eine relativ dicke Zone um die Grenzfläche herum zum beschleunigten Kriechen beiträgt. Es folgt:

$$\dot{\gamma}_{tot} = \dot{\gamma}_k + (b/L_k)\dot{\gamma}_g \, . \tag{3.33}$$

Die Indices k und g beziehen sich dabei auf "Korn" und "Grenze": Für
$b = 5 \cdot 10^{-8}$ cm und $L_k = 0,1$ mm muß $\dot{\gamma}_g \approx 1000 \, \dot{\gamma}_k$ sein, damit der
Beitrag der Korngrenze zur Gesamtverformung von gleicher Größen-
ordnung wird wie der des Korninneren. Die einfache Addition der beiden
Terme in (3.33) ist sicher nicht ganz korrekt, macht jedoch den experimentellen Befund der Abb.3.20b auf zwanglose Weise plausibel. Sie
zeigt darüber hinaus, daß der Anteil der Korngrenzengleitung, $b\dot{\gamma}_g/L_k$,
mit zunehmender Korngröße L_k immer unbedeutender wird. Er ist,
bezogen auf $\dot{\gamma}_{tot}$,

$$f_g = \frac{(b/L_k)(\dot{\gamma}_g/\dot{\gamma}_k)}{1 + (b/L_k)(\dot{\gamma}_g/\dot{\gamma}_k)} \, . \tag{3.34}$$

Bezeichnet man das Geschwindigkeitsverhältnis $\dot{\gamma}_g/\dot{\gamma}_k$ mit Γ_{gk}, so
wird

$$f_g = b\Gamma_{gk}/(L_k + b\Gamma_{gk}) \tag{3.34a}$$

(in der Literatur wird der Korngrenzenanteil f_g an der Gesamtverformung oft mit γ bezeichnet). In der Tat wird ein deutlicher Abfall des Korngrenzenbeitrages mit zunehmender Korngröße beobachtet, vgl. etwa [3.55]. Im übrigen wird auf die Behandlung der Vorgänge an Korngrenzen während der Warmverformung in Abschn. 3.3.1 verwiesen.

An dieser Stelle ist noch die anders begründete Möglichkeit eines Einflusses der Korngröße auf die stationäre Kriechrate zu erwähnen: Es handelt sich um diejenigen Fälle, in denen die ungünstige Gleitgeometrie eines Gitters dazu führt, daß S t o f f t r a n s p o r t   d u r c h D i f f u s i o n wirkungsvoller ist als Stofftransport durch Versetzungsbewegung; die Mechanismen dieser Vorgänge werden in Abschn. 3.6.7 behandelt. Ihr Ergebnis ist:

1. Verformungsgeschwindigkeit bestimmt durch Diffusionsströme zwischen den i n Richtung der Hauptspannung und q u e r dazu liegenden Korngrenzflächen (Nabarro-Herring):

$$\dot{\varepsilon}_s \sim 1/L_k^2 \, . \qquad\qquad (3.35)$$

2. Verformungsgeschwindigkeit bestimmt durch Diffusionsströme p a r a l l e l zu den Korngrenzflächen (Coble):

$$\dot{\varepsilon}_s \sim 1/L_k^3 \, . \qquad\qquad (3.36)$$

Beide Abhängigkeiten sind beobachtet worden, wobei der relativ geringe Spielraum in L_k und die geringe absolute Meßgenauigkeit von $\dot{\varepsilon}_s$ eine einwandfreie Entscheidung für eine der beiden Funktionen erschweren, wenn nicht gar unmöglich machen, vgl. etwa Messungen an SiC von Francis und Coble [3.58]. Wie zu erwarten, beziehen sich die Meßergebnisse auf "versetzungsbehinderte" Werkstoffe, wie z.B. Oxidkeramik, homöopolar gebundene Kristalle, feinkörnige hexagonale Metalle und Legierungen.

Zusammenfassend ist festzustellen, daß im Gegensatz zum Verhalten bei niedriger Temperatur, wo infolge der Petch-Hall-Beziehung feinkörnige

Werkstoffe die höhere Festigkeit aufweisen, der Widerstand gegen Warmverformung mit abnehmender Korngröße abnimmt, was auf den Beitrag
spezifischen "Korngrenzenkriechens" zurückzuführen ist. Abhängigkeiten der Form $1/L_k$, $1/L_k^2$, $1/L_k^3$ werden beobachtet und sind begründ-
bar. Näheres im Zusammenhang mit dem K r i e c h b r u c h in Abschn.3.5,
mit der S u p e r p l a s t i z i t ä t in Abschn.3.6.6.

3.2.4. Einfluß der Zusammensetzung (Mischkristallbereich)

Die hier zu behandelnde Einflußgröße ist wohl diejenige, die für die
Werkstoffentwicklung die größte Bedeutung besitzt. Sie soll im folgenden durch den Parameter c gekennzeichnet werden, wobei offenbleibt,
ob die Konzentration c in Gewichts- oder Atomprozenten oder als
Molenbruch angegeben wird. In einer Legierung mit mehr als zwei Be-
standteilen repräsentiert $c = c_1$, c_2, c_3, ... die Menge aller erforderlichen Konzentrationsangaben. Die hier zu untersuchende Funktion ist
also

$$\dot{\varepsilon}_s(c); \quad L_k, \sigma, T = const.   (3.37)$$

Die Korngröße L_k kann im Prinzip durch geeignete Herstellungsvor-
schriften konstant gehalten werden. Es ist zu beachten, daß o h n e
Kontrolle der Probenherstellung in der Regel auch L_k eine Funktion
von c sein wird. - Der Einfluß von c auf das Übergangskriechen wird
am Schluß des Abschnittes behandelt; wegen der Auswirkungen der Zusammensetzung auf die Bruchdehnung bzw. Standzeit vgl. Abschn.3.5.7.

Auch im vorliegenden Fall erweist es sich als unzweckmäßig, eine
rein empirische Darstellung der Meßergebnisse in Form von (3.37)
anzustreben. Eine systematische Behandlung des Kenntnisstandes
setzt vielmehr voraus, daß man zu klären versucht, welche Kenngrößen des Werkstoffes durch Konzentrationsänderungen p r i m ä r
beeinflußt werden, die dann s e k u n d ä r auf $\dot{\varepsilon}_s$, $\dot{\varepsilon}_i$, ε_1 usw. ein-
wirken. Auch ohne theoretische Modelle im Detail heranzuziehen, läßt
sich folgende Liste derartiger Größen aufstellen, die von c abhängen
können:

1. Aktivierungsenergie Q_c^* als Maß für die geschwindigkeitsbestimmenden Diffusionsvorgänge;

2. Aktivierungsvolumen V als Maß für die Stärke der Spannungsabhängigkeit von $\dot{\varepsilon}$;

3. Spannungsexponent n; er bringt die Spannungsabhängigkeit des strukturellen Faktors S mit zum Ausdruck und kann als Indikator für den atomaren Kriechmechanismus gelten;

4. Schubmodul G bzw. Elastizitätsmodul E; sie gehen in die Parameterkombinationen τ/G bzw. σ/E ein, vgl. (3.32);

5. Stapelfehlerenergie γ als Kennwert der Versetzungsfeinstruktur;

6. Energieterm ΔU_m, der die bevorzugte Wechselwirkung eines Legierungspartners mit der Versetzungslinie aufgrund elastischer, elektrostatischer oder homöopolarer Wechselwirkung ausdrückt.

Diese Größen werden nachstehend im Einzelnen erörtert.

<u>Zu 1.</u> In Abschn 3.2.2. hatten wir auf den experimentellen Befund hingewiesen, daß die Aktivierungsenergie des Kriechens mit derjenigen der Selbstdiffusion, Q_{sd}, in vielen Fällen gut übereinstimmt, so daß eine maßgebende Rolle der Diffusion für die Hochtemperaturverformung auch in Legierungen zu erwarten ist. Von Q_{sd} aber weiß man, daß diese Größe stark von der Zusammensetzung abhängt; im allgemeinen nimmt Q_{sd} in binären Legierungen mit wachsendem Legierungszusatz c gegenüber dem Wert für das Reinmetall ab. Durch eingehende Untersuchungen an den Mischkristallreihen Ni-Au [2.11] sowie Cu-Zn [3.62] konnte gezeigt werden, daß dieser Einfluß sich von $Q_{sd}(c)$ auch auf $Q_{eff}(c)$ überträgt, obwohl die Übereinstimmung bei den Legierungen nicht so gut ist wie bei den Reinmetallen. Dies ist vermutlich auf das Zusammenwirken mit den anderen Einflußgrößen aus obiger Liste zurückzuführen, Abb.3.22.

<u>Zu 2.</u> Das Aktivierungsvolumen $V = Ab$ wurde in Abschn.3.2.1, (3.17), als Werkstoffkenngröße eingeführt, welche ebenso wie der Spannungsexponent n die empirische Spannungsabhängigkeit von $\dot{\varepsilon}_s$ zu beschreiben vermag. Die Meßergebnisse zeigten, daß zumindest für höhere Spannungen V einen konstanten Wert annimmt. Die theoretische Analyse, Abschn.4.3, wird zeigen, daß V u.a. vom Abstand der

Verankerungspunkte einer Versetzung und von ihrer Linienenergie abhängen kann.

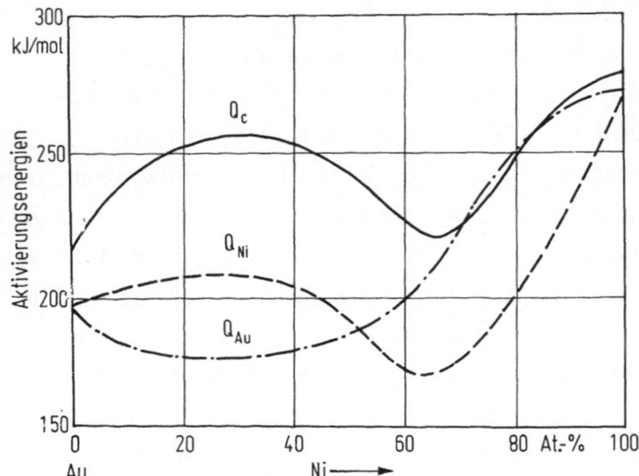

Abb.3.22. Abhängigkeit der Aktivierungsenergien für Selbstdiffusion
und für Kriechen in Au-Ni-Mischkristallen von der Zusammensetzung
[2.11]

Beide Größen bieten Möglichkeiten zur Beeinflussung über die Legierungszusammensetzung, so daß insgesamt mit einer Abhängigkeit $V(c)$
bzw. $A(c)$ zu rechnen ist. Eine solche Abhängigkeit konnte z.B. an
homogenen Fe-Mo-Legierungen nachgewiesen werden [2.18], [3.59].
Diese Ergebnisse sind in Abb.3.23 wiedergegeben. Man erkennt, daß
Mo-Zusatz zur Matrix die Aktivierungsfläche für die Hochtemperaturverformung dieses ferritischen Stahls deutlich e r n i e d r i g t . Dieser
Effekt wirkt sich vor allem bei hohen Spannungen stark aus, da $V\sigma/kT$
das Argument einer Exponentialfunktion bildet. Insofern stellt die Er-
niedrigung von V bzw. A durch Legierungszusatz zumindest in diesem Fall einen wesentlichen Beitrag zur Erhöhung der Kriechfestigkeit dar.

Zu 3. Der durch (3.18) definierte (effektive) Spannungsexponent ist
im Bereich hoher Spannungen mit der Größe $V\sigma/kT$ identisch, so daß
die Überlegungen zu 2 anzuwenden sind. Bei niedrigen Spannungen
hingegen ist $\sinh(V\sigma/kT) \sim V\sigma/kT$: Von diesem Term kann also nur

eine Potenz von σ zur gesamten Spannungsabhängigkeit von $\dot{\varepsilon}$ beigetragen werden. Das bedeutet, daß Einflüsse der Legierungszusammensetzung auf den Spannungsexponenten n bei niedrigen Spannungen nicht auf Änderungen des Aktivierungsvolumens bzw. der Aktivierungsfläche zurückgeführt werden können; diese könnten sich nur auf den Betrag von $\dot{\varepsilon}$, nicht auf n auswirken. Solche Legierungseffekte sind in der Tat beobachtet worden.

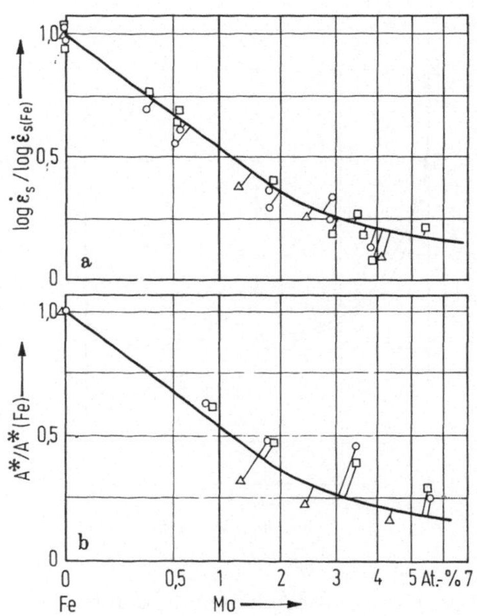

Abb.3.23. a) Einfluß des Mo-Gehaltes auf die Kriechgeschwindigkeit von homogenen Fe-Mo-Legierungen bei 1000 bis 1100 K und ca. 10 N/mm^2; b) Einfluß des Mo-Gehaltes auf die Aktivierungsfläche A* von homogenen Fe-Mo-Legierungen bei ca. 1100 K und 10 N/mm^2. Kreis- und Vierecksymbole vgl. [3.59]; Dreiecksymbole vgl. [2.18]

Die klassische Untersuchung von Sellars und Quarell [2.11] über den Legierungseinfluß auf die Kriechgeschwindigkeit am Beispiel der Mischkristallreihe Au-Ni brachte u.a. das Ergebnis, daß der effektive Spannungsexponent n_{eff} bei reinem Au und reinem Ni zwar ca. 4,5 beträgt, im Mischkristallbereich jedoch auf einen Wert nahe 3 heruntergeht. Der erste Befund entsprach völlig den Erwartungen, der letzte war als

Bestätigung einer von Weertman [3.60] entwickelten Theorie des sog. Mikrokriechens in Mischkristallen zu bewerten (Weertman hatte n = 3 vorausgesagt). Abb.3.24 zeigt die Ergebnisse von Sellars und Quarrell zusammen mit denen neuerer Messungen an dem völlig anders gearteten Mischkristallsystem NaCl/KCl von Cannon und Sherby [3.61]. Ähnliches Verhalten wurde für Al-3-Mg, für β-Messing (kubisch-raumzentriert), und für eine Reihe von Legierungen des Bleis und des Indiums gefunden, vgl. die Zusammenstellung bei Sherby und Burke [1.15].

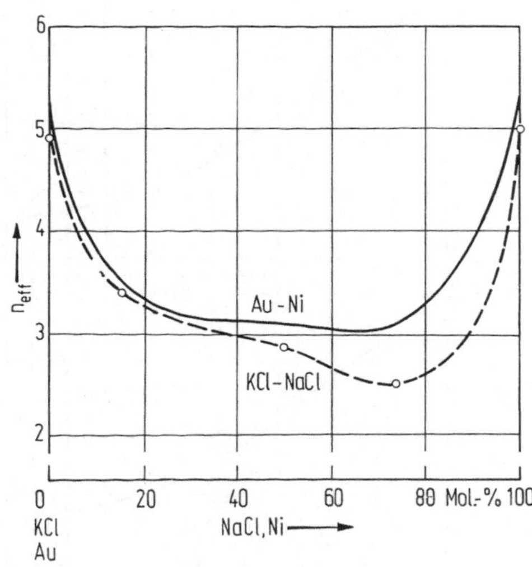

Abb.3.24. Abhängigkeit des effektiven Spannungsexponenten der stationären Kriechgeschwindigkeit von der Zusammensetzung in einer Mischkristallreihe. Ausgezogene Linie: Au-Ni [2.11]; Kreise: NaCl/KCl [3.61]

Demgegenüber finden sich aber mindestens ebensoviele Ergebnisse an Mischkristallreihen, bei denen k e i n Abfall von n_{eff} auf Werte in der Nähe von 3 erfolgt, bei denen also der Spannungsexponent unabhängig von der Zusammensetzung ist. Dies wurde zuerst von Monma et al. [3.54] an Legierungen des Nickels mit Cu, Cr und W festgestellt, später von Bonesteel und Sherby [3.62] an α-Messing eingehend untersucht; weitere Hinweise u.a. Sherby und Burke (l.c.). Auch die schon mehrfach zitierten Untersuchungen an homogenen ferritischen Fe-Mo-

Legierungen [2.18], [3.59] deuten nicht auf ein Absinken von n_{eff} hin.
Das gleiche gilt für Fe mit 2 bis 11% Si [3.63], für W-5 Re [3.64]
und für Mg-12 Li [2.24].

Sherby und Burke (l.c.) haben diesen Sachverhalt zum Anlaß genommen,
eine Einteilung der Mischkristallegierungen nach ihrem Kriechverhalten in zwei Klassen I und II vorzuschlagen (Klasse I: $n \approx 3$;
Klasse II: $n \approx 5$). Es bleibt dabei offen, ob aus dieser phänomenologischen Einteilung auf einen qualitativ unterschiedlichen Kriechvorgang
geschlossen werden muß.

Um diesen Vorschlag weiter zu verfolgen, hat Sherby in einer neueren Arbeit [3.21] weitere Kriterien ermittelt, welche auf wesentlich verschiede-
nes Verhalten hinweisen. Sie lassen sich folgendermaßen zusammenfassen:

Klasse I: $n \approx 3$, kein oder sehr kleiner Übergangsbereich, kein wesentlicher Einfluß von Stapelfehlerenergie und Subkorngröße auf $\dot{\varepsilon}$.

Klasse II: $n_{eff} \approx 5$, deutlicher Übergangsbereich, deutlicher Einfluß
von Stapelfehlerenergie und Subkorngröße auf $\dot{\varepsilon}$. Verhalten ähnlich wie
bei reinen Metallen.

<u>Zu 4.</u> Elastizitätsmodul E und Schubmodul G charakterisieren die
Bindungskräfte im Gitter und daher den Energieinhalt des Verzerrungsfeldes, welches die Versetzungen umgibt. Versetzungswechselwirkun-
gen untereinander sind daher in der Regel proportional zu Gb (b =
Burgers-Vektor $\approx$ 1 Gitterkonstante). Aus diesem Gunde tritt, wie
schon in Abschn. 3.2.2 erwähnt, die Spannung σ zumindest im Vorfaktor
$A(S, \sigma)$ in der Form σ/E bzw. τ/G auf. Wenn nun E bzw. G von c
abhängen, ergibt sich bei gleicher Belastung eine Konzentrationsabhängigkeit von $\dot{\varepsilon}$, die um so stärker wird, je höher die Potenz n ist, mit
der σ in die Verformungsgleichung eingeht. Auf diese Weise kann der
"Moduleffekt" auf $\dot{\varepsilon}$ mit $n = 5$ auch dann erheblich werden, wenn $\Delta E/E$
nur ca. 10% beträgt, wie z.B. in α-Messing [3.62]. Der Einfluß auf
die Fließspannung σ bei vorgegebener Verformungsrate ist entsprechend kleiner.

<u>Zu 5.</u> Nach ersten Hinweisen von McLean und von Feltham erfolgte
eine systematische Untersuchung des Einflusses der Stapelfehlerener-
gie γ_{stf} auf $\dot\varepsilon$ durch Barrett und Sherby [3.65]. Diese Autoren untersuchten zwar reine kubisch-flächenzentrierte Metalle (Ag, Cu, Ni,
Al), wählten jedoch Temperatur und Last so, daß die Selbstdiffusionskoeffizienten und die Ausdrücke σ/E in jedem Fall gleich waren, Einflüsse nach 1 und 4 daher weitgehend ausgeschlossen werden konnten.
Auch n_{eff} erwies sich unter den Versuchsbedingungen als gleich. Der
beobachtete starke Unterschied in den $\dot\varepsilon$-Werten der einzelnen Metalle
wurde auf Unterschiede in γ_{stf} zurückgeführt. Der Einfluß ließ sich in
der Form

$$\dot\varepsilon_s \sim D\,\gamma_{stf}^{3,5}\,(\sigma/E)^n \qquad\qquad (3.38)$$

darstellen, Abb.3.25a. Von der gleichen Arbeitsgruppe konnte wenig
später gezeigt werden [3.62], daß Meßdaten innerhalb der α-Messing-
Reihe (in der γ_{stf} von ca.70 erg/cm^2 bei reinem Cu auf ca.15 erg/cm^2
bei 70Cu30Zn abfällt) ebenfalls (3.38) gehorchen, Abb.3.25b.
Es wird hierbei zunächst angenommen, daß die Abhängigkeit $\gamma(c)$
durch eine homogene Zusammensetzungsänderung des Mischkristalls
bewirkt wird. Selektive Adsorption eines Legierungspartners bzw.
Fremdions am Stapelfehler, die ebenfalls eine Abnahme von γ_{stf} bewirkt, wird unter 6 behandelt.

Ein anderes kubisch-flächenzentriertes Mischkristallsystem, in dem
die Stapelfehlerenergie mit zunehmendem Legierungsgehalt stark abfällt, ist Ni-Co. Auch hier wurde mit zunehmendem Co-Gehalt (bei
gleicher Aktivierungsenergie Q_c) eine Verringerung von $\dot\varepsilon_s$ festgestellt [3.2], qualitativ ähnlich wie (3.38). Die Verfasser begründen
diese Verringerung damit, daß die Aktivierungsfläche durch Co-
Zusatz herabgesetzt und der strukturabhängige Vorfaktor $A(S,\sigma)$ herabgesetzt wird. Diese beiden Ursachen werden ihrerseits auf die Verkleinerung der Stapelfehlerenergie zurückgeführt, wobei die bei Raumtemperatur ermittelte Abhängigkeit der Versetzungsanordnung von
γ_{stf} herangezogen wird.

Es muß nun allerdings bemerkt werden, daß der Ansatz (3.38) von

Mukherjee et al. [3.11] kritisiert worden ist. Insbesondere ist es problematisch, aus dem Vergleich von Kriechraten verschiedener Metalle und Legierungen auf den Effekt e i n e r der zahlreichen Einflußgrößen

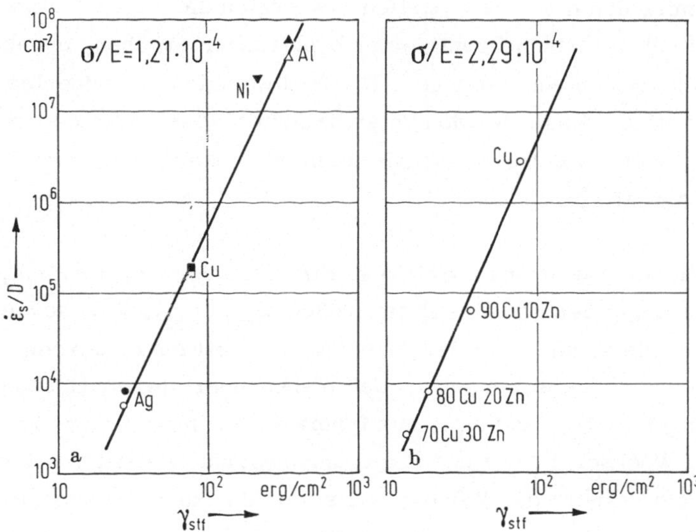

Abb. 3.25. Einfluß der Stapelfehlerenergie auf die Kriechgeschwindigkeit gemäß (3.38). a) Reine Metalle [3.65]; b) α-Messing-Mischkristalle [3.62]. 1 erg/cm^2 = 10^{-3} Nm/m^2

quantitative Schlüsse zu ziehen, solange man nicht eine sehr zuverlässige theoretische Formel für $\dot{\varepsilon}_s$ zur Hand hat. Mukherjee et al. schlagen angesichts dieser Unsicherheiten vor, statt (3.38) eine allgemeinere Funktion $\Phi(\gamma/Gb)$ einzuführen und bis zum Vorliegen weiterer Messungen offenzulassen, welche Form diese Funktion besitzt. Sicher zu sein scheint, daß bei gegebener Spannung hohe Stapelfehlerenergien hohe Verformungsraten begünstigen.

Auch diese allgemein gehaltene Feststellung wurde übrigens zum Gegenstand einer Kontroverse: Pahutova et al. [3.70] folgerten aus einem Vergleich von Meßdaten zum System Cu-Al, daß die stationäre Kriechrate mit steigender Stapelfehlerenergie etwa wie $\dot{\varepsilon}_s \sim \gamma_{stf}^{-2/3}$ abnimmt. Barrett und Sherby [3.71] erwiderten jedoch sofort, daß bei

diesem Datenvergleich die anderen, hier unter 1 bis 5 aufgelisteten
Einflußmöglichkeit nicht genügend berücksichtigt worden seien; täte
man dies, so käme in diesem Fall $\dot{\varepsilon}_s \sim \gamma_{stf}^{+2}$ heraus. Über diese
mehr akademische Diskussion hinaus hat die theoretisch begründbare
Erkenntnis, daß niedrige Stapelfehlerenergien die Kriechfestigkeit zumindest kubisch-flächenzentrierter Legierungen erhöhen, erhebliche
technische Bedeutung gewonnen. Die hochwarmfesten "Superlegierungen" auf Co-Basis wurden unter bewußter Ausnutzung der niedrigen γ_{stf}-Werte von Co-Mischkristallen entwickelt, vgl. etwa Coutsouradis et al. [3.72], [3.73].

<u>Zu 6.</u> Bisher waren m i t t e l b a r e Einflüsse der Fremdatome, d.h.
Veränderungen der effektiven Kenngrößen Q_{eff}, n_{eff}, V_{eff} sowie von
Faktoren wie G und γ in der Kriechformel betrachtet worden. Wir
müssen uns dabei klar machen, daß insbesondere legierungsbedingte
Änderungen in n_{eff} und V_{eff} nur formaler Ausdruck einer u n m i t t e l -
b a r e n Wechselwirkung der Legierungsbestandteile mit den Versetzungen als Trägern der Verformung sind. Man kann die experimentellen
Ergebnisse auch unter diesem Gesichtswinkel darstellen, wobei zur
zahlenmäßigen Erfassung eine Wechselwirkungsenergie ΔU zwischen
Fremdatomen und Versetzung verwendet werden kann. ΔU kann aus den
elastischen Daten und der Konzentrationsabhängigkeit der Gitterkonstante des Mischkristalls abgeschätzt werden [3.74]. Argent und Mitarbeiter [3.4] haben dieses Verfahren auf binäre Mischkristalle des
α-Eisens angewendet. Ihre Ergebnisse sind in Tab.3.2 angeführt.

Tab.3.2. Wechselwirkungsenergien von Legierungsatomen mit Versetzungen in ferritischen Stählen für 600°C, nach [3.4]

Leg.-Element	Al	Co	Cr	Mn	Mo	Ni	Nb	Si	V	W
$-\Delta U$ (kJ/Mol)	54	3	5	13	47	4	73	92	37	51

Diese z.T. recht hohen Werte (Q_C für reines Eisen in diesem Temperaturbereich liegt bei 280 kJ/mol) sind zweifellos fehlerbehaftet,
lassen es aber doch plausibel erscheinen, daß Si sich stärker auswirkt
als Ni, bzw. Mo und W stärker als Co. Beides ist experimentell nach-

gewiesen [3.75], [2.18], [3.14], [3.59] - und zwar durch Meßverfahren, die den unter 1 behandelten Legierungseinfluß über Q_{sd} ab-
trennen. Die Aussage "Mo setzt das Aktivierungsvolumen herab, Co
nicht" gewinnt also durch Berücksichtigung der Größe ΔU einen anderen
Aspekt: "Mo-Atome treten mit Versetzungen in starke Wechselwirkung,
Co-Atome nicht". Nun ist es wahrscheinlich, daß in den hier vor allem
interessierenden Temperaturbereichen um $0,5\ T_m$ und höher die thermische Aktivierung oft ausreicht, um die Verankerung durch statistisch verteilte Fremdatome zu überwinden. Dies drückt sich experimentell darin aus, daß die Fließspannung im Verformungsversuch oberhalb
einer kritischen Temperatur von T unabhängig wird. Für Fe und Fe-
Si-Legierungen liegt diese Temperatur bei etwa 250^oC (für $\dot{\varepsilon}$ =
= $2 \cdot 10^{-5}s^{-1}$) [3.75]. Was leisten die Fremdatome also bei höherer
Temperatur?

Die Vorstellung einer Gruppe von Autoren, z.B. [2.18], [3.59], geht
dahin, daß sie die K l e t t e r bewegung der Versetzungen behindern,
indem sie lokalisiert an den "jogs" der Versetzungen, vgl. Abschn. 4.6,
wirksam werden. Im Gegensatz dazu gehen z.B. Argent und Mitarbeiter [3.4] davon aus, daß die Fremdatome die G l e i t bewegung behindern, indem sie sich an die Versetzungslinien anlagern und diese dadurch festlegen. Ob dies im betrachteten Temperaturbereich wirklich
der Fall ist, ist z.Zt. noch ungeklärt.

Mehrere Autoren, etwa Hopkin [3.76], insbesondere aber Ishida und
McLean [3.77], haben in den letzten Jahren durch ihre Meßergebnisse
eine weitere Auffassung stark gestützt: Danach wird eine starke Wechselwirkung in dem technisch so wichtigen Bereich um $0,4$ bis $0,5\ T_m$
nicht von einzelnen Substitutionsfremdatomen und auch nicht von einzelnen interstitiellen Fremdatomen (C,N) ausgeübt, obwohl letztere
den Diffusionskoeffizienten von Eisen beeinflussen können [3.78]. Vielmehr sind es P a a r e vom Typ Mn-N oder Mo-C [3.79], [3.80], die
durch ihren dipolartigen Aufbau besonders effektiv mit Versetzungslinien reagieren, und es ist die k o m b i n i e r t e Wirkung von interstitiellen und substituierten Legierungselementen, welche die Kriechfestigkeit im Mischkristallbereich verbessert. Viele gezielte Experimente

(Wärmebehandlungen) haben wahrscheinlich gemacht, daß derartige
Paare (die bei höheren Temperaturen allerdings wieder dissoziieren)
eine z.T. entscheidende Rolle spielen. Die Variable c darf in diesen
Fällen daher nicht auf einzelne Fremdatome, sondern sie muß auf die
Zahl solcher Komplexe bezogen werden.

Diese Auffassung wird durch Ergebnisse an dotierten Ionenkristallen (NaCl, LiF, MgO) gestützt, vgl. Abschn. 3.2.5. Dort spielen
Komplexe aus anderswertigen Fremdionen, z.B. Fe^{3+} in MgO, mit
Leerstellen die entsprechende Rolle. Sie haben zusätzlich zur
Anisotropie ihres elastischen Verzerrungsfeldes elektrischen Dipol-
charakter und sind wesentlich wirksamer als einzelne Fremdionen
oder Leerstellen. Auch sie dissoziieren allerdings bei hohen Temperaturen wieder, so daß neben ΔU noch die "Bindungsenergie" ΔU_b zwischen Leerstelle und Fremdion (analog: zwischen Fremdatomen im
Gitter und im Zwischengitter) Bedeutung erlangt.

Im Zusammenhang mit den Legierungseinflüssen auf das Kriechverhalten müssen wir noch kurz auf die Auswirkung von Fernordnungs-
zuständen eingehen. Solche Auswirkungen sind vor allem an den
Systemen Fe-Al [3.81], Fe-Si [3.63] und β-Messing [3.82], [3.83]
untersucht worden. Folgen wir in etwa wieder der eingangs aufgestell-
ten Liste, so kann man als Ergebnis festhalten, daß der Haupteinfluß
von Ordnungs-Unordnungs-Umwandlungen über die Aktivierungsenergie
Q_{eff} erfolgt. Sie ist unterhalb der Umwandlungstemperatur deutlich
größer als im Übergangsgebiet, und zwar unabhängig vom Ordnungs-
grad. Auch ein geringer Grad von Ordnung bewirkt eine hohe Aktivierungsenergie und als Folge davon einen erhöhten Verformungswider-
stand. Auf n_{eff} bzw. V_{eff} scheint die Umwandlung sich demgegenüber nur wenig auszuwirken, der Mechanismus der Verformung bleibt
gleich, nur der geschwindigkeitsbestimmende, thermisch aktivierte
Teilschritt wird durch die Überstruktur erschwert. Der Einfluß auf
dem Umweg über G ist vergleichsweise gering, jedoch ändert sich der
Vorfaktor $A(S,\sigma)$ der Kriechformel bei der kritischen Temperatur
der Umwandlung sprunghaft [3.82].

Eine Übersicht über die in diesem Abschnitt dargestellten Möglichkeiten zur Beeinflussung der Verformungsgeschwindigkeit versucht
Abb.3.26 zu geben.

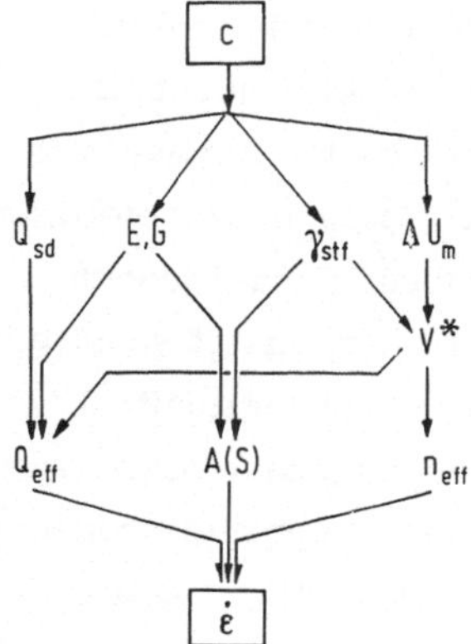

Abb.3.26. Einflußmöglichkeiten von Le-
gierungszusätzen der Konzentration c
auf die Kriechgeschwindigkeit $\dot{\varepsilon}$

3.2.5. Besondere Mischkristalleffekte in Ionenkristallen

Eine Reihe von Beispielen in den vorigen Abschnitten zeigte bereits,
daß Ionenkristalle sich im Kriechversuch grundsätzlich wie Metalle
verhalten: Die $\varepsilon(t)$-Kurven verlaufen analog, Temperatur- und Spannungsabhängigkeit können durch dieselben Funktionen beschrieben werden, usw. Betrachtet man das "Legierungsverhalten", so ergeben sich
einige Besonderheiten.

Im Bereich der Oxidkeramik werden "Legierungen", d.h. in diesem
Fall Mischoxide, noch kaum gezielt eingesetzt, um die Eigenschaften zu verbessern, wenn man von fertigungstechnisch bedingten Zusätzen absieht (sog. Sinterhilfen). Entsprechend selten sind Untersuchungen über Mischkristalleinflüsse auf das Kriechverhalten. Einige
wenige Beispiele betreffen MgO-NiO [3.85], $MgO-FeO-Fe_2O_3$ [3.86],
[3.87] Mischkristalle von UO_2 mit CaO, Y_2O_3 und ZrO_2 [3.88] sowie
Al_2O_3, dotiert mit MgO und $MgTiO_3$ [3.89]. Ein Teil der bei diesen
Untersuchungen beobachteten Effekte läßt sich ohne weiteres auf dieselben Einflußgrößen zurückführen, die wir in Abschn.3.2.4 1 bis 6
bereits erörtert hatten. Typisch hierfür ist etwa die Mischkristallreihe

NaCl-KCl [3.61] als Modellsystem, Abb.3.24. Andere Ergebnisse
hingegen sind speziell auf die F e h l o r d n u n g in Kristallgittern mit
vorwiegender Ionen-(Coulomb-)bindung zurückzuführen.

Für Leser, die mit den Begriffen der Ionenfehlordnung weniger ver-
traut sind, sei kurz erläutert: Wesentliches Strukturmerkmal der
Ionenkristalle ist ihr Aufbau aus T e i l g i t t e r n der Anionen und
Kationen. Diese Gitter sind relativ "perfekt", sofern die beteiligten
Ionen durchgehend einheitliche Wertigkeit haben. Sobald jedoch
F r e m d i o n e n mit höherer oder niedrigerer Wertigkeit substituiert
werden, müssen zur Erhaltung der elektrischen Ladungsneutralität
L e e r s t e l l e n in eines der beiden Teilgitter eingebaut oder Z w i -
s c h e n g i t t e r p l ä t z e besetzt werden. In der Valenzelektronenver-
teilung des Gitters wirkt sich dann z.B. ein dreiwertiges Kation in
MgO als positiv einwertige Punktladung, eine Kationenleerstelle als
negativ zweiwertige Punktladung aus. Beide üben eine Coulomb-An-
ziehung aufeinander aus, die Anlaß zur Bildung k o m p l e x e r   D e -
f e k t e gibt, welche allerdings bei höherer Temperatur dissoziieren.

Bei hohen Defektkonzentrationen ist u.U. eine geordnete, überstruk-
turmäßige Anordnung der Fehlstellen begünstigt, insbesondere dann,
wenn einfache Zahlenverhältnisse zwischen den Konzentrationen der
Fehlstellen und der "normal" besetzten Gitterplätze vorliegen. Derartige Fehlordnungsüberstrukturen, die röntgenographisch nach-
weisbar sind, verleihen der Substanz den Charakter einer besonde-
ren "Phase" innerhalb des Homogenitätsbereiches des Grundtyps
(sog. M a g n e l i - P h a s e n [3.69]).

Fehlordnung tritt nicht nur durch D o t i e r u n g mit Fremdoxiden auf
(z.B. Zusatz von Cr_2O_3 zu MgO), sondern auch infolge W e r t i g -
k e i t s w e c h s e l von Übergangsmetallkationen je nach dem von außen
vorgegebenen Sauerstoffpartialdruck. Dies ist besonders wichtig für
die chemischen Gleichgewichte Fe^{2+}/Fe^{3+}, Co^{2+}/Co^{3+}, Ti^{2+}/Ti^{4+},
U^{3+}/U^{4+}. Die Bildung von Leerstellen und/oder Zwischengitterionen
infolge des Wertigkeitswechsels - der einer "Dotierung" z.B. von
FeO mit Fe_2O_3 entspricht - führt zur Verschiebung des Anion/Ka-

tion-Verhältnisses in der betreffenden Verbindung. Man benutzt als
Zahlenangabe entweder dieses Verhältnis selbst (z.B. das O/U-Ver-
hältnis von Urandioxid), oder eine Zahl x, welche die Abweichung
von der stöchiometrischen Zusammensetzung angibt: $Fe_{1-x}O$, UO_{2+x}
usw. x hängt in der Regel über Gleichgewichte vom Typ

$$2\ Me^{2+} + 1/2\ O_2 \rightleftarrows 2\ Me^{3+} + V_k + O^{2-} \qquad (3.39)$$

vom Sauerstoffpartialdruck ab. V_k symbolisiert dabei eine Leerstelle
im Kationengitter.

Neben der Kationenfehlordnung gibt es stets auch eine Anionenfehl-
ordnung, welche die Anionendiffusion in Ionenkristallen ermöglicht. In
den relativ dichtgepackten Oxiden sind Anionen auf Zwischengitter-
plätzen energetisch sehr ungünstig. Anionenleerstellen oder komplexe
Defekte sind wahrscheinlicher.

Die genannten Einflüsse treten in den sog. n i c h t s t ö c h i o m e t r i -
s c h e n   O x i d e n "in Reinkultur" auf, sind aber grundsätzlich für alle
dotierten Ionenkristalle von Bedeutung. Mit dem Kriechverhalten dieser
Stoffe haben sich einige Arbeiten befaßt, vgl. die zusammenfassende
Darstellung von A. H. Clauer et al. [3.90]. Wir zitieren Arbeiten
über $Co_{1-x}O$ [3.91], $Fe_{1-x}O$ (Wüstit) [3.92], [3.93], TiO_{2-x}
(Rutil) [2.39], [3.94] und über UO_{2+x} - hier nur die "klassische"
Veröffentlichung von Armstrong und Irvine [3.95].

Da die Hochtemperaturplastizität simultane Diffusion im Kationen- und
im Anionenteilgitter erfordert, wird man vermuten, daß in Ionenkristallen Q_c primär durch Q_{sd}, die Aktivierungsenergie der Selbstdiffusion des   l a n g s a m s t e n   der Gitterbausteine bestimmt wird. In Git-
tern vom NaCl-Typ ist dies das Anion, wie sich auch an Kriechversuchen an NaCl selbst bestätigt [2.3], [3.51]. Dieses Verhalten
konnte auch an dem nichtstöchiometrischen Oxid CoO nachgewiesen
[3.91] und an FeO [3.92] wahrscheinlich gemacht werden. Die F e h l -
ordnung (x) wirkt sich auf Q_c und auch auf n_{eff} zumindest im Be-

reich mittlerer Spannungen bei beiden Oxiden nicht aus, Abb.3.27. Die Kriechgeschwindigkeiten $\dot{\varepsilon}$ nehmen demgegenüber bei gegebener Temperatur und Belastung deutlich mit dem Fehlordnungsgrad bzw. dem Sauerstoffpartialdruck der umgebenden Atmosphäre zu, Abb.3.27. und Abb.3.28.

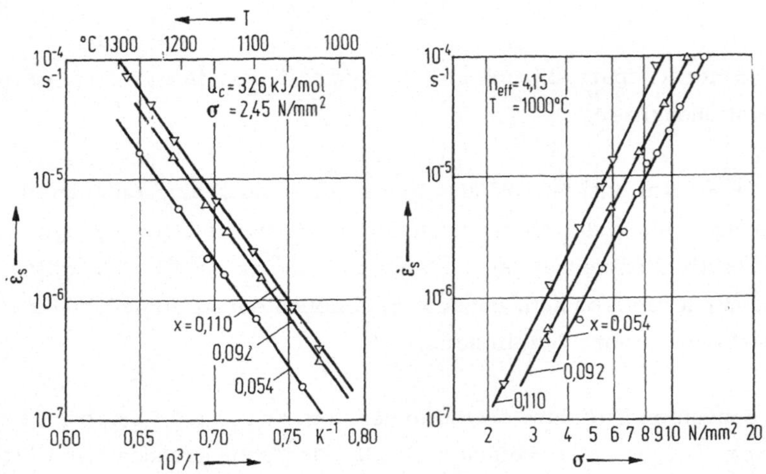

Abb.3.27. Temperatur- und Spannungsabhängigkeit von $\dot{\varepsilon}_s$ für Wüstit $(Fe_{1-x}O)$ in Abhängigkeit vom Fehlordnungsgrad x [3.92]

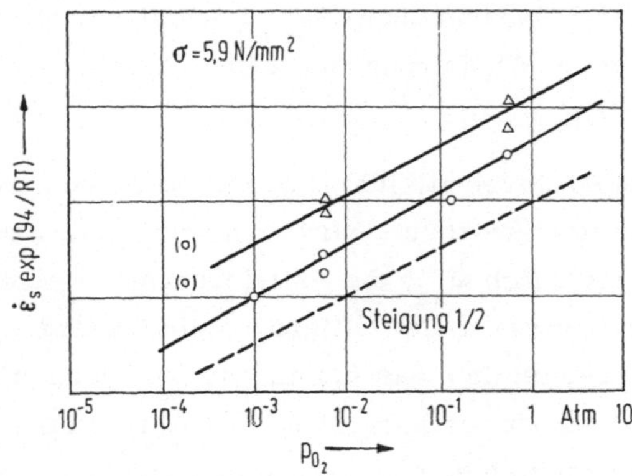

Abb.3.28. Stationäre Kriechrate $\dot{\varepsilon}_s$, temperaturkompensiert, von $Co_{1-x}O$ in Abhängigkeit vom Sauerstoffpartialdruck [3.91]

Dieses bemerkenswerte Verhalten ist z.Zt. noch nicht verstanden: Zunehmender Fehlordnungsgrad x bedeutet zunehmende Konzentration der Kationenleerstellen V_k und damit aus Gründen des chemischen Gleichgewichtes abnehmende Konzentration der Anionenleerstellen V_A. Gerade die letzteren aber dienen als Träger der Anionendiffusion, die, wie wir aus der Diskussion der Q_c-Werte sahen, geschwindigkeitsbestimmend für die Verformung sind. An sich sollte daher $\dot{\varepsilon}$ mit steigendem Anion/Kation-Verhältnis bzw. x bzw. $p(O_2)$ abnehmen. Daß das Gegenteil der Fall ist, könnte sowohl an der Mitwirkung komplexer Defekte (s.o.) als auch an der bevorzugten Anlagerung von Kationenleerstellen an Versetzungslinien im Sinne von Abschn. 3.2.4 liegen. Bislang sind diese Hinweise nur Vermutungen. Die Meßergebnisse, wonach "nichtstöchiometrische Leerstellen" (die bei niedriger Temperatur den Kristall verfestigen!) bei höherer Temperatur die Verformungsgeschwindigkeit erhöhen, sind jedoch einwandfrei. Dies gilt übrigens auch für nichtstöchiometrische i n - t e r m e t a l l i s c h e V e r b i n d u n g e n wie AgMg [3.96] und $MnNi_3$ [3.97].

Im U r a n d i o x i d , welches in der kubischen CaF_2-Struktur kristallisiert, liegen die Verhältnisse anders. Die dominierende Fehlstelle in UO_{2+x} ist wahrscheinlich nicht eine Kationenleerstelle, sondern ein Sauerstoffion auf Zwischengitterplatz; es tritt evtl. als komplexer Defekt in Verbindung mit einer Anionenleerstelle auf. Die Beweglichkeit des Sauerstoffs im CaF_2-Gittertyp ist auf diese Weise wesentlich höher als die des Urans, denn dieses muß wie Mg^{2+} im MgO als U^{4+} über Leerstellen wandern. Dieser Unterschied äußert sich zunächst darin, daß Q_{eff} im "stöchiometrischen" UO_2 ($x \lesssim 10^{-4}$) zwar nicht exakt mit Q_{sd} für U^{4+} übereinstimmt, wohl aber diesem Wert nahekommt. Der Einfluß der Nichtstöchiometrie ist groß. Wie bei CoO und FeO nimmt die Verformungsrate mit steigender Fehlordnung zu, d.h., das fehlgeordnete Gitter ist "weicher" als das stöchiometrische. Seltzer et al. [3.98] finden $\dot{\varepsilon}_s \sim x^2$, in Übereinstimmung mit Messungen anderer Autoren zu anderen diffusionsgesteuerten Prozessen an UO_{2+x}. Q_{eff} hängt sehr stark von x ab, Abb. 3.29. Dies dürfte durch das komplexe Gleichgewicht der Fehlstellen im An-

ionen- und Kationenteilgitter miteinander und mit dem äußeren
O_2-Partialdruck bedingt sein.

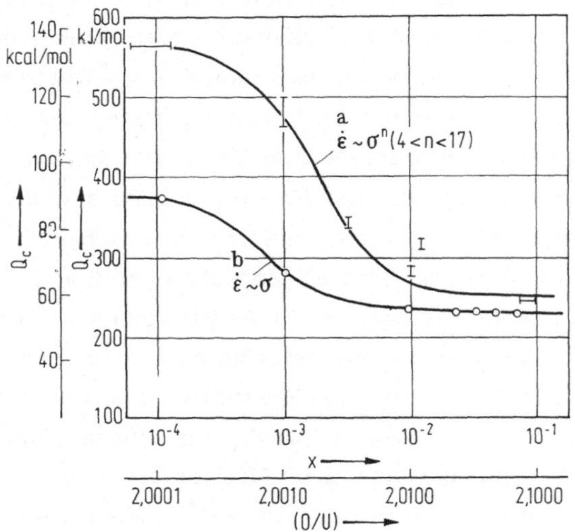

Abb.3.29. Aktivierungsenergie für das Kriechen von nichtstöchio-
metrischem UO_{2+x} im Bereich a) hoher und b) niedriger Spannungen, nach Seltzer et al. [3.98]. Meßergebnisse an verschiedenen
ein- und polykristallinen Materialien

Im übrigen weist das stärker fehlgeordnete Urandioxid nicht nur höhere
Absolutbeträge von $\dot{\varepsilon}$, sondern auch höhere Spannungsabhängigkeiten
auf: n_{eff} nimmt mit x deutlich zu, Werte von 4 bis 17 werden genannt. Im Hinblick auf Abschn.3.2.1. interpretieren wir dies als Zunahme des Aktivierungsvolumens V, d.h. als Vergrößerung des Beitrages der mechanischen Spannung zu den geschwindigkeitsbestimmenden thermischen Aktivierungsprozessen. Daraus resultiert die erwähnte
Entfestigung durch Nichtstöchiometrie - analog wie die Abnahme von
V mit Legierungszusatz in kubisch-raumzentrierten Fe-Legierungen
eine Zunahme der Kriechfestigkeit bewirkt (Abschn.3.2.4). Warum allerdings U_2O_3-Zusatz zu UO_2 das Aktivierungsvolumen erhöht, diese Frage kann hier und derzeit nicht beantwortet werden.

Bei polykristallinem UO_2 wird im Bereich unterhalb einer "Übergangs-spannung" (die um so niedriger liegt, je größer das O/U-Verhältnis ist) $n_{eff} \approx 1$ beobachtet. Dies kann im Prinzip dahingehend verstanden werden, daß bei kleinen Spannungen "Korngrenzenkriechen" überwiegt. Die in Abschn.3.2.3 diskutierte Abhängigkeit $\dot{\varepsilon}_s(L_k)$ wurde jedoch für die nichtstöchiometrischen Oxide noch nicht näher untersucht, so daß wir auch diese Deutung mit Vorbehalt versehen müssen.

Ionenmischkristalle weisen ebenso wie metallische Systeme Mischungs-lücken bzw. Löslichkeitsgrenzen auf. Bei gegebener Zusammensetzung führt fallende Temperatur daher zur Ausscheidung einer zweiten Phase in fein verteilter Form, z.B. von $MgFe_2O_4$ (Spi-nell) aus $(Mg^{2+}, Fe^{3+})O$ (Magnesiowüstit). Diese Ausscheidungen verändern das Verformungsverhalten wie auch in metallischen Systemen erheblich, vgl. Abschn.3.4. Auf den Tief-T-Anstieg von Q_{eff} bei Ca-dotiertem NaCl, Abb.3.19, war in der betreffenden Bildunterschrift hingewiesen worden.

3.3. Veränderungen der strukturellen Parameter während des Kriechens

3.3.1. Kornform

Unsere Darstellung des Phänomens Hochtemperaturplastizität war bis-her von der Meßgröße $\dot{\varepsilon}$ (Verformungsgeschwindigkeit) ausgegangen und hatte nach dem Einfluß verschiedener Parameter (t, ε, σ, T, L, c) auf $\dot{\varepsilon}$ gefragt. Einer dieser Parameter war die Korngröße L_k gewesen, Abschn.3.2.3. Nun müssen wir die Fragestellung variieren: Wie ent-wickeln sich die in dem Symbol S zusammengefaßten strukturellen Kennwerte im Verlauf und als Folge des Kriechvorganges bei ver-schiedenen Belastungen und Temperaturen? Es geht also um die Funk-tion $S(\varepsilon, \sigma, T, c)$.

Geht man von einem polykristallinen isotropen (engl.: equiaxed) Gefüge aus, welches um einen Betrag ε verformt - z.B. gedehnt - wird, so würde man zunächst eine Kornformänderung in der Weise er-warten, daß jedes einzelne Korn eine entsprechende Verlängerung

ε gegenüber der symmetrischen Ausgangsform erfährt, Abb.3.30a/b.
Diese Erwartung geht von der Vorstellung aus, daß die Korngrenzen
sich wie impermeable Hüllen oder Waben um das verformbare Korn-
innere verhalten, so daß die Körner sich weder gegenseitig "umlösen"
noch aneinander vorbeigleiten können. Die "Topologie" des Gefüges
bleibt also erhalten.

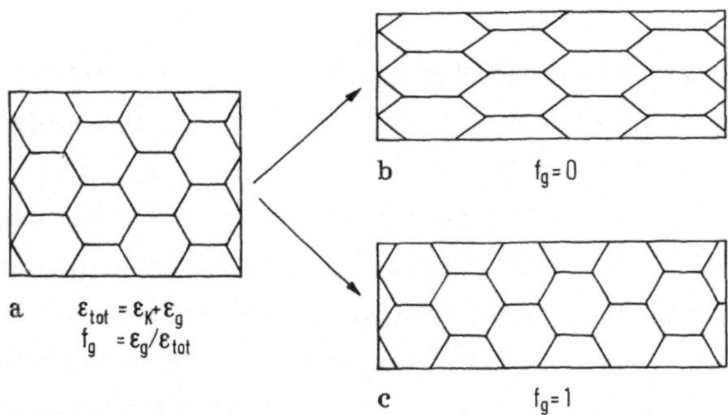

Abb.3.30. Verformung eines a) polykristallinen Gefüges b) durch
Kornverformung c) durch Korngrenzengleitung

Das andere Extrem ist in Abb.3.30a/c dargestellt: Hier bleibt die Form
des Einzelkornes erhalten. Das Gefüge c kann aus dem Ausgangszustand
a auf zwei Weisen hervorgehen: entweder durch Zusammenwirken von
Kornneubildung und Korngrenzenwanderung (engl.: gr.
bd. migration), oder durch Zusammenwirken von Korngrenzengleitung (engl.: gr. bd. shear) mit Akkomodations-
prozessen im Korninneren. Diese sind erforderlich, um die Bildung
von Rissen und Poren zu unterdrücken. Der erstgenannte Prozeß wäre
sinngemäß als Rekristallisation während des Kriechens zu bezeichnen. Es ist wichtig zu wissen, daß allein durch Wanderung von
Korngrenzen - d.h. ohne Kornneubildung - das ursprüngliche isotrope
Gefüge einer gedehnten oder gestauchten Probe nicht erhalten bzw.
wiederhergestellt werden kann.

Wenn während der Kriechverformung Körner neu gebildet werden, ist
allerdings zu erwarten, daß das nicht gerade zufällig zur Bildung eines
isotropen Gefüges mit der ursprünglichen Korngröße führt. Dieser Vor-

gang ist daher nicht geeignet, einen Befund vom Typ der Abb.3.30a/c
zu beschreiben. Unabhängig hiervon kann Rekristallisation während
der Verformung bei hohen Temperaturen stattfinden. Allerdings sind
dazu hohe Verformungsgeschwindigkeiten erforderlich (im Gegensatz
zur Rekristallisation nach Kaltverformung ist hier nicht der Ver-
formungs grad maßgeblich: selbst zu 80% verformte, aber langsam
"gekrochene" Proben rekristallisieren nicht!). Insofern ist Rekristallisation während der Verfomung (dynamische Rekristallisation) vor allem unter Bedingung der Warmformgebung ein wichtiges Problem, vgl. Abschn.3.6. Aber auch im Kriechversuch kommt
sie bei hohen Lasten bzw. Geschwindigkeiten vor und macht sich dann
in plötzlichen "peaks" von $\dot{\varepsilon}$ bemerkbar, vgl. etwa [2.18] an Fe,
[3.49] an Cu, [3.62] an α-Messing, [3.99] an Ni.

Entspricht die Alternative der Abb.3.30 aber überhaupt den experimentellen Ergebnissen? Die Antwort ist, daß b und c in Abb.3.30
Grenzfälle sind, zwischen denen das reale Verhalten liegt. Dieses
kann im Anschluß an Abschn.3.2.3 durch den Parameter f_g (Anteil
der Korngrenzengleitung) beschrieben werden. Dabei werden praktisch alle Werte $0 < f_g < 1$ beobachtet, und zwar je nach der angelegten Spannung. Warum das so ist, ist leicht verständlich: Nach
Abschn. 3.2.1 läßt sich der nicht durch Korngrenzen beeinflußte Verformungsprozeß etwa gleich gut durch σ^n wie durch $\exp(B\sigma)$ beschreiben. Korngrenzengleitung hängt linear von der Spannung ab, ihr Beitrag zur Gesamtverformung außerdem von der Anzahl beteiligter Korngrenzen, ist also proportional $1/L_k$ (3.33). Hieraus folgt:

1. Bei niedriger Last und/oder kleiner Korngröße dominiert der Anteil f_g der Korngrenzengleitung, also bleibt die Kornformänderung
gering; der effektive Spannungsexponent tendiert gegen 1.

2. Bei hoher Last und/oder grobem Korn dominiert die Kornformänderung, mithin die stärkere Spannungsabhängigkeit nach σ^n oder $\exp(B\sigma)$.

3. Bei gegebener Korngröße gibt es eine Übergangsspannung σ_t, unterhalb derer $f_g \to 1$ und $n_{eff} \to 1$ geht, oberhalb derer $f_g \to 0$ und
$n_{eff} \to 4$ und höher strebt. σ_t hängt von L_k ab.

4. Bei gegebener Spannung ist f_g um so höher, je kleiner die Korngröße L_k ist.

5. Sowohl σ_t als auch der Wert von f_g für gegebene Spannung und Korngröße sind durch Legierungszusätze beeinflußbar, weil c sich auf Volu-
menverformung und Korngrenzengleitung verschieden auswirkt. Dies gilt besonders dann, wenn das Fremdatom bzw. Fremdion an den Grenzflächen
selektiv adsorbiert wird.

Der geschilderte Zusammenhang kann in erster Näherung durch die Beziehung (für T = const)

$$\varepsilon_{tot} \sim \dot{\varepsilon}_{tot}\, t = (A\sigma/L_k + B\sigma^n)t \qquad (3.40)$$

dargestellt werden. Daraus folgt für den Korngrenzen-Anteil an ε:

$$f_g = 1/(1 + CL_k\sigma^{n-1}), \quad C = B/A \qquad (3.41)$$

bzw.

$$\log[f_g/(1 - f_g)] \sim \text{const} - (n-1)\log\sigma . \qquad (3.41a)$$

Da die Genauigkeit in der Bestimmung von f_g nicht sehr groß ist
(Abschn. 2.6), und da zwischen Exponential- und Potenzabhängigkeit
von der Spannung nur schwer unterschieden werden kann (Abschn. 2.2.3),
liefert auch die einfachere Auftragung von $\log f_g$ über σ eine angenähert lineare Beziehung, Abb. 3.31. Auftragung gemäß (3.41a) liefert
ebenfalls eine Gerade, und zwar mit n = 4. Abb. 3.32 erläutert schematisch, in welchen Bereichen von Korngröße und Spannung "Kornver-
fomung" oder "Korngrenzenverformung" dominiert.

(3.40) besagt: Oberhalb bzw. unterhalb einer Übergangsspannung

$$\sigma_t \sim (A/BL_k)^{1/(n-1)} \qquad (3.42)$$

dominiert der Beitrag des Korninneren bzw. der Korngrenzen zu ε_{tot},
weil die Spannungsabhängigkeiten beider Beiträge verschieden sind.

Angenommen, auch ihre Temperaturabhängigkeiten wären verschieden
(Q', Q''), so würde sich analog eine Übergangstemperatur ergeben.
Auf den ersten Blick ist man versucht, diese Überlegung im Begriff

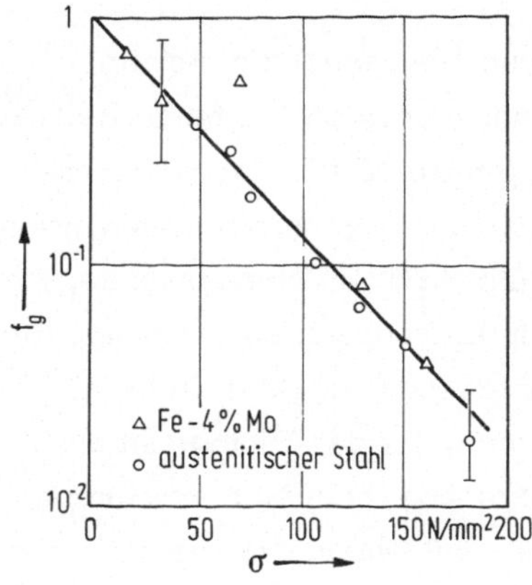

Abb.3.31. Meßergebnisse für
die Spannungsabhängigkeit des
Anteils f_g der Korngrenzengleitung bei einem ferritischen
[2.18] und einem austenitischen
Stahl [1.12]

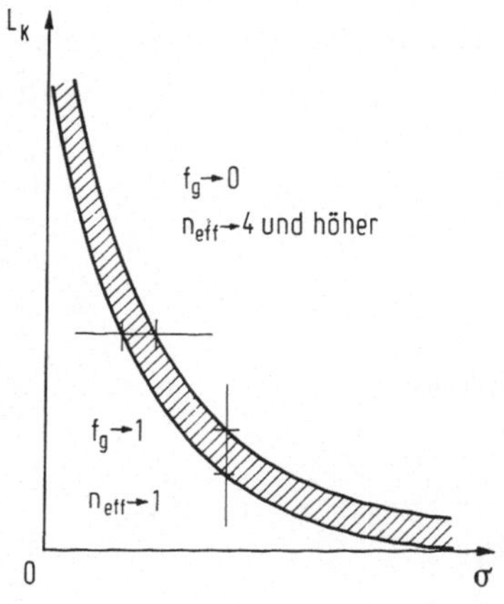

Abb.3.32. Abgrenzung der Bedingungen für vorwiegende Kornvolumen-
bzw. Korngrenzenverformung.

der "Äquikohäsionstemperatur" (engl.: equicohesive
temperature, ECT) bestätigt zu finden. Dieser Begriff, der
sich in der Literatur bis 1917 zurückverfolgen läßt, ist in neuerer
Zeit von Crussard und Tamhankar [3.100] sowie Woodford [3.101]
präzisiert worden. Er kennzeichnet den Übergang von einem Bereich

niederer Temperaturen (in dem die Korngrenzen das plastische Fließen behindern, und in dem der Bruch intrakristallin erfolgt) in einen Bereich höherer Temperaturen (in dem die Korngrenzen wesentlich zum plastischen Fließen beitragen und in dem daher der Bruch
interkristallin erfolgt).

Nähere Diskussion zeigt jedoch, daß diese Übergangstemperatur
nicht durch unterschiedliche Aktivierungsenergien für beide Beiträge
bedingt ist, also auch nicht durch das kleinere Q für Korngrenzendiffusion. In diesem Falle müßte nämlich Korngrenzengleitung und inter-
kristalliner Bruch bei niedrigen Temperaturen vorherrschen, im
Gegensatz zu den Meßergebnissen. Auch die beobachtete Abhängigkeit
der ECT von Korngröße und Verformungsgeschwindigkeit steht im
Widerspruch zu dieser Hypothese. Vielmehr ist das Phänomen der
Äquikohäsionstemperatur eine Folge der schon mehrfach erwähnten
Übergangsspannung σ_t und der Tatsache, daß wegen der thermischen
Aktivierung beider Teilvorgänge bei hoher Temperatur eine
niedrige Fließspannung $\sigma(T)$ erforderlich ist, um eine vorgegebene
Verformungsrate $\dot{\varepsilon}$ = const aufrechtzuerhalten. Damit kommt man
auch bei einheitlicher Aktivierungsenergie bei steigender Temperatur

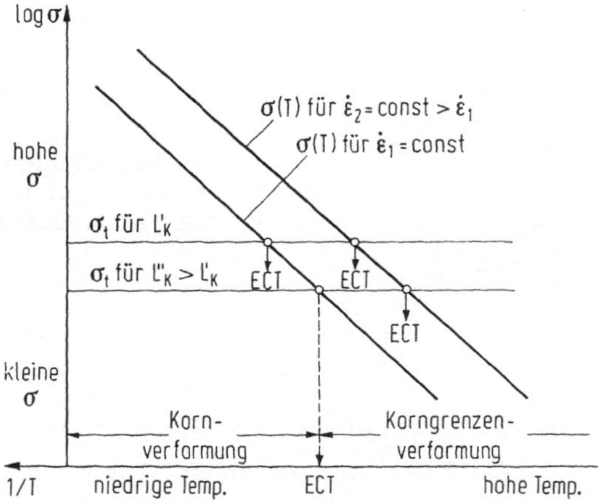

Abb.3.33. Zum Zusammenhang zwischen Spannung, Verformungsgeschwindigkeit, Temperatur, Korngröße und Anteil der Korngrenzen
an der Gesamtverformung. ECT = "Äquikohäsionstemperatur", vgl.
Text.

in einen Bereich dominierender Korngrenzenbeiträge $(f_g \to 1)$. Die
ECT nimmt wegen (3.42) mit steigender Korngröße und auch mit stei-
gender Verformungsrate zu. Diese Zusammenhänge werden durch
Abb.3.33 veranschaulicht.

Die Behandlung der Kornformänderung während der Verformung bei
hoher Temperatur soll nicht abgeschlossen werden, ohne den Leser auf
einige wichtige Arbeiten zu diesem Thema in der Literatur hinzuweisen.
Eine relativ ausführliche Darstellung des Kenntnisstandes von 1964/65
findet sich in dem Buch von Garofalo [1.12], S. 127/48. "Pionierarbeit"
wurde insbesondere geleistet von McLean und Mitarbeitern, die den Anteil
der Korngrenzengleitung an einer ganzen Reihe von Metallen bestimmten
[3.102], und von Grant und Mitarbeitern [3.103] bis [3.105], die hauptsächlich den Korngrenzenanteil am Kriechen von Aluminium und Al-Legierungen sowie das Ausmaß von Korngrenzenwanderung untersuchten.
McLean und Mitarbeiter (l.c) konnten auch zeigen, daß während des Kriechvorganges unter konstanten Bedingungen f_g weitgehend konstant bleibt.
Andere Autoren fanden allerdings in Einzelfällen, daß der Korngrenzenanteil im Übergangsbereich der Kriechkurve höher ist als im stationären
Bereich. Bell und Langdon [3.106] fanden an einer Mg-Legierung von
(3.41a) etwas abweichende Ergebnisse, indem die Spannungsabhängigkeit des Korngrenzenanteils mit σ^4, die des Kornvolumenanteils mit
σ^7 angegeben wird; f_g nahm mit steigender Temperatur (bei festge-
haltener Spannung) ab, was darauf zurückzuführen ist, daß in diesem
Fall am Korngrenzengleiten Prozesse mit kleinerer Aktivierungsenergie einen merklichen Anteil haben. Lagneborg und Attermo [3.107] bestätigen bei ihren Untersuchungen an zwei austenitischen Stählen
(einer davon dispersionsgehärtet) einerseits die $1/L_k$-Abhängigkeit
des Korngrenzenanteils. Andererseits finden sie wie Bell und Langdon
(l.c.) höhere Spannungsabhängigkeiten des Korngrenzenanteils als
$n = 1$ (nämlich $n \approx 3$, bei $n = 4,75$ bis $7,5$ für den Kornvolumenteil).
Lagneborg weist daher an anderer Stelle [3.108] darauf hin, daß man
in Gleichungen vom Typ (3.40) lieber allgemeine Spannungsexponenten
m und n (statt 1 und n) einsetzten sollte, wobei aber $m < n$ gesichert
erscheint.

Es liegt nahe, diese Analysen des Kriechvorganges polykristalliner Proben durch Modellversuche an besonders gezüchteten Bikristallen
zu ergänzen, um damit "reines" Korngrenzengleiten zu untersuchen.
Derartige Versuche wurden z.B. durchgeführt an Bikristallen von Pb
[3.109], [3.110], Al [3.111] und Cu [3.112]. Man darf jedoch nicht
erwarten, daß diese Versuche reines Abgleiten zweier unterschiedlich
orientierter Kristalle aufeinander realisieren. Vielmehr hat man schon
frühzeitig erkannt, daß reale Korngrenzen nicht streng planar, sondern mit Stufen und "Zacken" aller Art profiliert sind. Eine experimentell meßbare Abgleitung erfordert daher Akkomodationsprozesse
in einer Zone zu beiden Seiten der Korngrenze, welche deren Unebenheiten umschließt. Diese Akkomodationsprozesse können im Bereich niedriger Spannungen durch Diffusionsprozesse erfolgen.

Diese Möglichkeit ist mit bestechender Klarheit und Vollständigkeit von
Ashby und Raj theoretisch untersucht worden [3.113]. Ihre Ergebnisse
liefern "Gleit"-Geschwindigkeiten proportional zu $D_v\sigma/L_k$, in Übereinstimmung mit (3.40). Echte Korngrenzendiffusion (D_{gb}) macht sich
als Korrekturfaktor zu D_v bemerkbar:

$$D_{eff} = D_v[1 + (\pi\delta/\lambda)D_{gb}/D_v]. \qquad (3.43)$$

Hierbei ist δ die Dicke der Zone beschleunigter Diffusion parallel zur
Korngrenzenebene ($\delta \approx 1$ Gitterkonstante), λ der mittlere Abstand der
Unebenheiten in der Korngrenze. Nach (3.43) ist damit zu rechnen,
daß im Temperaturbereich um und oberhalb von $0,5\,T_m$ angenähert
$D_{eff} = D_v$ ist, wie in der vorangegangenen Darstellung angenommen.
An dieser Temperaturabhängigkeit ändert sich auch dann nichts, wenn
Versetzungsprozesse statt Diffusion die erforderliche Akkomodation bewirken: Ohne simultane Erholungsprozesse würden diese nämlich zur
Verfestigung der Nachbarzone der Korngrenze führen und f_g mit zunehmender Verformung ε stark herabsetzen - im Gegensatz zur Erfahrung. Also muß Erholung stattfinden, und diese ist ebenfalls diffu-
sionskontrolliert, mithin proportional zu D_v. Allerdings kann bei höheren Spannungen der Übergang von der Akkomodation durch Diffusion in
solche durch Versetzungsbewegungen den Spannungsexponenten von 1

auf höhere Werte bringen, was mit den zitierten Ergebnissen von Bell
und Langdon sowie Lagneborg und Attermo übereinstimmt.

Die Verformung eines Polykristalls erfordert nun außer der Korngrenzengleitung - die, wie wir gesehen haben, ebenfalls ein diffusionsbestimmter "mikro-plastischer" Prozeß ist - weitere Akkomodationsprozesse. Dies gilt insbesondere in der Nähe der sog.
T r i p e l p u n k t e , an denen drei Korngrenzen Y-förmig zusammen-
stoßen. An der Probenoberfläche machen diese Vorgänge sich bei
metallographischer Untersuchung als F a l t u n g e n deutlich bemerkbar [3.114], im Probeninneren kann man sie als lokalisierte erhöhte Versetzungsdichte bzw. verstärkte Subkornbildung nachweisen,
vgl. etwa [3.93]. Eine sorgfältige Bestandsaufnahme und Analyse
der Verformung von Polykristallen durch Korngrenzengleitung lie-
ferte kürzlich Gifkins [3.115].

Zusammenfassend läßt sich festhalten, daß Kornformänderung bei
Hochtemperaturverformung nur in Grenzfällen mit der Gesamtdehnung der Probe übereinstimmt. In der Mehrzahl der Bedingungen
trägt Korngrenzengleitung zur Gesamtverformung bei. Hohe Temperaturen, niedrige Spannungen, kleine Verformungsraten, feinkörniges Gefüge begünstigen einen hohen Anteil der Korngrenzengleitung
und umgekehrt. Korngrenzengleitung ist als solche ein komplexer,
im hier interessierenden Temperaturbereich diffusionsbestimmter
Vorgang. Die "Kompatibilität" (lückenlose Verbindung) der einzelnen Körner muß durch plastische Akkomodationsprozesse ge-
wahrt bleiben. Korngrenzenwanderung kann die Kornform in Richtung
auf ein isotropes Gefüge verändern und damit die nachträgliche Ermittlung des Anteils der Korngrenzengleitung an der Gesamtverformung erschweren.

3.3.2. Gleitgeometrie

Auch bei Temperaturen oberhalb von $0,5\,T_m$ verformen sich Kristalle
unter Last durch Abgleitung auf kristallographisch wohldefinierten
Gleitsystemen. Dies gilt für Einkristalle wie auch für Einzelkörner
in polykristallinen Gefügen. Einkristallproben, bei denen die Orien-

tierung zur Belastungsrichtung frei gewählt werden kann, eignen sich
besonders zur Indizierung der aktiven Gleitsysteme, die sich durch
Gleitstufen an der Oberfläche abzeichnen.

Die Rolle der Gleitsysteme für die Hochtemperaturverformung wurde
zuerst von McLean [3.116] an polykristallinem Al nachgewiesen und
herausgestellt. Spätere Untersuchungen [3.117] an Einkristallen
zeigten, daß das für kubisch-flächenzentrierte Metalle vorherr-
schende $\{111\} \langle 110 \rangle$ - Gleitsystem in der Tat auch bei hohen Temperaturen die Verformung von Al bestimmt; dies gilt auch für Cu [3.118].
In kubisch-raumzentrierten Metallen, die über keine dichtest gepackte
Ebene verfügen, stehen verschiedene Gleitebenen in Konkurrenz, die
alle die Raumdiagonale der Elementarzelle enthalten. Clauer et al.
[3.119] konnten an Mo-Einkristallen zwischen 0,5 und 0,76 T_m Glei-
tung sowohl im $\{110\} \langle 111 \rangle$- als auch im $\{112\} \langle 111 \rangle$-System feststellen. Hexagonale Metalle - wie Cd, Mg, Zn - weisen außer dem
normalen Basisgleitsystem $\{0001\} \langle 11\bar{2}0 \rangle$ mit steigender Temperatur zunehmende Beiträge von basisfremden Gleitsystemen auf.

Diese Aktivierung zusätzlicher Gleitsysteme mit steigender Temperatur (und Spannung) ist von besonderer Bedeutung für das Verformungsverhalten der Ionenkristalle. Wie Groves und Kelly [3.120] gezeigt
haben, wird die Möglichkeit zur plastischen Verformung polykristalliner Gefüge durch das F r a n k - v . M i s e s - K r i t e r i u m beherrscht; danach müssen mindestens fünf unabhängige Gleitsysteme in
einem Kristall operieren, um jede beliebige Gestaltsänderung zu erzielen, um also die Verformung eines Kristallverbandes ("Polykri-
stall") ohne Rißöffnung an den Korngrenzen zu ermöglichen. Dios ist
aber mit der für die NaCl-Struktur typischen $\{110\} \langle 110 \rangle$-Gleitsystem-
Familie nicht möglich, da diese nur zwei unabhängige Systeme ent-
hält [3.120]. Steigende Temperatur ermöglicht jedoch das "Anwerfen"
einer zusätzlichen Familie von Gleitsystemen mit drei unabhängigen
Mitgliedern, nämlich $\{100\} \langle 110 \rangle$. Damit ist das Frank-v. Mises-
Kriterium erfüllt und Verformung von polykristallinem Material dieser Struktur ermöglicht. Bei LiF erfolgt dieser wichtige Übergang
spröde-duktil z.B. zwischen 350 und 400°C [3.121].

Auch bei Einkristallen, für die bei geeigneter Orientierung schon
ein Gleitsystem zur Verformung ausreicht, verändert steigende
Temperatur das Kriechverhalten qualitativ, wie sich z.B. an Einkristallen aus MgO [3.122] und LiF [3.123] zeigen läßt. In beiden
Stoffen wird die Verformung von $\{110\}\langle 110\rangle$-Gleitung getragen. Erfolgt Zugbelastung parallel zu [001], so ist prinzipiell Einfachgleitung (engl.: single slip) in (011)[011] möglich, Abb. 3.34a. Mehr
Verformungsmöglichkeiten ergeben sich jedoch bei Betätigung mehrerer Gleitsysteme (M e h r f a c h g l e i t u n g, engl.: multiple slip),
die sich dann allerdings gegenseitig d u r c h d r i n g e n (engl.: i n t e r -
p e n e t r a t e) müssen. Wie Abb. 3.34b, c zeigt, sind hierbei zwei
Fälle denkbar, bei denen die Burgers-Vektoren der Versetzungen
einmal einen Winkel von 90°, einmal von 60° miteinander bilden.

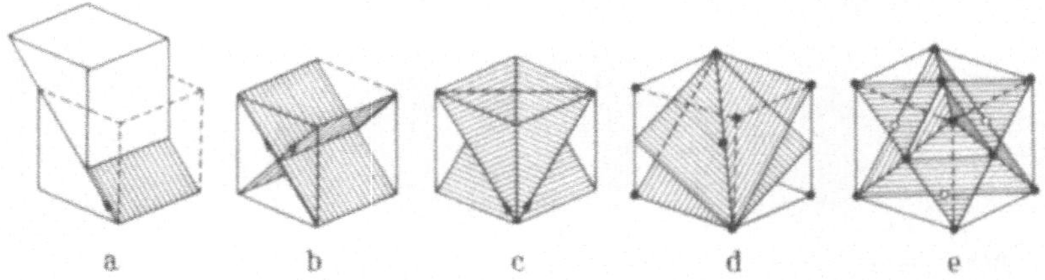

Abb.3.34. Gleitgeometrie. a) Einfachgleitung im Gleitsystem (101)
[101] der NaCl-Struktur. b) Durchdringung zweier $\{110\}$ $\langle 110\rangle$ Gleitsysteme; Burgers-Vektoren bilden Winkel von 90°. c) wie b, Burgers-
Vektoren bilden Winkel von 60°. d) $\{112\}$ $\langle 110\rangle$ - Gleitsysteme in kubisch-raumzentrierten Metallen. e) $\{111\}$ $\langle 110\rangle$ - Gleitsysteme in ku-
bisch flächenzentrierten Metallen.

Die zitierten Messungen an LiF und MgO zeigen nun, daß die Durch-
dringungsfähigkeit mit steigender Temperatur zunimmt (erst der
Typ b, dann c), so daß sich bei MgO oberhalb 1700°C alle Gleitebe-
nen durchdringen können ($\dot{\varepsilon} = 7\cdot 10^{-4}\,s^{-1}$). In diesem T-Bereich können also MgO-Einkristalle duktil bis zu einem "Messerschneiden-
Bruch" verformt werden. Bei LiF ist trotz gleichartigen Gitters
die Durchdringung vor allem nach Typ c weit stärker behindert als
bei MgO, so daß auch die Duktilität geringer ist. Das "Anspringen"
verschiedener Gleitsysteme, das Durchdringen und die Fähigkeit zum
Quergleiten (engl.: cross slip) hängen wie alle strukturellen Details

nicht allein von der Temperatur, sondern auch von der Belastung
bzw. Verformungsrate und vom Verunreinigungsgrad ab. Dies gilt
für metallische wie für nichtmetallische Werkstoffe. Der geschilderte kristallographische Charakter hat zur Folge, daß Einkristalle bei
Belastung in verschiedenen Gitterrichtungen zumindest bei kleinen
Verformungen unterschiedliches Verhalten zeigen, etwa LiF [3.124].

Ein wichtiges Beobachtungsergebnis seit der frühen Arbeit von McLean
[3.116] ist, daß das Abgleiten keineswegs auf atomar dispersen Ebenen, sondern auf paketweise gebündelten Gleitebenen, sog. Gleitbändern erfolgt. Diese liegen in ziemlich regelmäßigen Abständen
L_g nebeneinander, wobei zwischen Grob- und Feingleitung (engl.:
coarse/fine slip) unterschieden wird. Je höher die Spannung, desto
enger lagern sich die Gleitbänder aneinander. Die meisten neueren
Ergebnisse lassen sich als reziproke Beziehung

$$L_g \sim Gb/\sigma \tag{3.44}$$

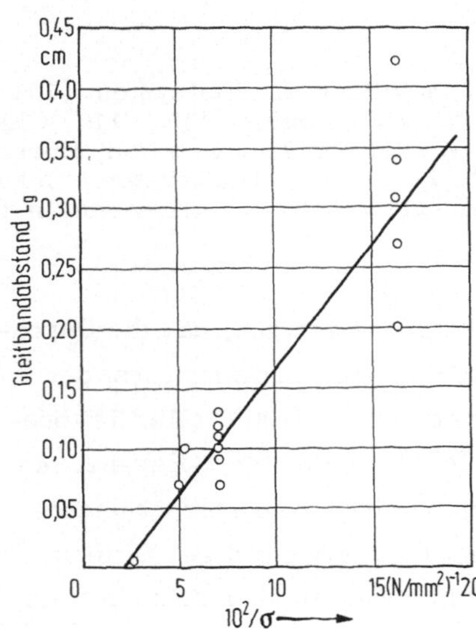

Abb.3.35. Abhängigkeit des
Gleitlinienabstandes von der
Spannung σ, für Mo [3.119].

darstellen, wobei die Temperatur kaum einen Einfluß hat, vgl. Daten
zu Mo [3.119] und NaCl [3.126], Abb. 3.35.

3.3.3. Substrukturen

Verformt man einen Kristall bei tiefer Temperatur, so führen die
Schneidvorgänge zwischen Versetzungen in einander durchdringenden
Gleitsystemen zur Multiplikation, d.h. zur Erhöhung der Versetzungsdichte. Die erhöhte Versetzungsdichte setzt die Fließspannung
herauf, führt also zu der bekannten Verfestigung. Bringt man
eine derart kaltverfestigte Probe auf höhere (diffusionsfähige) Temperatur, so tritt Erholung oder Entfestigung ein, die bei sehr
vielen Stoffen durch eine charakteristische Veränderung des Röntgen-
beugungsbildes begleitet ist. Letztere wird seit langem als Aufteilung
des verformten Gitters in relativ perfekte, aber gegeneinander um wenige Bogenminuten verdrehte Gitterbereiche interpretiert; diese wurden früher als "Mosaikblöcke" bezeichnet und lassen sich mit moder-
nen mikroskopischen Verfahren als Subkörner, begrenzt durch
Subkorngrenzen (Kleinwinkelgrenzen) ansprechen. Der Übergang vom
homogen kaltverformten Gefüge in die Subkornstruktur entspricht
etwa dem Übergang einer kontinuierlich gebogenen Gleitebene in einen
Polygonzug, an dessen Ecken jeweils Versetzungen liegen; man
spricht daher von Polygonisation.

Führt man die Verformung bei Temperaturen um $0,5\ T_m$ und höher
durch, so bilden sich Substrukturen im Sinne von Polygonisation bereits während der Verformung aus. Dies konnte wiederholt beobachtet
werden, und die Zahl der Untersuchungen über Substrukturen während
des Kriechvorganges hat in der letzten Zeit stark zugenommen. Bevor
wir versuchen, ihre Ergebnisse zusammenzufassen, soll ein Hinweis
auf Untersuchungen der Warmverformungs-Substruktur in verschiedenen Werkstoffen gegeben werden:
Aluminium und Legierungen: [3.127], [3.128], [3.125];
Kupfer: [3.129], [3.118], [3.130], [3.131];
Eisen und Stahl: [3.100], [3.132] bis [3.134], [2.101];
Molybdän, Tantal, Wolfram: [2.105], [3.140] bis [3.142];
Natriumchlorid, Lithiumfluorid: [3.143], [3.124], [3.144],
[3.145];
Magnesiumoxid: [3.146].

Welche allgemeinen Ergebnisse dieser Untersuchungen liegen nun
vor?

a) Substrukturen als angenähert isotrope Netzwerke von Kleinwinkelgrenzen bilden sich in der Mehrzahl der metallischen und nichtmetallischen Werkstoffe im Anfangsstadium der Hochtemperaturverformung
(Übergangskriechbereich) aus. Die Subkorngrenzen sind mit dem
Transmissions-Elektronenmikroskop (TEM) als regelmäßige Versetzungsanordnungen erkennbar, sie haben vorwiegend Kipp- (engl.:
tilt), seltener Dreh- (engl.: twist) Charakter. Ihr Aufbau geht oft
von den in früheren Verformungsstadien gebildeten Gleitbändern aus
und erfolgt durch schrittweises Anknüpfen (engl.: knitting) neuer
Versetzungen an den schon fertigen Teil der Grenze. Die hierzu erforderlichen Versetzungsreaktionen konnten z.T. genau analysiert
werden. Die Periode der Substrukturbildung ist - obwohl im Prinzip
ein Erholungsprozeß - mit einer Abnahme der Kriechgeschwindigkeit
bzw. einer Zunahme der Fließspannung im Verformungsversuch verbunden. Die Subkornbildung bei Warmverformung ist der Zellbildung
bei Kaltverformung verwandt, jedoch sind die "Hochtemperaturwände"
wesentlich perfekter, regelmäßiger geknüpft als die Zellwände unterhalb $0,3\,T_m$. Letztere haben mehr den Charakter von Versetzungs-
"Dickichten" (engl.: tangles).

b) In der Mehrzahl der untersuchten Stoffe fällt das Ende der Subkorn-
bildungsperiode mit dem Ende des Übergangskriechens und dem Beginn der stationären Verformung zusammen. Es bildet sich eine Sub-
korndurchmesserverteilung mit einem Mittelwert L_{sk} heraus, die
sich mit zunehmender Verformung nicht mehr ändert. Ob der mittlere Orientierungsunterschied (engl. oft: misorientation) zwischen den
Einzelsubkörnern sich mit ε vergrößert, ist noch nicht abschließend
geklärt. Die Mehrzahl der Autoren stellt fest, sie bliebe im stationären Bereich konstant, jedoch liegen auch gewichtige Hinweise auf Zunahme dieses Winkels (und damit der Versetzungsdichte in den Subgrenzen) vor. Die Isotropie der Subkörner bleibt auch bei hohen Verformungsgraden im wesentlichen erhalten, was nur durch teilweise
Auflösung und Neuknüpfung der Grenzen erreichbar ist. Solche Prozesse sind auch direkt im TEM beobachtet worden. Insgesamt ergibt
sich das Bild eines (unter wirkender Last) dynamischen Gleichgewichtes zwischen Auf- und Abbauprozessen der Subkorngrenzen.

c) Daß dieses Gleichgewicht spannungsabhängig ist, ergibt sich daraus, daß zumindest in einphasigen Stoffen L_{sk} eine Funktion der Spannung ist:

$$L_{sk} \sim Gb/\sigma \ . \tag{3.45}$$

Beispiele: Abb. 3.36. Die Analogie zu (3.44) ist auffällig, z.T. läßt sich zeigen, daß Gleitbandabstände und Subkorndurchmesser übereinstimmen. Spannungswechsel verschieben das erwähnte Gleichgewicht und führen zu einer reproduzierbaren Anpassung von L_{sk} gemäß (3.45), wozu jeweils eine erneute Übergangsperiode benötigt wird.

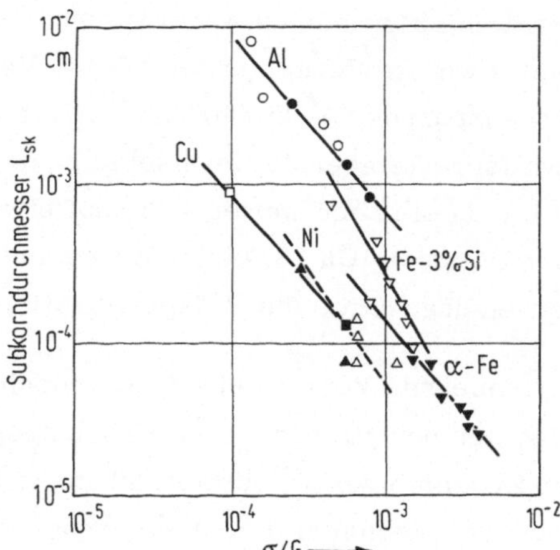

Abb.3.36. Abhängigkeit der Subkorndurchmesser von der Spannung σ; Zusammenstellung verschiedener Literaturangaben durch Mukherjee et al. [3.11].

d) Die Neigung zur Bildung von Substrukturen bei Warmverformung ist ebenso wie die Neigung zur Polygonisation nach Kaltverformung nicht bei allen Metallen bzw. Ionenkristallen einheitlich. Sie hängt von der Zusammensetzung ab, z.T. über die Stapelfehlerenergie.
e) In einer Reihe von Fällen (z.B. Eisen, Kupfer, NaCl, LiF) bilden sich zwei Kategorien von Subgrenzen aus: die einen stellen ein "Grobraster" dar; sie sind durch den zweiten Typ, der kleineren Orientierungsunterschieden entspricht, nochmals in Subkörner (2. Art) unterteilt.

3.3.4. Versetzungsdichte und innere Spannung

Abgesehen von Subkorngrenzen beobachtet man Versetzungen im Inneren der Subkörner bzw. bei solchen Materialien, die keine Subkörner ausbilden, im Korninneren. Hierzu gehören b e w e g l i c h e (engl.: mobile) Versetzungen, die als Träger der Abgleitung längs der Gleitebenen wirken und u n b e w e g l i c h e (engl.: sessile) Versetzungen. Letztere können durch Versetzungsreaktionen mit anderen Gleitsystemen entstehen. Wie groß ihr Anteil an der Gesamtversetzungsdichte ist, ist z.Zt. noch wenig bekannt. Messungen an Ge [3.352] weisen auf ca. 50 % hin.

Einphasige kristalline Werkstoffe, die vor Beginn der Verformung eine ausreichende Zeitspanne auf hoher Temperatur gehalten wurden, enthalten aufgrund von Erholungsprozessen innerhalb der Subkörner relativ wenige Versetzungen. Diese Versetzungsdichte ρ liegt in der Größenordnung 10^7 bis 10^8 cm^{-2}. Durch besondere Behandlungen (zyklische Temperaturwechsel kurz unterhalb der Schmelztemperatur) kann sie noch weiter - bis auf etwa 10^5 cm^{-2} - verringert werden; Beispiel: Cu [3.149]. Mit beginnender Verformung nimmt die Versetzungsdichte durch Multiplikationsprozesse zu.

Fortdauernde Verformung führt jedoch bei hohen Temperaturen infolge der bereits erwähnten Erholungsprozesse nicht zu fortdauernder Zunahme von ρ . Untersuchungen über den Verlauf der Funktion $\rho(\varepsilon)$ zeigen vielmehr übereinstimmend, daß sich bei konstanter Belastung nach einer Übergangsperiode eine angenähert konstante Versetzungsdichte einstellt, Abb. 3.37a. Im Übergangsbereich wird dabei oft nach ganz geringen Verformungsgraden ein Maximum von ρ beobachtet, das sich dann parallel zur Ausbildung der Subkornstruktur, Abschn. 3.2.3., wieder abbaut. Der Abschnitt konstanter Versetzungsdichte fällt bei den meisten Untersuchungen sowohl mit dem Abschnitt konstanter Subkorngröße als auch mit dem stationären Bereich der Kriechkurve $\varepsilon(t)$ bzw. $\dot{\varepsilon}(\varepsilon)$ zusammen. Auch dies geht aus Abb. 3.37 deutlich hervor.

Wie verhält es sich nun mit der Spannungs- und Temperaturabhängigkeit von ρ_s (Versetzungsdichte im stationären Bereich)? ρ_s ist das

Ergebnis einer Bilanz zwischen Erzeugungs- und Vernichtungspro-
zessen von Versetzungen. Wir müssen vermuten, daß beide sowohl
von der Spannung als auch von der im jeweiligen Zeitpunkt vorhande-

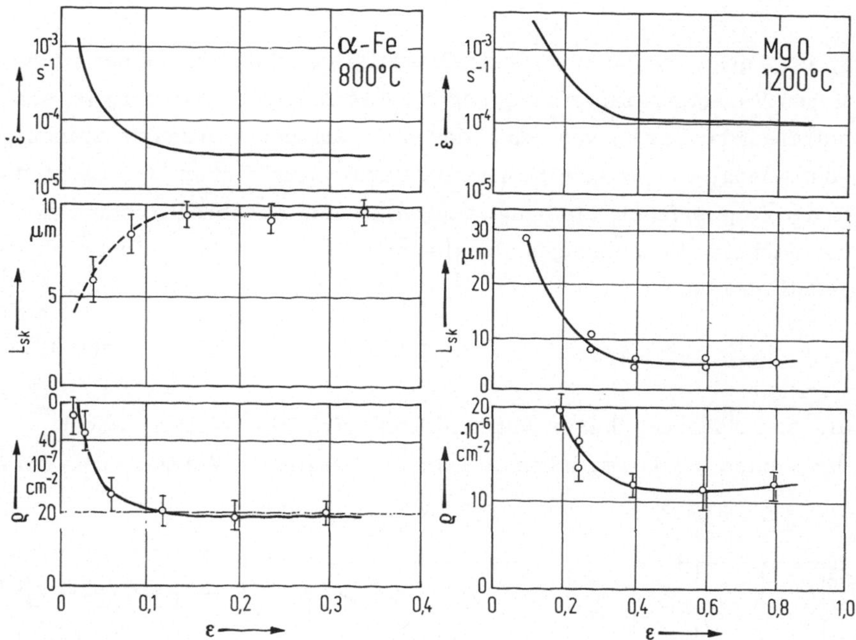

Abb.3.37. Subkorngröße d sowie Versetzungsdichte ρ im Zellinneren
als Funktion der Dehnung ε. In der ersten Zeile ist zum Vergleich die
Kriechrate $\varepsilon(\dot{\varepsilon})$ eingetragen. Links: Fe [3.156]; rechts: MgO [3.146].

nen Versetzungsdichte abhängen. Dieser Zusammenhang läßt sich
ohne ein umfassendes theoretisches Modell nicht vorhersagen. Ohne
viel Theorie kann man jedoch umgekehrt voraussagen, daß die jeweils
vorhandenen Versetzungslinien durch das sie umgebende Verzerrungs-
feld weitreichende Spannungsfelder in das Gefüge hineintragen. Diese
inneren Spannungen, im folgenden mit σ_i bezeichnet, sind
einer der wichtigsten Begriffe für das Verständnis der Verformungs-
prozesse. Nur der Anteil, der nach Abzug von σ_i von der außen angelegten Spannung übrig bleibt, steht für die Versetzungsbewegung,
also die eigentliche Verformung, zur Verfügung. Man bezeichnet ihn

als effektive Spannung

$$\sigma_{eff} = \sigma - \sigma_i \qquad (3.46)$$

(in der Literatur wird σ_{eff} gelegentlich auch mit σ^* bezeichnet).

σ_i ist - genau genommen - eine Ortsfunktion, die sich aus der räum-
lichen Versetzungsanordnung ergibt. Für unsere Betrachtung ist aber
nur die mittlere, von den anderen Versetzungen erzeugte Spannung
von Belang, welche eine bestimmte Versetzung in einer durchschnitt-
lichen Lage erfährt. Sie hängt zweifellos vom mittleren Abstand zu
den nächsten Versetzungen ab, also von der Versetzungsdichte. Be-
kanntlich kann

$$\sigma_i = \alpha Gb\sqrt{\rho} \qquad (3.47)$$

als gute Näherung dieser Mittelbildung betrachtet werden, wobei ρ
die Summe der beweglichen und der unbeweglichen Versetzungen dar-

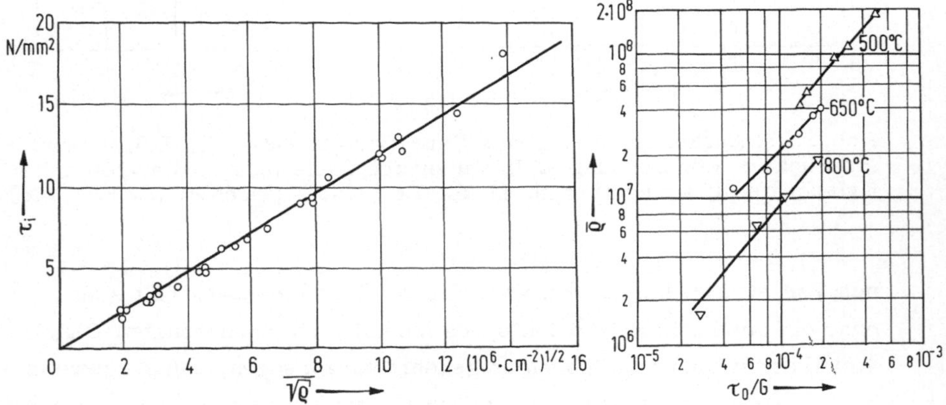

Abb.3.38. Spannungsabhängigkeit der Versetzungsdichte ρ am Beispiel
des LiF. a) Raumtemperatur, Auftragung gegen die innere Spannung
gemäß (3.47) [3.150]; b) erhöhte Temperatur, Auftragung gegen die
angelegte Spannung, vgl. (3.51) [3.19].

stellt. Der Zahlenfaktor α ergibt sich experimentell zu etwa 0,3
bzw. 0,6.

(3.47) ist bei niedrigen Temperaturen experimentell bestätigt: Man kann etwa bei konstanter Spannung einen Kristall so lange belasten, bis seine Verformungsgeschwindigkeit Null wird. Das ist offenbar dann der Fall, wenn so viele Versetzungen erzeugt wurden, daß nach (3.47) die inneren Spannungen gerade den Wert der äußeren erreicht haben, so daß die Versetzungen die von ihnen selbst erzeugten "Eigenspannungswände" nicht mehr überwinden können. Damit hat man σ_i und braucht nur noch eine präzise Messung der zugehörigen Versetzungsdichte, um (3.47) zu testen [3.150], Abb. 3.38.

Bei h o h e r Temperatur ist es nicht so einfach, σ_i experimentell zu bestimmen, weil die Versetzungsdichte sich mit der Zeit abbaut. Ein Verfahren dazu ist die in Abschn. 2.4 behandelte S p a n n u n g s r e l a x a t i o n. Hier ist der asymptotische Abfall von σ mit t bei $\varepsilon = $ const zu messen, der – bei einigem Glück – bei $\sigma = \sigma_i$ ein Plateau erreicht. Zumindest im stationären Bereich der Kriechkurve wird während eines zwischengeschalteten Relaxationstestes die Versetzungsdichte nicht verändert, wie Oikawa et al. nachweisen konnten [3.151]. Man kann auch mit einer Prüfmaschine von $\dot{\varepsilon}_1$ auf $\dot{\varepsilon}_2 < \dot{\varepsilon}_1$ springen und das Übergangsverhalten von σ nach dem Sprung messen (engl.: strain rate transient dip test [3.152]). Entsprechend kann im Kriechversuch die Last bzw. Spannung sprungartig abgesenkt und das Übergangsverhalten von $\dot{\varepsilon}$ gemessen werden (engl.: stress transient dip test [3.153], in modifizierter Form [3.133]). Beide Verfahren beruhen darauf, daß unmittelbar nach der Änderung der Verformungsbedingungen die Versetzungsanordnung noch erhalten bleibt und daß die außen angelegte Spannung n a c h dem Sprung (engl.: dip) größer, gleich oder kleiner als die innere Spannung v o r dem Sprung sein kann. Sie sind nicht unumstritten und bedürfen weiterer Ausarbeitung.

Die bisher vorliegenden Meßergebnisse sind weder zahlreich noch übereinstimmend. Wertebereiche für σ_i von 0,7 bis 0,9 σ werden für Fe-Si angegeben [3.152], von 0,45 bis 0,75 σ für Al-5Mg [3.154], von 0,08 bis 0,25 σ für einen austenitischen Stahl [3.134]. Die Abhängigkeit von der angelegten Spannung, darstellbar als

$$\sigma_i = \beta\sigma \, , \qquad\qquad (3.48)$$

ist nicht streng proportional, d.h., $\beta = \sigma_i/\sigma$ ist keine Materialkonstante. Z.Zt. kann noch nicht mit Sicherheit gesagt werden, ob bzw. in welchen Fällen $\beta(\sigma)$ mit wachsender Spannung zu- oder abnimmt. Letzteres wäre plausibler, bedeutet es doch, daß mit steigender Verformungsgeschwindigkeit ein größerer Anteil der insgesamt verfügbaren "Triebkraft" für die thermisch aktivierte Versetzungsbewegung eingesetzt wird. Um dies experimentell prüfen zu können, fehlen noch Messungen von σ_i mit mechanischen und von ρ mit mikroskopischen Methoden am gleichen Material.

Hingegen liegen in der Literatur zahlreiche Ergebnisse über die Versetzungsdichte ρ als Funktion der von außen angelegten Spannung σ vor. Vorausgesetzt, daß die innere Spannung σ_i wirklich von diesen Versetzungen - und nicht auch von den Subkorngrenzen - hervorgerufen wird, kann man aus solchen Meßdaten $\beta = \sigma_i/\sigma$ entnehmen, denn aus (3.47) und (3.48) folgt

$$\rho(\sigma) = \beta^2 (\sigma/\alpha Gb)^2 \, . \qquad\qquad (3.49)$$

Wenn β seinerseits von σ abhängt (s.o.), liefert eine solche Auftragung natürlich keine quadratische Abhängigkeit für $\rho(\sigma)$, Abb. 3.38b. Setzen wir etwa eine schwach hyperbolisch abfallende Funktion für β an,

$$\beta(\sigma) = \sigma_i/\sigma = (\sigma/\sigma_0)^{-1/m} \, , \quad \sigma \geqslant \sigma_0 \, , \qquad\qquad (3.50)$$

so folgt durch Einsetzen von (3.50) in (3.49)

$$\rho(\sigma) = \mathrm{const}\ \sigma^{2-2/m} \, . \qquad\qquad (3.51)$$

Mit $m = 4$ etwa würde $\beta \sim \sigma^{-1/4}$ und $\rho \sim \sigma^{1,5}$ sein, Abb. 3.39. Tatsächlich werden aus doppeltlogarithmischen Auftragungen überwiegend Potenzgesetze für $\rho(\sigma)$ mit $1,4 < n < 2,0$ gewonnen. Dies zeigt die folgende Literaturzusammenstellung:

Reineisen: [3.132], [3.156] (n≈2);

kubisch-raumzentrierte Eisenlegierungen:
(Fe-Mn-N): [3.77] (n≈2); (Fe-3Si): [3.157] (n<2); [2.101]
(n=1.4); [3.158] (n=1.3); [3.35] (n=3); [3.133] (n=1.05 und
1.43); (Fe-Mo) [2.18] (n=1.5);

kubisch-flächenzentrierte Eisenlegierungen:
(10Cr-35Ni) [3.100]· (20Cr-35Ni) [3.159] (n<2); (AISI Typ 304)
[3.133] (n=1.4 bis 2);

Kupfer: [3.163] (n=1.5);

Wolfram und W-Re: [3.140] (n=2.3);

Niob: [3.162] (n≈2);

Lithiumfluorid: [3.145] (n<2);

Magnesiumoxid: [3.146] (n=1.4);

Germanium: [3.161] (n=2).

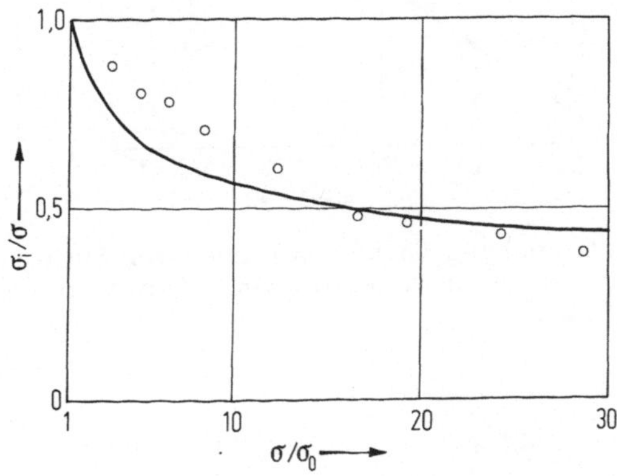

Abb.3.39. σ_i/σ als Funktion der angelegten Spannung (3.50) für
m = 4. Die eingezeichneten Kreise sind Meßpunkte an einer Legierung
mit 52,8 % Fe, 23,5 % Ni, 23,7 % Cr, T = 800°C [3.287].

Die zitierten Ergebnisse weisen also in der Mehrzahl auf einen mit

wachsender Belastung abnehmenden Anteil der inneren Spannungen,

$\beta = \sigma_i/\sigma$, hin.

Nachdem sowohl der Subkorndurchmesser L_{sk} als auch die Versetzungsdichte in eindeutiger und relativ einfacher Weise von der Spannung abhängen, liegt es nahe, die gegenseitige Abhängigkeit beider
Größen zu überprüfen. (Statt L_{sk} kann auch die Grenzfläche je cm^3

Reineisen: [3.132], [3.156] (n≈2);

kubisch-raumzentrierte Eisenlegierungen:
(Fe-Mn-N): [3.77] (n≈2); (Fe-3Si): [3.157] (n<2); [2.101]
(n=1.4); [3.158] (n=1.3); [3.35] (n=3); [3.133] (n=1.05 und
1.43); (Fe-Mo) [2.18] (n=1.5);

kubisch-flächenzentrierte Eisenlegierungen:
(10Cr-35Ni) [3.100]· (20Cr-35Ni) [3.159] (n<2); (AISI Typ 304)
[3.133] (n=1.4 bis 2);

Kupfer: [3.163] (n=1.5);

Wolfram und W-Re: [3.140] (n=2.3);

Niob: [3.162] (n=2);

Lithiumfluorid: [3.145] (n<2);

Magnesiumoxid: [3.146] (n=1.4);

Germanium: [3.161] (n=2).

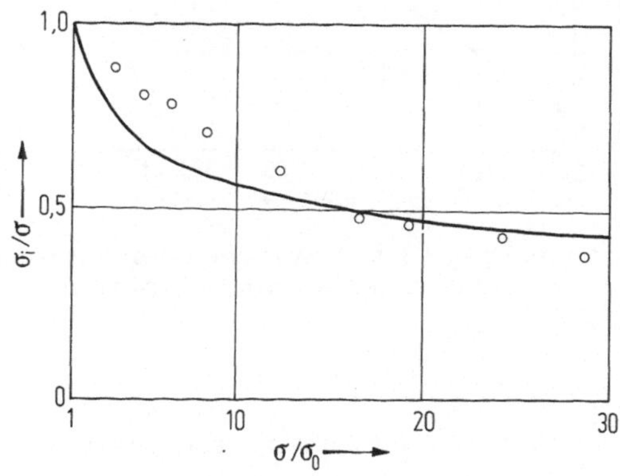

Abb.3.39. σ_i/σ als Funktion der angelegten Spannung (3.50) für
m = 4. Die eingezeichneten Kreise sind Meßpunkte an einer Legierung
mit 52,8 % Fe, 23,5 % Ni, 23,7 % Cr, T = 800°C [3.287].

Die zitierten Ergebnisse weisen also in der Mehrzahl auf einen mit
wachsender Belastung abnehmenden Anteil der inneren Spannungen,
$\beta = \sigma_i/\sigma$, hin.

Nachdem sowohl der Subkorndurchmesser L_{sk} als auch die Versetzungsdichte in eindeutiger und relativ einfacher Weise von der Spannung abhängen, liegt es nahe, die gegenseitige Abhängigkeit beider
Größen zu überprüfen. (Statt L_{sk} kann auch die Grenzfläche je cm^3

$\Psi = 1/L_{sk}$ herangezogen werden.) Abb. 3.40 zeigt, daß dieser Zusammenhang in der erwarteten Form

$$\Psi \sim \sqrt{\rho} \qquad\qquad (3.52)$$

sogar mit größerer Präzision erfüllt ist als die Spannungsabhängigkeiten (3.45) und (3.49).

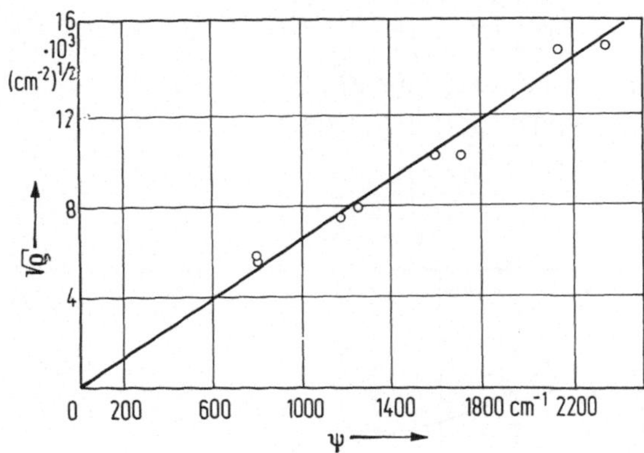

Abb.3.40. Zusammenhang (3.52) zwischen der Subkorngrenzflächendichte ψ und der Versetzungsdichte ρ im Subkorninneren; Beispiel: MgO, 1700°C [3.146].

Zusammenfassend läßt sich der Substrukturaspekt der Verformung unter gleichmäßiger Belastung bei hoher Temperatur so formulieren: Verformung eines gut erholten, versetzungsarmen Kristalls bzw. Korns führt anfangs zur Abgleitung auf wenigen Gleitsystemen, verbunden mit hoher Verformungsgeschwindigkeit und starker Zunahme der Einzelversetzungsdichte. Bereits nach geringen Verformungsgraden beginnt jedoch in der Regel der Aufbau von regelmäßigen Subgrenzen, die sich aus der Reaktion von laufenden Versetzungen aus jeweils zwei verschiedenen Gleitsystemen mit nachfolgenden thermisch aktivierten "Maschenbildungs"-Prozessen entwickeln. Dadurch wird die vorherige "Übersättigung" mit Einzelversetzungen abgebaut, gleichzeitig aber deren Laufweg begrenzt und im Ergebnis die Verformungsgeschwindigkeit herabgesetzt. Der Übergangsbereich mündet in ein dynamisches Gleichgewicht ein, welches sich durch Anknüp-

fungs- und Entknüpfungsprozesse zwischen den Versetzungen in den
Subkörnern und den Subkorngrenzflächen einstellt. Dieses strukturelle
Gleichgewicht mit stationären Werten von Subkorngröße und Versetzungsdichte fällt mit dem makroskopischen Zustand stationärer Verformung zusammen ($\dot{\varepsilon}$ = const für σ = const, T = const).

Falls die bislang spärlichen Hinweise sich bestätigen, wonach die
direkt gemessenen inneren Spannungen mit den aus der auszählbaren
Versetzungsdichte berechneten Werten übereinstimmen, wird man sagen dürfen, daß die "freien" Versetzungen - und nicht die Verset-
zungswände - die innere und damit auch die effektive Spannung festlegen. Ihre Konzentration stellt sich bevorzugt durch Reaktion mit
den Subkorngrenzen ein, deren Gesamtfläche sich deshalb aus der
Versetzungsdichte ableitet.

Der zuletzt genannte Zusammenhang ist eindeutig und reproduzierbar.
Bei Last- bzw. Geschwindigkeitswechseln stellt sich nach einer Übergangsperiode jeweils das neue Gleichgewicht mit den zusammengehö-
rigen Werten von $\dot{\varepsilon}, \sigma, \rho(\sigma_i), \Psi(\rho)$ ein. - Bei solchen Metallen, die
z.B. aufgrund sehr kleiner Stapelfehlerenergien keine Subkorngren-
zen aufbauen können, stellt sich das Gleichgewicht $\dot{\varepsilon}, \sigma, \rho(\sigma_i)$ durch
entsprechende Reaktionen in einem dreidimensionalen Netzwerk von
Einzelversetzungen ein.

3.4. Kriechverhalten mehrphasiger Gefüge

3.4.1. Vorbemerkung zur Bezeichnungsweise

Es ist zweckmäßig, individuelle Teilchen unabhängig von der Form
durch ihre g r ö ß t e   H a u p t a c h s e zu charakterisieren, weil diese
in unmittelbarem Zusammenhang mit der Erkennbarkeit im Mikroskop
und anderen wichtigen Größen steht. Wir bezeichnen diese Hauptachse
mit d, wobei ohne zusätzliche Kennzeichnung stets der Mittelwert einer
Größenverteilung verstanden werden soll. Das mittlere V o l u m e n des
Einzelteilchens ist dann $v_t = (\alpha d)^3$, wobei der Zahlenfaktor $\alpha = 1$ für
würfelförmige Teilchen, $\alpha = \sqrt{\pi/6}$ für Kugeln ist. Entsprechendes gilt
für Platten, Nadeln usw. Es ist stets $\alpha \leqslant 1$.

Die Anzahl der Teilchen je Volumeneinheit bezeichnen wir mit n_t.
Der Volumenanteil f_v dieser Teilchen am Gesamtgefüge ist

$$n_t v_t = f_v \leqslant 1 \; . \tag{3.53}$$

Der mittlere Abstand der Mittelpunkte zweier Teilchen ist

$$L_{tm} = n_t^{-1/3} = d\sqrt[3]{1/f_v} \; . \tag{3.54}$$

L_{tm} ist zu unterscheiden vom mittleren freien Abstand L_{tf} zwischen einzelnen Teilchen; für Würfel und Kugeln gilt

$$L_{tf} = L_{tm} - d = d(\sqrt[3]{1/f_v} - 1) \; . \tag{3.55}$$

3.4.2. Allgemeine Merkmale

Die derzeit wichtigsten technisch angewendeten Werkstoffgruppen mit
hoher Kriechbeständigkeit sind:

Gruppe A: warmfeste ferritische Stähle (niedrig legiert mit Cr,
Mo, V);

Gruppe B: hochwarmfeste Legierungen auf Ni- und Co-Basis (sog.
"Superalloys", z.B. unter Handelsnamen wie Nimonic
80 A bekannt);

Gruppe C: Werkstoffe mit Dispersionsverfestigung durch systemfrem-
de Teilchen (z.B. TD-Nickel, TD-Nichrome); hierher gehört als "Vorläufer" das SAP (engl.: Sintered Aluminium
Powder);

Gruppe D: mit Schutzschichten gegen Korrosionsangriff versehene
hochschmelzende Metalle und Legierungen (Mo, W, W-Re);

Gruppe E: (noch im Entwicklungsstadium): Faserverbundwerkstoffe
(engl.: fiber reinforced composite materials) und die
strukturell verwandten eutektischen Legierungen mit ge-
richteter Erstarrung (engl.: directional solidification,
DS).

Die erstgenannten drei Gruppen weisen ein mehrphasiges Gefüge auf,
genauer gekennzeichnet als metallische Matrix mit teilchenartig ver-
teilten Phasen (engl.: particulate dispersions). In Gruppe A sind
dies Fe_3C und Sonderkarbide, in Gruppe B vorwiegend geordnete
intermetallische Phasen (γ'-Phasen vom Typ Ni_3Al), in Gruppe C
Oxide, speziell ThO_2.

In Gruppe D kommen bislang vorwiegend einphasige Legierungen zum Einsatz, jedoch sind z.B. Untersuchungen über den Einfluß von Karbid- und Boridzusätzen auf das Kriechverhalten von Nb-W-Legierungen veröffentlicht worden [3.155]. Gruppe E ist wie A, B, C mehrphasig, wobei die zweite Phase nicht teilchenartig, sondern in sich zusammenhängend ist.

Alle drei Gruppen A, B und C weisen gegenüber den zugehörigen Matrixmischkristallen deutlich verbesserte Kriecheigenschaften auf. Abb. 3.41 stellt Meßergebnisse an kubisch-raumzentrierten Fe-Mo-Legierungen bei 760° und 100 N/mm^2 dar [3.195]. Die obere Kriechkurve gehört zu der einphasigen Matrix (4,6 Gew.-% Mo). Die beiden unteren Kurven gehören zu Legierungen mit derselben Matrixzusammensetzung, jedoch einem Anteil von 8,5 Vol.-% der intermetallischen

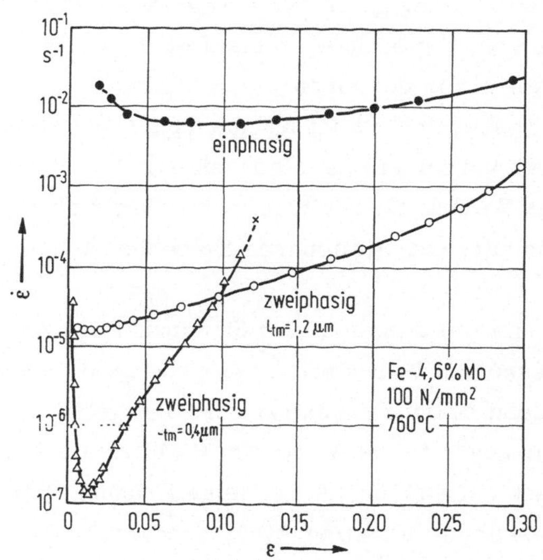

Abb.3.41. Vergleich der Kriechkurven von einphasigen und von verschieden vorbehandelten zweiphasigen Fe-Mo-Legierungen [3.195], vgl. Text.

λ-Phase. Die unterste unterscheidet sich von der mittleren Kurve nur dadurch, daß durch thermische Vorbehandlung die Teilchengröße d und damit auch der Teilchenabstand L_t um einen Faktor 3 kleiner eingestellt wurde. f_v ist für beide untere Kurven gleich.

Abb. 3.41 stellt einen typischen Fall dar. Faßt man die umfangreichen
Meßergebnisse an zahlreichen "teilchenartigen" Zwei-Phasen-Werk-
stoffen zusammen, so ergibt sich folgender Katalog, der (bis auf
Punkt 4) auch von Abb. 3.41 belegt wird:

1. Die Kriechgeschwindigkeiten zwei- und mehrphasiger Legierungen
sind bei gleichem T und σ um Zehnerpotenzen niedriger als die ihrer
einphasigen Matrix.
2. Je feiner die Dispersion, d.h. je kleiner bei gleichem f_v die Grös-
sen d und L_t sind, desto größer ist die Kriechbeständigkeit.
3. Die Spannungsabhängigkeit von $\dot{\varepsilon}$ (gemessen etwa durch n_{eff} oder
n' in Abb. 3.41) ist im mehrphasigen Bereich wesentlich stärker als
im einphasigen.
4. Die Temperaturabhängigkeit von $\dot{\varepsilon}$ (gemessen etwa durch Q_{eff})
ist in mehrphasigen Legierungen in der Regel deutlich, vielfach sogar
sehr viel stärker als in der einphasigen Matrix.
5. Der Übergangsbereich ε_1 ist bei mehrphasigen Werkstoffen in der
Regel wesentlich kürzer als bei einphasigen.
6. Mehrphasige Werkstoffe besitzen in der Regel eine geringere Duktilität und einen kürzeren stationären Kriechbereich als einphasige.

Punkt 1 übertreibt die Situation vom Standpunkt des Anwenders aus insofern, als dieser den Werkstoff vorwiegend nach seiner B e l a s t b a r -
k e i t (engl.: load bearing capacity) bei vorgegebener Betriebsdauer
und Temperatur beurteilt, entweder im Hinblick auf das Bruchrisiko
oder im Hinblick auf eine höchstzulässige Dehnung. Ihn interessiert
daher nicht so sehr die Funktion $\dot{\varepsilon}(\sigma)$, sondern ihre viel schwächere
Umkehrfunktion $\sigma(\dot{\varepsilon})$, vgl.Abschn. 3.2.1. Auch aus dieser Sicht ergeben sich jedoch beachtliche Werkstoffverbesserungen. Dies veranschaulicht z.B. der Vergleich einer homogenen Ni-Legierung mit
17,7 Gew.-% Cr gegenüber Nimonic 80 A, Abb. 3.42 (die Nimonic-
Matrix enthält rund 20 Gew.-% Cr).

3.4.3. Strukturelle Grundvorgänge
Daß die Hochtemperaturplastizität mehrphasiger Werkstoffe ebenso

wie die der einphasigen überwiegend von Versetzungen getragen wird,
ist keineswegs selbstverständlich. Sofern die dispersen Partikel

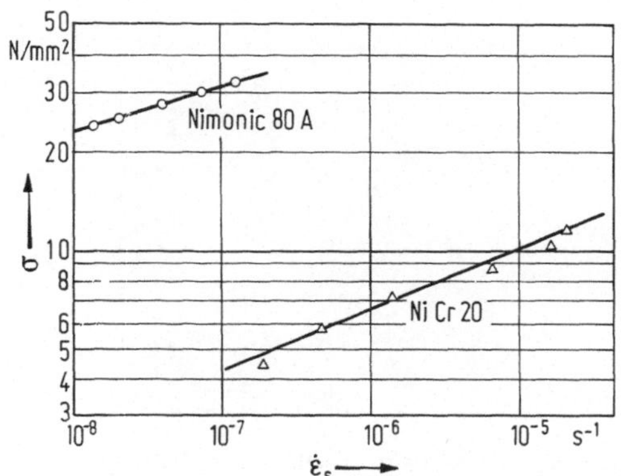

Abb.3.42. Vergleich der stationären Fließspannungen σ für verschiedene Verformungsgeschwindigkeiten ε̇ von NiCr 20 und Nimonic 80 A
[3.9].

hart sind, d.h., sofern sie unter den gegebenen Werten von T und
σ einen höheren Formänderungswiderstand haben als die Matrix, bau-
en sie unter der Wirkung einer äußeren Last starke lokale Spannungs-
gradienten auf, Abb. 3.43.

Solche Spannungsinhomogenitäten in Dispersionswerkstoffen sind als
Rißkeime (Abschn. 3.5) wohlbekannt und auch elastizitätstheoretisch
schon eingehend behandelt worden [3.164], [3.135]. Sie können daher Anlaß zu Diffusionsströmen geben, die im Sinne des Nabarro-
Herring-Kriechens ohne wesentliche Inanspruchnahme von Versetzungen die Plastizität dieser Werkstoffgruppe oberhalb $0,5\,T_m$ zu
tragen vermögen. Insbesondere wegen der im vorigen Abschnitt unter
Punkt 3 erwähnten hohen Spannungsabhängigkeit der Kriechrate ist
diese Vorstellung jedoch in der Literatur nicht weiter entwickelt worden.

Das Schwergewicht der Betrachtungsweise liegt auf Versetzungs-
mechanismen, insbesondere auf der Wechselwirkung zwischen

Versetzungen und Teilchen. Welche grundsätzlichen Möglichkeiten und welche experimentellen Hinweise gibt es? (Vgl. ausführliche Dar-

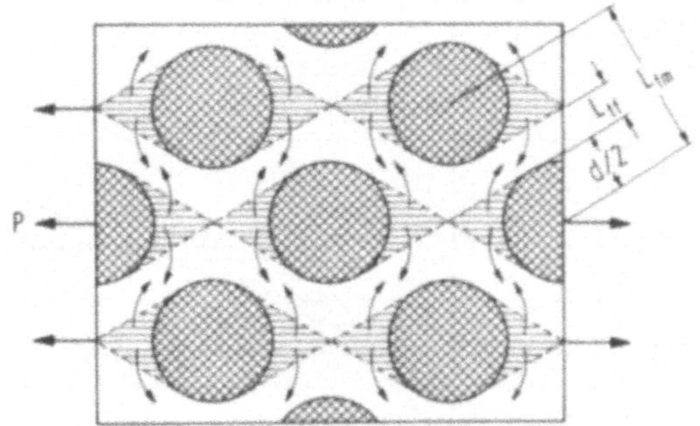

Abb.3.43. Schnitt durch eine zugbelastete Probe mit "harten" Partikeln einer zweiten Phase. Dilatationszonen horizontal schraffiert. Pfeile markieren spannungsinduzierte Leerstellenströme im Matrixgitter, die zur Probenverlängerung führen.

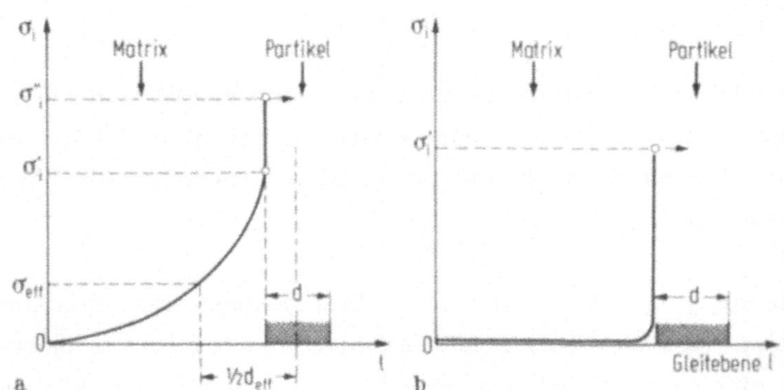

Abb.3.44. Darstellung der inneren Spannungen beim Anlaufen einer Versetzung a) gegen ein von Kohärenzspannungen umgebenes Teilchen, b) gegen ein kohärenzspannungsfreies Teilchen.

stellungen in Übersichtsartikeln, z.B. [3.136], [3.137].)

Bei Annäherung einer gleitenden Versetzung an ein Teilchen sind zwei Fälle denkbar (Abb. 3.44):

a) Das Teilchen ist von einem weitreichenden Spannungsfeld umgeben, das den inneren Spannungen zuzuordnen ist. Die Versetzung

"spürt" das Teilchen schon in einigem Abstand von der Grenzfläche.
Je nach der verfügbaren effektiven Spannung schiebt sie sich mehr
oder weniger nahe an das Teilchen heran. Der für die Versetzung
wirksame Teilchendurchmesser d_{eff} ist eine abnehmende
Funktion von σ_{eff} (Abb. 3.44a). Erst bei $\sigma_{eff} = \sigma_i'$ erreicht die Versetzungslinie die echte Oberfläche des Teilchens. - Dieser Fall wird
insbesondere bei K o h ä r e n z der Gitter von Teilchen und Matrix zu
erwarten sein; bei großer Übereinstimmung der beiden Gitter können allerdings die Kohärenzspannungen praktisch gleich Null sein.
Hohe Kohärenzspannungen beinhalten andererseits die Möglichkeit,
daß die Energie des elastischen Verzerrungsfeldes um ein Teilchen
herum durch die (kleinere) Energie einer inkohärenten Grenzfläche
zwischen Phase und Matrix abgelöst wird. Dieser "Spannungsabbau
durch Kohärenzverzicht" wird bei erhöhter Temperatur durch diffu-
sionskontrollierte Erholungsprozesse gefördert. Im hier interessierenden Bereich werden also entweder inkohärente Teilchen oder kohärente Teilchen mit geringen Kohärenzspannungen die Regel sein.
b) Das Teilchen ist inkohärent bzw. kohärenzspannungsfrei. Es wird
von der anlaufenden Versetzung erst gespürt, wenn ihr eigenes
Spannungsfeld seine Grenzfläche praktisch erreicht hat, Abb. 3.44b.

Als nächster Schritt bietet sich bei Gitterkohärenz der anlaufenden
Versetzung auch die Möglichkeit an, in ihrer Gleitebene durch das Teilchen hindurch zu laufen, es also zu s c h n e i d e n oder zu s c h e r e n.
Für harte Teilchen ist das Produkt Gb im Teilchen größer als in der
Matrix. Dies bedingt in der Regel einen zusätzlichen Energieaufwand
beim Einführen der Versetzung in die zweite Phase, entsprechend
einem Spannungssprung $\sigma_i'' - \sigma_i'$ an der Grenzfläche, Abb. 3.44a.
Ferner schafft das Schneiden eines Teilchens n e u e G r e n z f l ä c h e
zwischen Phase und Matrix, Abb. 3.45, von der Größenordnung
$b\,d\,\gamma_g$ mit γ_g als spezifischer Grenzflächenenergie. Schließlich ist
die zweite Phase in vielen Fällen g e o r d n e t, z.B. γ' in Nimonic.
Durchlauf einer Versetzung schafft daher zusätzlich im Inneren des
Teilchens A n t i p h a s e n g r e n z f l ä c h e (engl.: antiphase boundary,
APB). Auch diese Energie muß von außen aufgebracht werden.

Insgesamt tragen also vier Beiträge dazu bei, daß ein größerer Anteil σ_i der von außen angelegten Spannung zur Überwindung langreichweitiger bzw. ausgedehnter Hindernisse abgezweigt werden muß: Kohärenzspannungsfeld - Gb-Differenz - Grenzfläche Teilchen/Matrix - Antiphasengrenze. Nur der nach diesem "Vorwegabzug" verbleiben-

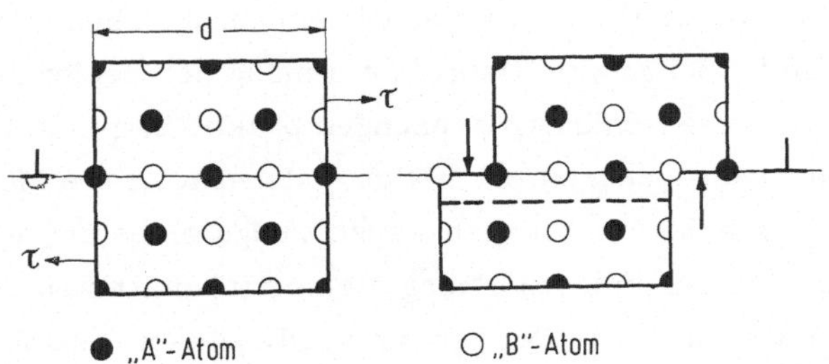

Abb.3.45. Zum Energieaufwand beim Schneiden eines kohärenten Teilchens: Schaffung von neuer Grenzfläche Teilchen/Matrix (Pfeile) und von innerer Antiphasengrenzfläche (gestrichelt).

de Spannungsanteil $\sigma_{eff} = \sigma - \sigma_i''$ steht für die Überwindung von Energieschwellen atomarer (punktförmiger) Ausdehnung sowohl in der Matrix als auch im Teilchen zur Verfügung - d.h. für den geschwindigkeitsbestimmenden, thermisch aktivierten Vorgang der stationären plastischen Verformung.

Diese Modellvorstellung unterliegt den meisten Deutungen der Kriechbeständigkeit der Ni-, NiCr- und Co-Basislegierungen mit γ'-Ausscheidungen, vgl. etwa den zusammenfassenden Bericht von Raynor und Silcock [3.138]. TEM-Beobachtungen, auch an Einkristallen, belegen diese Annahmen, [3.147] [3.148]. Während die Mehrzahl der Versetzungen in der γ-Matrix beobachtet wird, sind Schneidprozesse der erwähnten Art einwandfrei festgestellt worden. Insbesondere konnten charakteristische Versetzungspaare gesehen werden. Sie entstehen dadurch, daß jeweils die erste Versetzung, welche ein geordnetes γ'-Teilchen schneidet, Antiphasengrenze aufbauen und entsprechend viel Spannung aufwenden muß. Die jeweils nachfolgende Versetzung hebt die APB unter Rückgewinnung der Energie wieder auf. Für sie ist daher σ_i'' kleiner als für ihre Vorläuferin, so daß sie dieser unmittelbar nachfolgt. Die Analogie zu den zwei Partialversetzungen, die einen Stapelfehler einschließen, ist eng.

Können auch inkohärente Teilchen von Matrixversetzungen geschnitten werden? Genau genommen sicher nicht, denn die Gleitsysteme des inkohärenten Teilchens gehen nicht in die der Matrix über. Andererseits sind die vor dem inkohärenten Teilchen liegenden Matrixversetzungen von einem Spannungsfeld umgeben, das auch innerhalb der anderen Phase eine endliche Komponente in mindestens einem der phasenspezifischen Gleitsysteme induziert. Übersteigt diese Komponente die kritische Schubspannung, so wird sich das Teilchen verformen. Dabei kann es zur Absorption eines Stückes der anlaufenden Matrixversetzung an der einen Seite der inkohärenten Grenzfläche und zur Emission eines entsprechenden Stückes an der anderen Seite kommen. Demnach verhält das System sich so, als ob die Versetzung das inkohärente Teilchen geschnitten hätte.

Ansell [3.139] hat diese Möglichkeit für TD-Nickel erörtert. Für dieses Material finden sich jedoch gerade keine elektronenmikroskopischen Bestätigungen (ein weiteres - energetisches - Gegenargument s.u.). Für Karbide in warmfesten Stählen wird man solche indirekten Schneidvorgänge jedoch sicher berücksichtigen müssen, zumal eine Reihe von ihnen kubische Gitter besitzen. Leider liegen auch hierzu keine überzeugenden Meßergebnisse vor.

Wenn der Gesamtaufwand an effektiver Spannung zum Durchschneiden des Teilchens (σ_i'' in Abb. 3.44) sehr groß wird, nimmt die Wahrscheinlichkeit zu, daß die Versetzung auf den Schneidprozess verzichtet und statt dessen eine U m g e h u n g (engl.: bypass) vornimmt. Der Gedanke, daß harte Teilchen in der Gleitebene von der Versetzung nach Art der Abb. 3.46 umschlungen werden, stammt von Orowan [3.190] und ist von Fisher, Hart und Pry [3.160] sowie von Ashby [3.165] ausgebaut worden. Im Prinzip handelt es sich um eine Bilanz des Energieaufwandes (für die Verlängerung der Versetzungslinie) gegenüber dem Energiegewinn (durch Abgleitung der in Abb.3.46 schraffiert gezeichneten Fläche). Indem die "Orowan-Schleife" sich ausdehnt, nähern sich antiparallele Versetzungsstücke, Abb. 3.46a.

Dies führt zu gegenseitiger Anziehung und damit zur Auslöschung
(Abb. 3.46b). Die Anschlußenden strecken sich glatt. Damit hat die
Versetzungslinie das Teilchen überwunden, ohne es zu schneiden.
Voraussetzung ist, daß die für den Orowan-Prozeß erforderliche

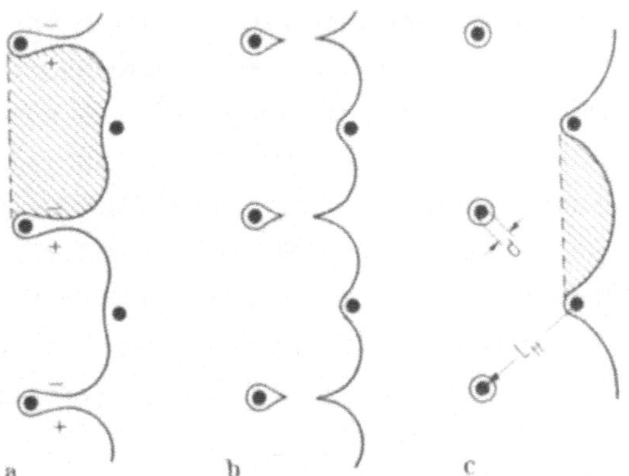

Abb.3.46. Umgehung harter Teilchen durch Versetzungen innerhalb
der Gleitebene nach Orowan.

Maximalspannung σ_i''' bzw. die entsprechende Schubspannung kleiner
ist als die Schneidspannung σ_i'' (s.o.). In erster Näherung gilt

$$\sigma_i''' = (1/\pi)\,Gb/L_{tf} \,. \qquad\qquad (3.56)$$

Orowan-Ausbiegungen lassen sich in TEM-Bildern identifizieren, vgl.
etwa [3.137]. Darüber hinaus stimmen z.B. aus (3.56) berechnete
Fließspannungswerte gut mit Meßwerten überein, Abb. 3.47. Diese
Meßwerte zeigen zugleich, daß im vorliegenden Fall ($Ni-ThO_2$) das
Schneiden der Teilchen (s.o.) eine höhere Spannung erfordert hätte

Daß umgekehrt im Falle der Superlegierungen mit γ'-Verstärkung der
Schneidprozeß günstiger ist als der Orowan-Prozeß, hängt nicht nur
damit zusammen, daß γ'-Teilchen "weicher" sind als ThO_2. Vielmehr
fehlt bei dem hohen Volumenanteil der γ'-Phase am Gefüge dieser
Legierungen ($f_v \approx 0,6$) der Platz für die Schleifenbildung nach Abb. 3.46,
im Gegensatz zu "Orowan-fähigen" Werkstoffen wie SAP oder TD-Ni
mit $f_v \approx 0,02$ bis 0,08. Raynor und Silcock [3.138] weisen allerdings

darauf hin, daß im Laufe des Kriechens durch Teilchenvergröberung,
Abschn.3.4.6., große γ'-Partikel mit entsprechend großen Abständen
L_{tf} entstehen. Solche Teilchen können dann durch den Orowan-Mechanismus von den Versetzungen einzeln umgangen werden.

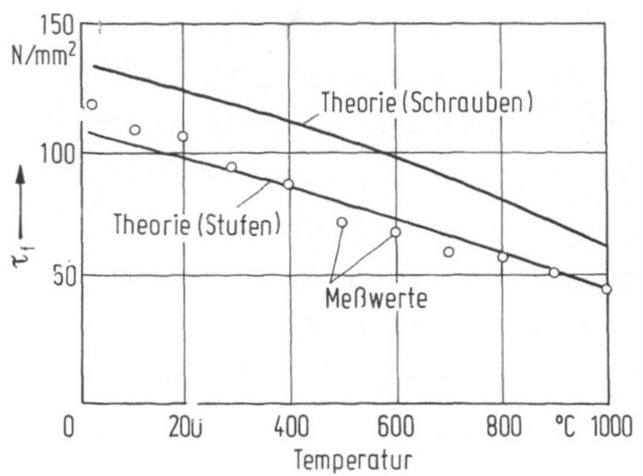

Abb.3.47. Fließ-(Schub-)spannung von rekristallisiertem TD-Ni als
Funktion der Temperatur. Meßwerte: Punkte; Orowan-Spannung für
Stufen bzw. Schrauben: ausgezogene Kurve [3.137].

Im übrigen ist zu beachten, daß der Orowan-Mechanismus zwar die
erhöhten Fließspannungen, nicht aber das Langzeitkriechverhalten
bei hoher Temperatur im Sinne stationärer Verformung erklären kann,
und zwar deshalb nicht, weil er zwangsläufig zur Verfestigung
führt: Die nach Durchlauf einer Versetzung an den Teilchen zurückgelassenen Ringe (Abb. 3.46c) vergrößern durch ihr weitreichen-
des Eigenspannungsfeld den scheinbaren Teilchendurchmesser d_{eff}
und erschweren so die Bewegung nachfolgender Versetzungen. Bei
konstanter äußerer Spannung wird daher die verfügbare effektive
Spannung immer kleiner. Schließlich kommt die Verformung zum
Stillstand, während die Teilchen von immer mehr Ringen - evtl. auf
verschiedenen Gleitebenen - umzogen werden.

Derselbe Vorbehalt besteht gegenüber dem Mechanismus der Teil-
chenumgehung durch Quergleitung (engl.: cross slip)[3.164],
[3.165]: Auch dieser "Trick" kann nämlich nichts daran ändern, daß
alle Gitterebenen des einen Halbkristalls der Matrix relativ zu denen
des anderen Halbkristalls um einen Burgers-Vektor "versetzt" wer-

den. Liegt in dieser Gleitebene ein nicht schneidbares Teilchen, so
muß für jede durchlaufende Versetzung eine der Teilchengröße entsprechende Scheibe aus der nächstanliegenden Halbebene herausge-
trennt und vor dem Teilchen zurückgelassen werden, während hinter
ihm eine Halbebene mit entsprechendem "Fenster" herausgleitet,
Abb. 3.48. Scheibe und Fenster (Leerstellenscheibe) sind im TEM als
ringförmige, von Stufenversetzungen begrenzte Ringe (engl.: prismatic loops) oder als "Fußballtor"-ähnliche Ausbauchungen der weiter-
laufenden Versetzungslinie erkennbar. Orowan- und Quergleitmechanismus unterscheiden sich nur in den Details dieses Grundvorganges
und in der Lage und Form der zurückgelassenen Ringe. Auch der Aufwand an Energie bzw. Spannung ist von derselben Größenordnung, in
vielen Fällen für Quergleitung höher [3.137].

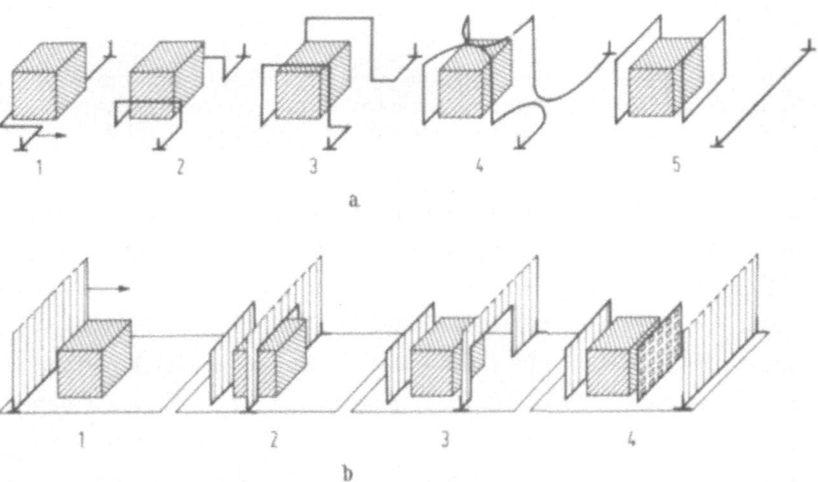

Abb.3.48. Überwinden eines harten Teilchens durch eine Stufenversetzung. a) Mitwirkung quergleitender Schraubenkomponenten.
b) Prinzip der Bildung prismatischer Ringe; links mit Zwischen-
gitter-, rechts mit Leerstellencharakter. a5 und b4 stellen identi-
sche Zustände dar.

Diese Details sollen aber hier nicht eingehender verfolgt werden, da
eben weder der Orowan- noch der Quergleitmechanismus die Hochtemperaturplastizität mehrphasiger Werkstoffe erklären kann. Hierzu
müssen vielmehr Diffusionsprozesse mitwirken. Sie allein sind

in der Lage, beim Durchlauf einer Versetzung Atome aus Matrix-
halbebenen "um das Teilchen herum" zu transportieren, damit das Zu-
rückbleiben von Versetzungsringen in der Gleitebene oder von prisma-
tischen Schleifen senkrecht zur Gleitebene vermieden wird und makroskopisch meßbare stationäre Verformung erfolgen kann.

Eine S c h r a u b e n versetzung kann mit Hilfe von Diffusionsvorgängen
ein Teilchen ganz ähnlich wie beim Quergleiten überwinden, nur mit
dem Unterschied, daß es gar nicht erst zur Entstehung von "prismatic
loops" kommt, Abb. 3.49. S t u f e n versetzungen können harte Teilchen durch K l e t t e r n überwinden. Dabei werden die der Teilchengröße entsprechenden scheibenförmigen Ausschnitte durch atomare
Diffusion um das Teilchen herum transportiert; schleifenartige "Rück-
stände", die zur Verfestigung führen könnten, bilden sich nicht.

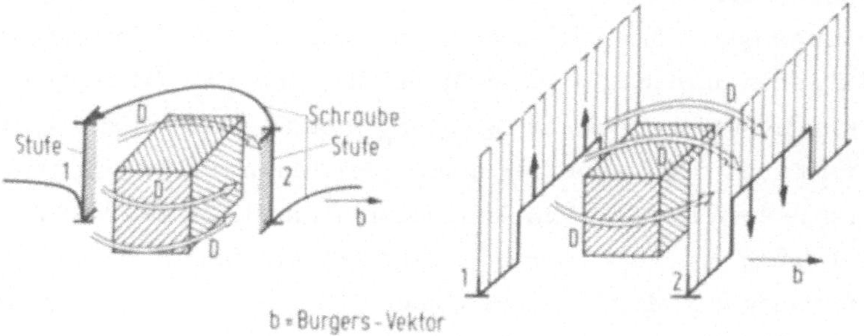

Abb.3.49. Links: Eine Schraubenversetzung überwindet nach Quergleitung ein hartes Teilchen in der Gleitebene durch Diffusionstransport (Doppelpfeile "D") zwischen den Stufenkomponenten 1 und 2. -
Rechts: Desgl. für zwei Stufenversetzungen; Nr. 1 klettert auf das
Teilchen herauf, Nr. 2 wieder herunter.

Die erwähnten Diffusionsvorgänge sind spannungsinduziert. Ohne Gegenwart einer mechanischen Schubspannung als Triebkraft haben Atome bzw. Leerstellen in Abb. 3.49 keinen Anlaß zur Ortsveränderung.
Je stärker die Diffusionsströme sein sollen, desto mehr effektive
Spannung σ_{eff}^{D} muß ihnen angeboten werden (vgl. Abschn. 3.6.7.).
Der Bedarf an σ_{eff}^{D} richtet sich natürlich nach der geforderten Verformungsgeschwindigkeit $\dot\varepsilon$. Je höher $\dot\varepsilon$, desto mehr σ_{eff}^{D} muß zur

Verfügung stehen. Oberhalb einer kritischen Verformungsrate wird
das zugehörige $\sigma_{eff}^{D} > \sigma_i''$ bzw. σ_i''' werden. Tritt dies ein, so entfällt das diffusionsgesteuerte Überklettern zugunsten entweder von
Partikelscherung oder von Orowan- bzw. Quergleitumgehung. Im
letzteren Fall führt weitere Verformung zu zunehmender Verfestigung, letztlich zum Bruch vor Eintritt stationärer Verformung. Umgekehrt wird man im Kriechversuch bei kleinen Lasten vorwiegend
Kletterprozesse, mit zunehmender Last in zunehmendem Maße Scher-,
Orowan- und Quergleitprozesse erwarten.

Der Spannungsanteil σ_{eff}^{D} , der für diffusionsgesteuerte Teilchenüber-
windung an den betreffenden "Krisenpunkten" (Abb. 3.49) eingesetzt
werden muß, fehlt für die Versetzungsbewegung innerhalb der Substruktur der Mischkristallmatrix.

Zusammenfassend können wir daher die sehr starke Verbesserung der
Kriechfestigkeit durch Teilchendispersionen wie folgt verstehen: Von
der äußeren Spannung σ ist nicht nur die durch das Versetzungsnetzwerk bedingte innere Spannung $\sigma_i = \sigma_{iv}$ gemäß (3.47) abzuziehen,
sondern zusätzlich ein dispersions- oder teilchenbedingter Anteil σ_{it}.
σ_{it} ist je nach Lastbereich, Teilchenstruktur, Kohärenz und Volumen-
anteil durch σ_i'' , σ_i''' oder σ_{eff}^{D} gegeben. In jedem Fall wird die für die
Verformung der Matrix verbleibende effektive Spannung bei gleicher
äußerer Belastung wesentlich kleiner als im einphasigen Mischkri-
stall. Wenn man sich nun an die sehr starke Abhängigkeit $\dot{\varepsilon}(\sigma_{eff})$ erinnert (Abschn. 3.2), wird klar, daß die Kriechgeschwindigkeit des
mehrphasigen Materials sehr viel kleiner als die des einphasigen ist.

3.4.4. Indirekte Einflüsse

Partikel in mehrphasigen Werkstoffen üben auch indirekt Einfluß auf
das Verformungsverhalten unter Kriechbedingungen aus. Diese indirekten Einflüsse erfolgen über das Gefüge bzw. die Substruktur des
Materials.

Die besprochene direkte Wechselwirkung Teilchen/Versetzung führt zu
einer Verankerung und Stabilisierung der Versetzungsanordnung, insbesondere der Zellstruktur. McLean [3.166] und Lagneborg [3.167]

fassen diese Substruktur als dreidimensionales Netzwerk auf, das
durch eine Maschenweite R_m charakterisiert ist. Der für das stationäre Kriechen erforderliche Erholungsprozeß besteht dann in einer
Zunahme von R_m, und eben dieser wird durch die Verankerung an
den Teilchen behindert. Betz [3.195] hingegen sieht zumindest bei
Dispersionen mit $L_{tf} \approx 1\,\mu m$ den wesentlichen Einfluß in der Fixierung
der Subkorngrenzen. Dadurch wird deren Beitrag zum Versetzungsab-
bau begrenzt, also indirekt wieder die Erholung behindert und damit
der Kriechwiderstand des Materials erhöht. Inwieweit dies durch die
erzwungene Konstanz der Subkorngröße L_{sk} oder aber durch Lähmung
des Absorptionsvermögens der Subkorngrenzen für Versetzungen bedingt ist, kann z.Zt. noch nicht mit Sicherheit gesagt werden.

Unter Umständen kann die Fixierung der Einzelversetzungen durch
die Teilchen auch bewirken, daß der komplizierte Prozeß des Aufbaus
von Subgrenzen im Primärstadium der Verformung gar nicht stattfinden kann. In diesem Fall bleibt das schon erwähnte dreidimensio-
nale Netzwerk erhalten, wie z.B. an einem austenitischen Stahl mit
bzw. ohne Ausscheidungen beobachtet wurde [3.159].

Nicht nur die Subkorngrenzen, sondern auch die Korngrenzen werden
durch ausgeschiedene Phasen stabilisiert. Dieser indirekte Einfluß
kann sich dreifach auswirken:

a) Die Teilchen verhindern die Rekristallisation des Materials nicht
nur während der Herstellung, sondern auch während des Kriechens.
Die Entstehung versetzungsarmer rekristallisierter Gefügebereiche,
die zu lokalem Übergangskriechen mit sehr geringem Verformungs-
widerstand führen, wird so verhindert (vgl. Abschn. 3.6.4.). Dieser
Einfluß wird z.B. als wesentlicher Faktor diskutiert für aushärtbare
Al-Legierungen [2.63], [3.204], für TD-Ni [3.172] und für W- bzw.
Ta-Dispersionswerkstoffe [3.169], [3.170].
b) Die Teilchen behindern die Korngrenzenwanderung, d.h. ihre Verschiebung normal zur Grenzfläche, vgl. Beobachtungen an oxid-dis-
persionsverfestigtem Pb [3.171].
c) Die Teilchen behindern die Korngrenzengleitung.

Die beobachteten sehr starken Unterschiede in $\dot{\varepsilon}$ für ein- und mehrphasige Werkstoffe lassen sich mit der Unterbindung von dynamischer Rekristallisation bzw. von Korngrenzenwanderung allein sicher nicht erklären. Die Behinderung der Korngrenzengleitung ist in Parallele zu setzen zur Behinderung der Verformung des Korninneren: Waren es dort die Teilchen, die einen Spannungsanteil $\sigma_{it} > 0$ zu ihrer Überwindung verbrauchten, so sind es hier wieder die Teilchen, die das Abgleiten durch aufwendige Akkomodationsprozesse verlangsamen.

Viele Beobachtungen, insbesondere von Wilcox und Clauer an TD-Ni und TD-NiCr [3.28], [3.137], [3.172], weisen darauf hin, daß der Anteil des Korngrenzengleitens an der Gesamtverformung bei den mehrphasigen Werkstoffen trotzdem besonders hoch ist. Dies liegt einmal an der ohnehin sehr niedrigen Korngröße L_k (Wegfall der Rekristallisation bei der Herstellung), die gemäß (3.41) einen hohen Korngrenzenanteil fördert. Zum anderen führt jeder Verfestigungsmechanismus im Korninneren zu kleineren effektiven Spannungen für Versetzungsprozesse, und auch kleine Spannungen erhöhen nach (3.41) den r e l a t i v e n Anteil γ der Korngrenzen an der Gesamtverformung, auch wenn ihr A b s o l u t betrag durch die Teilchen ebenfalls stark reduziert wurde.

Wilcox und Clauer (1.c.) heben in diesem Zusammenhang noch einen indirekten Effekt hervor, der sich bei dispersionsverstärkten Werkstoffen wie TD-Ni bemerkbar macht. Diese Werkstoffe weisen von der Herstellung her oft ein sehr langgestrecktes und stabiles Feinkorngefüge auf; das Länge: Breite-Verhältnis (engl.: grain aspect ratio) beträgt oft 10:1 bis 20:1. Belastet man diese Werkstoffe in der Längsrichtung ihrer faserartigen Körner, so liegen nur sehr wenig Korngrenzenabschnitte günstig orientiert für Abgleitung. So ausgerichtete Proben haben daher durch Wegfall der Korngrenzengleitung eine wesentlich höhere Kriechfestigkeit als transversal ausgerichtete, Abb. 3.50.

3.4.5. Abhängigkeiten der Kriechgeschwindigkeit in mehrphasigen Gefügen

Trotz der umfangreichen Literatur über das mechanische Verhalten mehrphasiger Werkstoffe auch bei hoher Temperatur liegen nur wenige exakte Daten über die Abhängigkeit der Kriechgeschwindigkeit von Temperatur, Spannung, Volumenanteil und Teilchengröße der Fremdphase vor. Bei vielen Angaben ist ungeklärt, ob die gemessene Kriechrate einen stationären Zustand darstellt, einem Übergangsbereich oder bereits dem tertiären Bereich entspricht. Viele Veröffentlichungen beschränken sich auf qualitative Angaben oder die Wie-

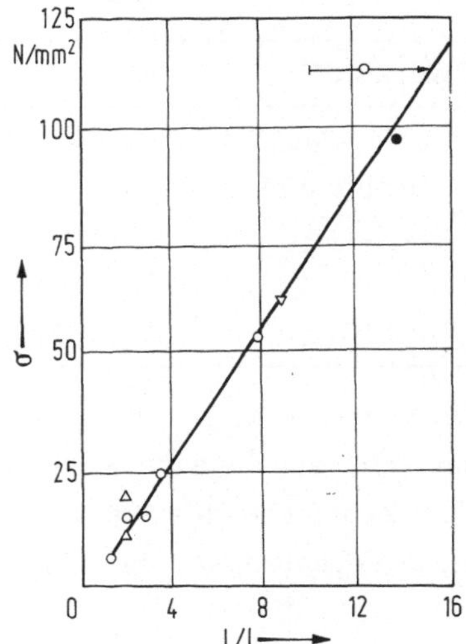

Abb.3.50. Abhängigkeit der Spannung σ, die bei 1100°C eine Kriechrate von 10^{-2} %/h = $2,8 \cdot 10^{-6} s^{-1}$ erzeugt, vom Längen/Breiten-Verhältnis der Körner. Verschiedene dispersionsverfestigte Werkstoffe auf Ni-Basis [3.137].

dergabe und Diskussion von Zeitstandschaubildern. Im übrigen wird eine Fülle von Detailbeobachtungen mitgeteilt, wozu auf die Originalliteratur verwiesen werden muß.

Wie bereits in Abschn. 3.4.2. erwähnt, sind hohe Werte von n_{eff} und Q_{eff} typisch für das Verhalten mehrphasiger Werkstoffe. Für n_{eff} werden dabei u.a. folgende Werte angegeben: 6,8 (Fe-Mo mit Mo_2C [2.24]); 12 bis 25 temperaturabhängig (Fe-11 % Mo mit λ-Phase [3.173]); 20 für Mg mit 0,5 % Zr [3.177], 7,4 für Nimonic 80 A (statt 4,8 für NiCr20) [3.9]; 9,7 (Zugrichtung senkrecht zur Achse der langgestreckten Körner) bzw. 24,3 (Zugrichtung parallel, s.o.) für TD-NiCr [3.28]; 40 für TD-Ni [3.172]. Offensichtlich sind diese Spannungsexponenten lediglich Kennwerte, welche in Wirklichkeit kurze Intervalle einer exponentiellen Funktion wie (3.13) annähern,

vgl. Abschn.3.2.1. Viele Autoren verwenden daher auch gleich diese
Art der Beschreibung. Der Koeffizient B in $\exp(B\sigma)$ hängt deutlich
vom Gefügezustand (Herstellungsverfahren, Vorbehandlung) und z.T.
auch direkt von der Temperatur ab.

Für die Aktivierungsenergie Q_c werden im Einklang mit Abschn.3.4.2.
fast immer Werte angegeben, die größer als Q_{sd} sind, Tab. 3.2.

Tab. 3.2. Aktivierungsenergie des Kriechens

Werkstoff	Lit.	Q_c in kJ/mol	Q_{sd} in kJ/mol
$Fe-Mo-Mo_2C$	[2.24]	920	270
Nimonic 80A	[3.9]	410	260
$Ni-\gamma'$-Leg.	[3.180]	560	280
TD-Ni	[3.172]	795	260
TD-NiCr	[3.28]	385	295

Besonders kraß sind die Verhältnisse bei SAP, wo mit der Temperatur stark zunehmende Werte zwischen Q_{sd} ($\approx$ 150 kJ/mol) und fast
dem Zehnfachen hiervon ermittelt werden, [3.174] bis [3.176]; ähnliche Verhältnisse liegen bei einer Mg-Zr-Legierung vor [3.177].

Ganz spärlich sind quantitative Angaben über die Abhängigkeit
$\dot{\varepsilon}(f_v, L_{tf}, d)$. Erste Hinweise finden sich bei Dorn et al. [3.178]
über Al-Legierungen mit 3 bis 5 % Cu. L_{tf} war durch verschiedene
Wärmebehandlungen zwischen 6 und 70 μm eingestellt worden; bei
niedrigen Temperaturen und hohen Lasten erwiesen sich die feineren
Dispersionen gegenüber den groben als kriechbeständiger und umgekehrt. Der gleiche Legierungstyp wurde mit ähnlichen Ergebnissen
später nochmals von Grant und Mitarbeiter [3.196] untersucht.

Prnka und Foldyna [2.84] geben für einen CrMo-Stahl Diagramme
über die Abhängigkeit der Zeit bis zum Bruch unter gegebener Last
(t_B) von L_{tf} an, die als $t_B \sim L_{tf}^{-3,5}$ gelesen werden können. Milička
et al. [3.174] zeigen für SAP, daß der Parameter B in (3.13) mit
steigendem Al_2O_3-Gehalt etwa wie $f_v^{-1/2}$ absinkt. Diese Aussage besagt jedoch wenig, da die Werte der Teilchengrößen und -abstände,

die zu den unterschiedlichen f_v gehören, nicht mitgeteilt werden. Clauer und Wilcox [3.179] finden an zwei TD-Ni-Sorten (mit d = 220 und d = 550 Å), daß die Meßergebnisse mit der Beziehung $\dot{\varepsilon} \sim L_{tf}^2/d$ konform sind, jedoch ist diese Aussage nur mit wenig Daten belegt.

Ausführliche Angaben finden sich bei Wilshire et al. [3.181] über das Kriechverhalten einer Cu-0,8 Co-Legierung bei 440°C, 75 N/mm^2. Das Material enthält kohärente Ausscheidungen, $30 < d < 250$ Å. $\dot{\varepsilon}_s$ ergibt sich für Teilchen mit mehr als 60 Å Durchmesser als proportional zu d^3, hier gleichbedeutend mit L_{tf}^3, Abb. 3.51. Der Korngrenzenanteil an der Gesamtverformung nimmt, wie oben erörtert, mit feiner werdender Dispersion zu.

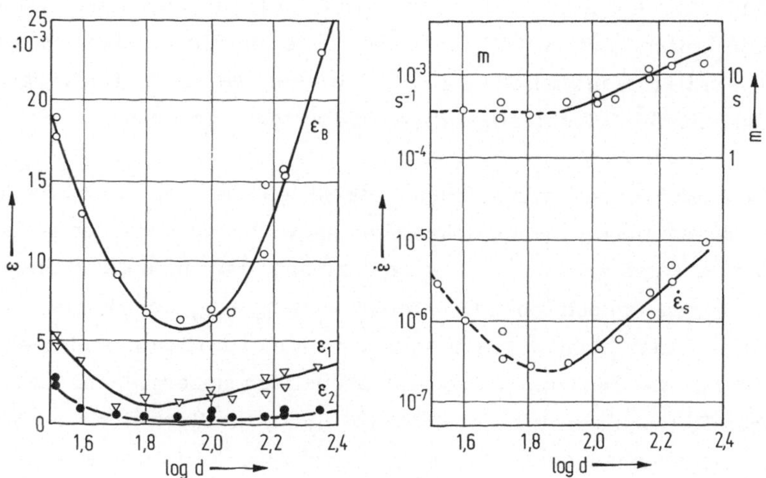

Abb.3.51. Einfluß der Teilchengröße d bei konstantem Volumenanteil auf Duktilität und Kriechverhalten einer zweiphasigen Cu-Co-Legierung, nach Wilshire et al. [3.181], T = 440°C.

Abschließend mögen aus dem ausführlichen Bericht von Wilcox und Clauer [3.137] folgende historische Daten über dispersionsverfestigte Hochtemperaturwerkstoffe im engeren Sinne zitiert werden: SAP wurde 1949 in der Schweiz entwickelt [3.182]. Später befaßten sich Grant und Mitarbeiter [3.183] mit dem System Ni-Al$_2$O$_3$ und bald auch mit Ni-ThO$_2$ [3.184]. Bei Du Pont gelang dann der für die Entwicklung von TD-Ni entscheidende Schritt der gleichzeitigen Fällung

von Ni und ThO$_2$, so daß auf dem Wege über sehr feine Pulver schließlich Endprodukte mit 50 bis 1000 Å Teilchengröße und sehr gleichmäs-
siger Verteilung hergestellt werden konnten [3.185].

3.4.6. Zeitliche Änderungen des Mehrphasengefüges

Da alle Beobachtungen zeigen, daß ein besonders hoher Formänderungswiderstand durch mehrphasige Werkstoffe mit möglichst feinverteilten
Teilchen erzielt wird, muß man von der Anwendungsseite her daran interessiert sein, einen solchen Gefügezustand nicht nur herzustellen,
sondern auch während der Einsatz- oder Betriebsdauer des Werkstoffes beizubehalten. Nun werden gerade diese Werkstoffe für Anwendungen über sehr lange Zeiten bei mittleren Temperaturen (z.B. 100 000 h
bei 500°C) oder über kurze Zeiten bei hohen Temperaturen (z.B. 100 h
bei 1050°C) konzipiert, in jedem Fall also für lange temperaturkompensierte Zeiten $Z = t \exp(-Q_c/RT)$. Damit ist die Gefahr d i f f u s i o n s g e -
s t e u e r t e r U m w a n d l u n g s p r o z e s s e , welche $L_{tf}(t)$ vergrößern
und damit die Kriechfestigkeit verschlechtern, gegeben.

Gehen wir zunächst von solchen Materialien aus, die zu Beginn der
Kriechbelastung im chemischen Gleichgewicht ihrer Phasen untereinander (also zu etwa 100 % ausgeschieden) waren, so sind diese
doch wegen der endlichen Grenzflächenenergie γ_g der Partikel der
zweiten Phase nicht wirklich stabil. Sie v e r g r ö b e r n sich vielmehr mit der Tendenz, insgesamt Grenzflächenenergie einzusparen.
Große Teilchen wachsen auf Kosten kleiner, die Verteilung der Teilchendurchmesser verschiebt sich zu größeren Mittelwerten - ein (in
diesem Fall absolut unerwünschter) Prozeß, der als O s t w a l d - R e i -
f u n g (engl.: Ostwald ripening oder particle coarsening) bezeichnet
wird.

Die Theorie der Ostwald-Reifung wurde ursprünglich für Dispersionen
in fluiden Medien entwickelt [3.186], [3.187] und beruht auf dem zusätzlichen Beitrag der Größenordnung $\gamma_g \Omega/r$ zum chemischen Potential gelöster Atome an einer Phasengrenze, welche die Krümmung r
aufweist. Für den mittleren Teilchendurchmesser d(t) als Funktion
der Zeit ergibt sich

$$d^3 - d_0^3 \approx (Dc_1 \gamma_g \Omega / kT)\, t = Kt \; . \tag{3.57}$$

Hierbei ist d_0 der Wert von d für $t = 0$, D der Diffusionskoeffizient der "langsamsten" am Phasenaufbau beteiligten Atomsorte, c_1 die Löslichkeit in der Matrix für große d, Ω das Atomvolumen. Die Gültigkeit von (3.57) für feste Metallegierungen wurde mehrfach bestätigt.

Hervorzuheben wären die Untersuchungen von Ardell und Nicholson [3.188] über die Vergröberung der γ'-Phase in Ni-Basis-Legierungen. Hübner [2.46] konnte das "$t^{1/3}$-Gesetz" für Mo-UO$_2$-Cermets nachweisen. Qualitative Hinweise über die Vergröberung der Karbide in legierten Stählen finden sich z.B. in Arbeiten von Kuo [3.189] sowie Crafts und Lamont [3.197]; beide betreffen CrMoV-Stähle und stellen fest, daß einige Karbide (vor allem Cr_7C_3) schneller vergröbern als andere (z.B. Mo_2C, TiC, evtl. $Cr_{23}C_6$).

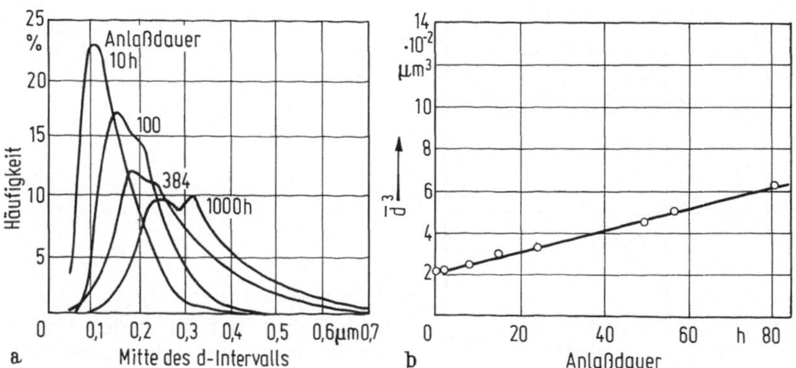

Abb.3.52. Vergröberung der Karbide in einem Stahl mit 2,4 % Cr bei 700°C. a) Größenverteilungskurven; b) Auftragung von d^3 (gemittelt) über der Zeit [3.191].

Eine quantitative Untersuchung über die Ostwald-Reifung von Fe_3C, M_3C, M_7C_3 und $M_{23}C_6$ in unlegierten sowie in Cr-Stählen erfolgte durch Mukherjee et al. [3.191]. Aus dieser Arbeit ist Abb. 3.52 entnommen. Es zeigt sich, daß die Vergröberungsrate in der Reihenfolge Fe_3C - M_3C - $M_{23}C_6$ - M_7C_3 abnimmt. Die kinetische Analyse zeigt,

daß in der Mehrzahl der Fälle die Vergröberung gemäß (3.57) durch
Diffusion (von Cr) bestimmt wird. Bei Fe_3C läßt sich dieses Konzept
nicht anwenden, möglicherweise wird hier wegen der hohen Diffusions-
rate des Kohlenstoffes die Einbaurate an der Grenzfläche geschwindigkeitsbestimmend.

Deutliche Unterschiede zwischen dem Verhalten rekristallisierter und
nur angelassener Stähle (letztere vergröbern schneller) weisen auf
die Mitwirkung der Versetzungen als "Kurzschlüsse" für die Trans-
portvorgänge bei der Teilchenvergröberung hin. Diese Vermutung
wird durch Mukherjee und Sellars [3.192] sowie Pschenitzka [3.193]
bestätigt, welche die Zunahme der mittleren Teilchengröße in Chrom-
stählen bei gleichzeitiger Warmverformung elektronenmikroskopisch
(Abdruck bzw. TEM) verfolgt haben, Abb. 3.53. Kreye [3.194] konnte den Beitrag der Versetzungskurzschlüsse für die Ostwald-Reifung
in zuvor kaltgewalzten Ni-γ'-Legierungen nachweisen.

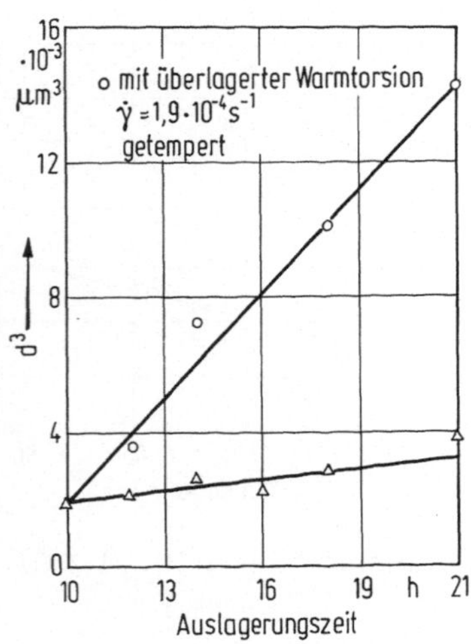

Abb.3.53. Erhöhung der Vergröberungsrate durch überlagerte Warmverformung für
Cr-Stahl, tordiert mit $\dot{\gamma}=1,9\cdot$
$10^{-4}s^{-1}$ bei 700°C [3.193].

Eine hohe Gefügestabilität [kleines K in (3.57)] läßt sich somit
mit folgenden Möglichkeiten erzielen:

a) D ist klein zu halten, d.h. langsam diffundierende Atome sind in
die festigkeitssteigende Phase einzubauen (Mo in Karbide).
b) c_1 ist klein zu halten, d.h. es sind möglichst thermodynamisch

stabile Phasen zu verwenden (V_4C ist besser als Cr_7C_3, dieses besser als Fe_3C in Stahl). Im Extremfall kann man Phasen einbauen, die sich in der Matrix praktisch gar nicht lösen ($c_1 = 0$), wie Al_2O_3 oder – noch besser – ThO_2 in Ni. Dies ist der Grundgedanke der TD-Ni-Entwicklung.

c) Wenn die Maßnahme a bereits voll ausgenutzt und b nicht anwendbar ist (z.B. bei γ'-Phasen in NiCr-Matrix), kann durch gezielte Legierungszusätze (Al/Ti-Verhältnis) die Grenzflächenenergie herabgesetzt und damit die Ostwald-Reifung verlangsamt werden. Allerdings wird dadurch in der Regel auch die Kohärenzspannung (vgl. Abschn. 3.4.3.) und damit die Raumtemperaturfestigkeit verringert.

d) Es ist nach Möglichkeit rekristallisiertes Gefüge einzusetzen, um Teilchenvergröberung durch dichte Versetzungsanordnungen zu vermeiden, die vom Herstellungsprozeß herrühren. Dabei wirkt sich allerdings als Nachteil aus, daß Festkörperdispersionen besonders schlecht rekristallisieren – eine Eigenschaft, die während der Beanspruchung im Einsatz als Vorteil gilt, Abschn. 3.6.4. Im übrigen ist je nach Verwendungszweck zu entscheiden, ob die bessere Alterungsbeständigkeit des rekristallisierten Gefüges höher zu bewerten ist als die höhere Festigkeit des kalt- oder kalt-warmverfestigten Materials.

In Werkstoffen, die auf komplexeren als binären Systemen basieren, ist Ostwald-Reifung nicht die einzige Gefügeänderung bei Langzeitbeanspruchung. Ein typisches Beispiel hierfür sind die legierten ferritischen Stähle, deren Zeitstandverhalten entsprechend ihrer großen technischen Bedeutung oft untersucht wurde, von einzelnen Forschern wie in groß angelegten Gemeinschaftsversuchen. Wir zitieren nur lückenhaft die zusammenfassenden Darstellungen von Argent et al. [3.4] und von Woodhead und Quarrell [3.198] sowie einige Arbeiten über CrMo- und CrMoV-Stähle [3.199] bis [3.203].

Die umfangreichen und detaillierten Ergebnisse dieser Arbeiten lassen sich etwa wie folgt verallgemeinert darstellen: Der viele Zehnerpotenzen betragende Unterschied in den Diffusionskoeffizienten von Kohlenstoff einerseits und Legierungselementen andererseits in Stäh-

len hat zur Folge, daß beim Normalglühen wie beim Anlassen aus dem
martensitischen Zustand primär ein Karbid entsteht, welches in seiner Metallkomponente der Stahlzusammensetzung recht ähnlich, d.h.
eisenreich, ist. Andererseits hat die wesentlich größere Affinität
insbesondere von Mo, V, Nb zu C (gegenüber Fe-C) zur Folge, daß
eine thermodynamische Triebkraft zur (nachträglichen) Anreicherung
der Karbidphase mit diesen Elementen besteht. Die Kinetik dieser Anreicherung wird durch die Diffusion der eingebauten Elemente durch
das kubisch-raumzentrierte Ferritgitter bestimmt. Strukturelle Gründe haben zur Folge, daß oberhalb bestimmter Anreicherungsgrade ein
anderes Karbid gegenüber dem primären stabil wird. Nach längeren
Haltezeiten erfolgt also eine Umbildung bzw. sekundäre Ausscheidung,
z.T. auch eine Sequenz solcher Prozesse, in Cr-Stählen etwa

$$M_3C \rightarrow M_7C_3 \rightarrow (M_7C_3 + M_2C) \rightarrow M_{23}C_6$$

oder in Cr-V-Stählen

$$M_3C \rightarrow (M_3C + V_4C_3) \rightarrow (V_4C_3 + M_7C_3) \rightarrow (V_4C_3 + M_{23}C_6).$$

Die Ansicht zahlreicher Autoren ist, daß diese Karbidumwandlung
nicht in situ, d.h. durch Phasenumwandlung der primären Karbide erfolgt, sondern durch einen erneuten Prozeß von Keimbildung
und Wachstum aus der Matrix heraus. Erfolgt dieser Prozeß unter
mechanischer Beanspruchung, d.h. während des Kriechens, so ist
mit deutlicher Beschleunigung dieses sekundären Ausscheidungsvor-
ganges durch die Versetzungen zu rechnen, in deren Umgebung nicht
nur starke Verzerrungsfelder, sondern auch lokal stark überhöhte
Leerstellenkonzentrationen und damit günstige Voraussetzungen für
heterogene Keimbildung existieren. Am Beispiel der Ausscheidung in-
termetallischer Phasen aus Fe-Mo-Mischkristallen konnte nicht nur die
Beschleunigung durch überlagerte Warmverformung nachgewiesen
werden; vielmehr ließ sich zeigen, daß dieser Effekt nicht auf verstärkte Diffusion während der Wachstumsperiode, sondern auf be-
schleunigte Keimbildung zurückzuführen ist [3.205], vgl. auch [3.56].

Die Ausscheidung der Sekundärkarbide an Versetzungen wirkt sich erwartungsgemäß auf das mechanische Verhalten aus. Es resultiert eine starke Wechselwirkung, s. Abschn. 3.4.3, mit entsprechender Verankerungswirkung bzw. Herabsetzung der effektiven Spannung. Infolgedessen kann es zu einer Verringerung der Kriechrate bei konstanter Last kommen, welche den entgegengesetzten Effekt des Ostwald-Reifung überkompensiert und Verfestigung herbeiführt, die auch als "latente" oder "sekundäre Härtung" bezeichnet wird.

3.4.7. Einfluß thermomechanischer Vorbehandlung

Eine Wärmebehandlung vor dem Einsatz bzw. vor der Messung beeinflußt die Verformungseigenschaften eines Werkstoffes insoweit, als Gefügeparameter verändert werden, die sich auf den Zusammenhang $\dot{\varepsilon}(\sigma)$ auswirken. In einphasigen Gefügen ist dies die Korngröße L_k, Abschn. 3.2.3; in mehrphasigen kommen Teilchengröße d und Teilchenabstand L_t hinzu, bei komplexen Legierungen außerdem die mehr oder weniger vom Gleichgewicht abweichende Phasenzusammensetzung, Abschn. 3.4.6. Die sich hieraus ergebenden Möglichkeiten sind durch die vorangehenden Abschnitte über den Zusammenhang zwischen Gefügezustand und Verformungsverhalten erfaßt.

Berücksichtigen wir nun noch die Rolle der Versetzungsanordnung, so liegt es nahe, das Hochtemperatur-Festigkeitsverhalten auch über gezielte Veränderungen der Substrukturen, Abschn. 3.3.3, zu verbessern. Hierzu genügt eine Wärmebehandlung nicht. Vielmehr werden wir eine geeignete Folge von Wärmebehandlungen und Verformungsschritten bei passend gewählten Temperaturen anzuwenden haben. Man bezeichnet dies als thermomechanische Vorbehandlung (engl.: thermomechanical pre-treatment/processing).

Die Abb. 2.9 und 3.37 sowie die Abschn. 3.3.3 und 3.3.4 erläutern, warum thermomechanische Vorbehandlung bei einphasigem Material höchstens über die Korngröße einen geringen Effekt auf die Kriechgeschwindigkeit bei gegebener Last ausüben könnte, sofern man die stationäre Verformung betrachtet. Das Gleichgewicht der Erzeugungs- und Vernichtungsprozesse baut nämlich in diesem Bereich eine eindeutig von T und σ abhängige, von der Ausgangs-Substruktur hingegen

unabhängige Versetzungsanordnung auf. Vorbehandlungseffekte sind
nicht zu erwarten und treten auch nicht ein.

Anders ist die Situation bei kleinen Dehnungen, wie sie im Bereich
des Übergangskriechens und bei der Spannungsrelaxation vorliegen. Beide haben große technische Bedeutung: das Übergangskriechen deshalb, weil die konstruktiv zulässigen Verformungen
überwiegend in diesem Bereich liegen, vgl. Abschn. 3.1.2.; die Spannungsrelaxation, weil sie die Abnahme der Festigkeit vorgespannter
Schraubenverbindungen bei erhöhter Temperatur (Kessel-
und Turbinenbau) kontrolliert [3.206], [3.207]. In diesen Dehnungsbereichen hat sich noch keine stationäre Substruktur ausgebildet. Die
Vorbehandlung bestimmt weitgehend die innere und damit auch die effektive Spannung im Werkstoff und kontrolliert so die Verformungsgeschwindigkeit. Z.B. können im Dehnungsbereich unter 5 % bei
Reinst-Al dadurch starke Effekte erzielt werden, daß die Proben
vor dem Versuch bei niedrigen Temperaturen 15 % gedehnt werden
(engl.: prestrain), Abb. 3.54. Nach längeren Zeiten (größeren Dehnungen) gleichen sich die Unterschiede infolge der Wirksamkeit der
Erholungsprozesse wieder aus.

Bei den mehrphasigen Werkstoffen wird mit thermomechanischer
Vorbehandlung eine für das Kriechverhalten günstige Wechselwirkung
von Versetzungen und Teilchen angestrebt. Der einfachste Gedanke
besteht darin, einen übersättigten Mischkristall bei niedriger Temperatur zu verformen und dann anzulassen, so daß sich Teilchen, z.B.
Karbide, auf den vorher eingeführten Versetzungen abscheiden. Dieses Verfahren wurde wohl zuerst von Garofalo und Mitarbeitern [3.209]
bewußt erprobt. Vorverformungen ε_v bis zu 50 % an einem austenitischen Chromstahl mit nachträglicher Ausscheidung von $M_{23}C_6$ bei
500 bis 650°C verringerten $\dot{\varepsilon}_s$ deutlich, am meisten bei $\varepsilon_v = 25$ %.
Daß höhere Vordehnungen die Kriechfestigkeit wieder herabsetzen,
wird oft beobachtet. Dies liegt daran, daß der bisher erläuterte Ver-
festigungseffekt überkompensiert wird durch Bildung von Mikroanris-
sen, die zwar nicht bei Raumtemperatur, wohl aber bei höherer Temperatur weiterwachsen und in den tertiären Kriechbereich überleiten,

vgl. etwa [3.210] und Abschn. 3.5.

Komplexere thermomechanische Vorbehandlungen, für die der Begriff "programmierte Verfestigung" geprägt wurde, wandten Garber
et al. [3.211] an. Kugaenko et al. [3.212] sowie Kozyrskii [3.213]

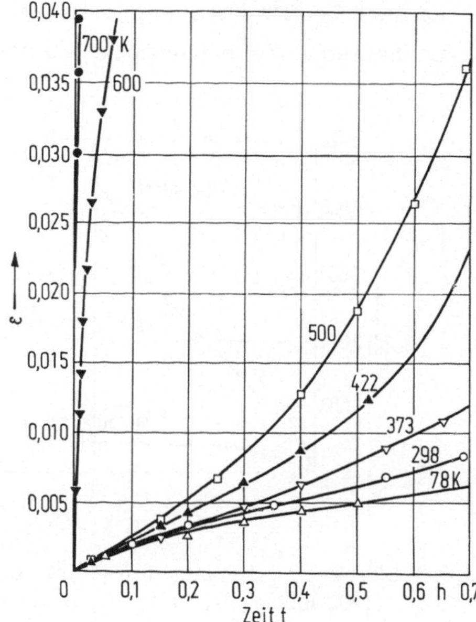

Abb.3.54. Kriechkurven von
Reinstaluminium bei 260°C
und 14 N/mm² nach 15 % Vor-
verformung bei verschiedenen Temperaturen (wie ange-
schrieben) und 2 h Erholungs-
glühung bei 260°C, nach Sherby et al. [3.208].

gingen in Versuchen an Fe-3,4 Si bzw. Reinnickel dazu über, durch
thermomechanische Vorbehandlung nicht irgendeine Versetzungsanordnung zu erzeugen, sondern ein polygonisiertes Subkorngefüge, welches der Substruktur im stationären Kriechbereich angepaßt ist. Dieser Gedanke wurde von Lindroos et al. [3.168] in dem Sinne weiterentwickelt, daß eine möglichst feine Substruktur entsteht. Lindroos
ging dabei von der Beobachtung aus, daß L_{sk} mit σ abnimmt (3.45),
feines Subkorn also hohe Fließspannungen erwarten läßt. Erreicht
wird dieses Ziel durch Kombination einer isothermen Austenitzer-
fallsreaktion (wobei Ferrit mit polygonisierter Substruktur entsteht)
mit darauf folgender Kaltverformung und schließlich Anlaßwärmebe-
handlung.

Um diese Substruktur für die Kriechbelastung zu stabilisieren, werden in einem zusätzlichen Verfahrensschritt Karbide, Nitride und Bo-
ride an den Versetzungen ausgeschieden. Durch diese Vorbehandlung
ergibt sich eine beachtliche Verbesserung, Abb. 3.55. Ob sie letztlich dem Subkornkonzept oder der "normalen" Versetzungsveranke-
rung zuzuschreiben ist, kann noch nicht endgültig gesagt werden. Es
wurde auch bei TD-NiCr erprobt, definierte Substrukturen durch thermomechanische Vorbehandlung zu erzielen [3.137].

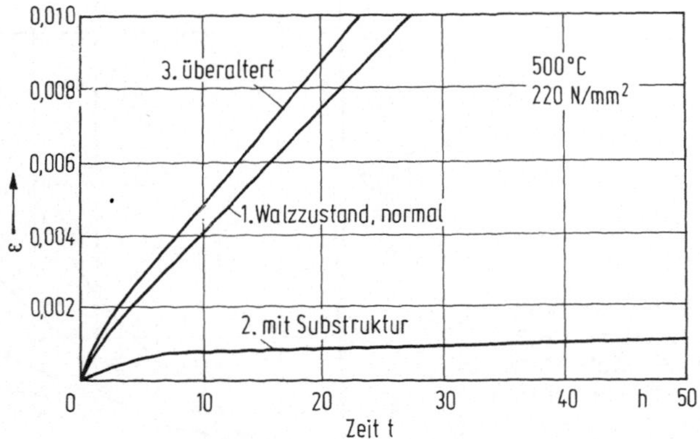

Abb.3.55. Verbesserung der Kriechbeständigkeit eines Stahls (0,07 C;
0,0125 N; 0,005 B; 0,14 Ti; 0,07 Zr; 0,50 Mn; 0,56 Si) durch Einführung einer stabilisierten Substruktur (Kurve 2) gegenüber normal-
geglühtem Walzgefüge (Kurve 1). Nach Überalterung (Vergrößerung
von L_{tm}) geht die Festigkeit wieder zurück (Kurve 3). Nach Lindroos et al. [3.168].

3.4.8. Verhalten von Werkstoffen mit nicht-teilchenartigen Phasen

Sobald die in eine Matrix eingelagerte Phase nicht mehr angenähert
gleichachsig, sondern z.B. in Belastungsrichtung stark gestreckt ist,
stehen wir in bezug auf Warmfestigkeit einer neuen Situation gegenüber. Morphologisch haben wir es bei endlichen Abmessungen mit
nadelförmigen Teilchen zu tun (als solche zählen auch "Whisker").
Bei immer größerer Längsausdehnung werden daraus schließlich end-
lose Fäden oder Fasern, und wir erhalten faserverstärkte Werkstoffe (engl.: fiber-reinforced materials).

Solche Nadeln oder Fasern können entweder separat hergestellt und
mit Verbundwerkstofftechnologie (z.B. durch Vakuuminfiltration)
nachträglich mit dem Matrixwerkstoff verbunden werden; als Beispiel
nennen wir die Verstärkung von Al mit B-Fasern ($\emptyset = 0,1$ mm) [3.214]
oder die einer ultraleichten Mg-Li-Legierung mit Sonderstahldraht
($\emptyset = 0,1$ mm, Zugfestigkeit 4200 N/mm^2) [3.215]. Die zweite Möglichkeit ist die in situ -Erzeugung, insbesondere mit Hilfe warm-
gewalzter oder gerichtet erstarrter, nadeliger Eutektika. Beispiele:
Eutektikum $Zn-TiZn_{15}$, [3.216]; Eutektikum $Al-Al_3Ni$ [3.217],
$CoAl-Al$ [3.218].

In derartigen Strukturen, in denen harte Fasern in eine weiche Matrix
eingelagert sind, handelt es sich offenbar nicht mehr darum, daß die
Verformung primär von Versetzungen in der Matrix getragen wird,
welche Hindernisse in Form von Teilchen überwinden müssen. Im
Grenzfall der idealen (endlos-parallelen) Faserverstärkung sorgt der
höhere E-Modul der Verstärkungsphase dafür, daß diese den größten
Teil der Last trägt (von daher gesehen, muß man bestrebt sein, ihren
Volumen- und Querschnittsanteil möglichst hoch zu halten). Die Matrix übernimmt im wesentlichen die Funktion, dem Verbundwerkstoff
trotz der meist sehr spröden Fasern eine minimale Duktilität zu verleihen, die Oberfläche der Fasern zu schützen und die Last auch bei
Bruch einzelner Fasern des Stranges zu verteilen. Bei diskontinuierlichen Fasern hingegen kontrolliert Kriechen der Matrix in der Nähe
der Fasern bzw. Nadeln die Verformung.

In jedem Falle spielen die Verhältnisse an der Phasengrenze, insbesondere die Haftung, eine große Rolle. Die Kriechgeschwindigkeit
gegenüber der unverstärkten Matrix wird im Fall der kontinuierlichen
Fasern durch deren eigene Kriechfestigkeit stark herabgesetzt. Im
diskontinuierlichen Fall wirkt die Verstärkung vermutlich dadurch,
daß Versetzungsbewegungen auf günstig zur Zugrichtung orientierten
Gleitsystemen durch den "Nadelwald" der zweiten Phase stark behindert werden, ohne daß (wie bei normalen Teilchen) eine Chance zum
Überklettern besteht. Weitere Literatur hierzu: [3.219] bis [3.221].

Eutektika fallen je nach Wert der Grenzflächenenergie, der thermodynamischen Daten und der Kristallisationsbedingungen entweder nadelig oder lamellar aus. Auch die Hochtemperaturverformung l a m e l larer, gerichtet erstarrter Eutektika wurde in Einzelfällen untersucht: Ni-NiCr [3.222], Al-Al$_2$Cu [3.223]. Auch hier tragen die kriechfesteren intermetallischen Phasen den größten Teil der Last. Unvermeidbare Defekte der Lamellen führen jedoch zu einem Beitrag der Matrix zur Gesamtdehnung. Kleine Lamellenabstände erweisen sich als vorteilhaft, da sie die Gefahr der Bildung starker Versetzungsaufstauungen (engl.: pile-ups) herabsetzen.

Sobald das Gefüge (oder Aggregat) aus zwei Phasen weder f a s e r i g e noch l a m e l l a r e Textur aufweist, sondern eine statistisch isotrope Morphologie annimmt, können bei annähernd gleichen Volumenanteilen der α- und β-Phase völlig neue Verhältnisse auftreten. Warum kann ein solches Gefüge nicht einfach als p a r t i k u l a r (teilchenartig, Abschn. 3.4.2) bezeichnet werden, auch wenn ebene Schliffbilder den Anschein isolierter Phasenbereiche erwecken?

Ein lamellares α-β-Gefüge kann durch "Sphäroidisierung" (Einformung) grundsätzlich in ein solches aus α-Kugeln in einer β-Matrix oder in eines aus β-Kugeln in einer α-Matrix übergehen. In beiden Fällen ist die gesamte α-β-Grenzfläche gleich, ebenso der mittlere Absolutbetrag der Flächenkrümmung, bestimmt durch die Gefügeperiode $L_{\alpha\beta}$. Lediglich hat im einen Fall die Krümmung der Grenzfläche stets zur α-Phase hin, im anderen stets zur β-Phase hin positives Vorzeichen. Eine solche Asymmetrie kann durch selektive Adsorptionseffekte durchaus veranlaßt sein. Im Normalfall jedoch wird sich bei etwa gleichen Volumenanteilen ein s y m m e t r i s c h e s α-β-Gefüge einstellen derart, daß beide Phasen gleichviel Grenzfläche mit positiver und mit negativer Krümmung aufweisen. Ein derartiges Gefüge, aus hundeknochenförmigen dreidimensionalen Strukturelementen zusammengebaut, läßt sich zweidimensional nicht darstellen und kann aus Schliffbildern nur mit quantitativen Verfahren erschlossen werden. Derartiges Material besteht aus zwei jeweils in sich zusammenhängenden, sich gegenseitig durchdringenden Phasen.

Die α-β-Grenzfläche liegt dann im Kriechversuch in beliebigen Orientierungen zur Belastungsrichtung vor. Für hinreichend kleines $L_{\alpha\beta}$ ist weder die eine, noch die andere Phase in der Lage, Substrukturen als Voraussetzung für den Ablauf normaler Versetzungsreaktionen aufzubauen. Dafür tritt in diesen Gefügen noch stärker als im oben erörterten Fall der feindispersen partikularen Dispersionswerkstoffe (Abschn.3.4.2.) die Phasengrenzfläche als Träger der Verformung in Erscheinung. Sie bieten daher optimale Voraussetzungen für das Auftreten von Superplastizität. Gleichzeitig sind sie wegen des starken

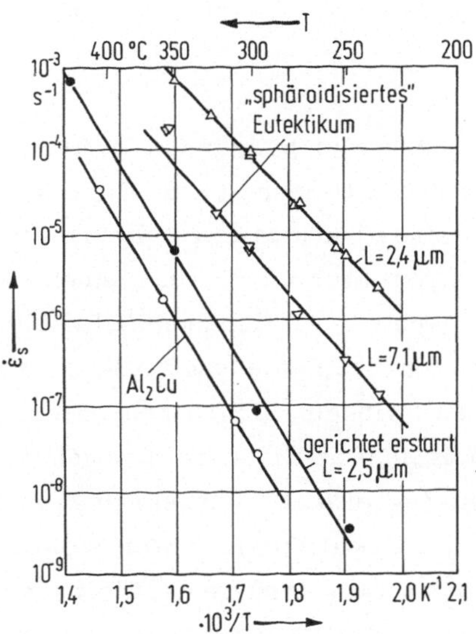

Abb. 3.56. Stationäre Kriechgeschwindigkeit $\dot{\varepsilon}_s$ des Eutektikums Al-Al$_2$Cu in Abhängigkeit von der Temperatur für $\sigma_0 = 45$ N/mm^2 für gerichtet erstarrtes und "sphäroidisiertes" regelloses Gefüge. L = Lamellen- bzw. Interphasenabstand. Zum Vergleich Meßwerte für die reine Al$_2$Cu-Phase [3.223].

Grenzflächenanteils in der Regel weit weniger kriechfest als gerichtet erstarrte lamellare oder faserige Gefüge gleicher Zusammensetzung und gleicher Periode $L_{\alpha\beta}$. Als Beispiele führen wir das Verhalten von Mo-UO$_2$-Cermets [2.46] sowie das von eutektischen Al-Al$_2$Cu-Legierungen an, Abb. 3.56.

3.5. Kriechbruch

3.5.1. Allgemeines

Während die Darstellung experimenteller Ergebnisse in Abschn. 3.1
bis 3.4 den Einfluß äußerer und gefügemäßiger Variabler auf die
Kriechgeschwindigkeit zum Gegenstand hatte, wenden wir uns nunmehr dem Versagen (engl.: failure) des Werkstoffes unter Kriechbedingungen zu. Man bezeichnet diesen Versagenstyp als Kriechbruch
(engl.: creep rupture oder creep fracture). Die vor dem Bruch er-
reichte Kriechdehnung ist ein Maß für die Verformungsfähigkeit oder
Duktilität.

Während für den Konstrukteur primär die Bedingungen wichtig sind,
die zu einer vorgegebenen Dehnung (z.B. 0,1 oder 1 %) führen, ist
die Kriechduktilität eines Werkstoffs zur Beurteilung der konstrukti-
ven Sicherheit bei ungewollter Überlastung eines Bauteils von Bedeutung. Dabei ist zu beachten, daß Schadensfälle selten an einachsig be-
anspruchten Teilen, sondern fast ausschließlich an Stellen mit Spannungskonzentrationen (Winkeln, Bohrungen, Querschnittsübergängen,
Schweißnähten) erfolgen. Der Einfachheit wegen wird dennoch die
Kriechkurve für den Zugversuch an ungekerbten Proben, Abb. 1.1,
zur Kennzeichnung der Duktilität eines Werkstoffs verwendet. Einige
Autoren ziehen es dabei vor, anstelle der Zeitstanddehnung oder
Kriechbruchdehnung ε_B den oft mit größerer Reproduzierbarkeit meßbaren Beginn des tertiären Kriechens, ε_2 , anzugeben; wieder andere
ziehen die Brucheinschnürung (engl.: reduction of area, R.A.) als
Duktilitätsmaß vor.

In Abschn. 3.1.5 hatten wir bereits auf die Monkman-Grant-Beziehung
(3.11) zwischen der Standzeit (engl.: time to rupture) t_B und
$1/\dot{\varepsilon}_s$ hingewiesen. Aus Abb. 1.1 folgt für geometrisch ähnliche Kriechkurven

$$\varepsilon_B = \text{const} + \dot{\varepsilon}_s t_B \; . \tag{3.58}$$

Die Monkman-Grant-Beziehung in der Form $\dot{\varepsilon}_s t_B = \text{const}$ sagt also aus, daß die Kriechbruchdehnung eines Werkstoffs unabhängig von Spannung und Temperatur ist. Die beobachtete Zunahme der Standzeit t_B mit abnehmender Belastung ist somit nur eine Folge der abnehmenden Kriechgeschwindigkeit. Tatsächlich ist die Kriechbruchdehnung, wie nachfolgend gezeigt werden wird, k e i n e Materialkonstante. Dies bedeutet, daß entweder die Monkman-Grant-Beziehung nur in erster Näherung richtig ist, oder daß der konstante Term auf der rechten Seite von (3.58) von Temperatur, Spannung und thermisch-mechanischer Vorgeschichte abhängt. Wir haben bereits früher darauf hingewiesen, daß damit gerechnet werden muß - z.B. mit der Verkürzung des Übergangsbereiches bei abnehmender Belastung.

3.5.2. Ergebnisse zur Kriechbruchdehnung

Der Stand der Kenntnis über die Abhängigkeit der Größe ε_B von der Temperatur und Spannung bzw. Verformungsgeschwindigkeit ist noch recht unvollständig. Vorweggeschickt sei, daß aus technischer Sicht heraus oft weniger nach Ursachen für größere oder kleinere Bruchdehnungen als nach zuverlässigen Korrelationen zwischen praktischen Kenngrößen gefragt wird. So erklärt sich, daß die meisten der wenigen verfügbaren Daten die Kriechbruchdehnung bzw. Brucheinschnürung in Zusammenhang mit der Standzeit t_B setzen, wobei die zugehörigen Spannungswerte aus den Zeitstanddiagrammen zu entnehmen sind und die Temperatur als Parameter auftritt. Für weitergehende Überlegungen müssen wir uns daran gewöhnen, diese $\varepsilon_B(t_B)$-Diagramme in $\varepsilon_B(\sigma)$-Diagramme für konstante Temperatur bzw. in $\varepsilon_B(T)$-Diagramme für konstante Spannung (oder für konstante Standzeit) umzukonstruieren.

Kurzzeittests mit Kriechgeschwindigkeiten oberhalb von $10^{-7} s^{-1}$ zeigen in der Regel für gleiche Temperatur eine Zunahme der Kriechbruchdehnung mit der Belastung (oder Verformungsrate). Dies geht aus Angaben über Rein-Ni bei 400°C [3.224] und über Ni-Cr-Legierungen bei 850°C [3.14] hervor, Abb. 3.57. Messungen an einem komplexeren austenitischen 18-12-CrNi-Stahl mit 2 % Mo (AISI Typ 316) sind allerdings nicht so eindeutig; sie zeigen bei höheren Temperaturen ein Duktilitätsmaximum bei mittleren Spannungen.

Die Mehrzahl der warmfesten ferritischen Stähle verhält
sich umgekehrt, wobei diese Ergebnisse sich jedoch a) auf Langzeit-
tests und b) auf Temperaturen unter 650°C beziehen. Vor allem die

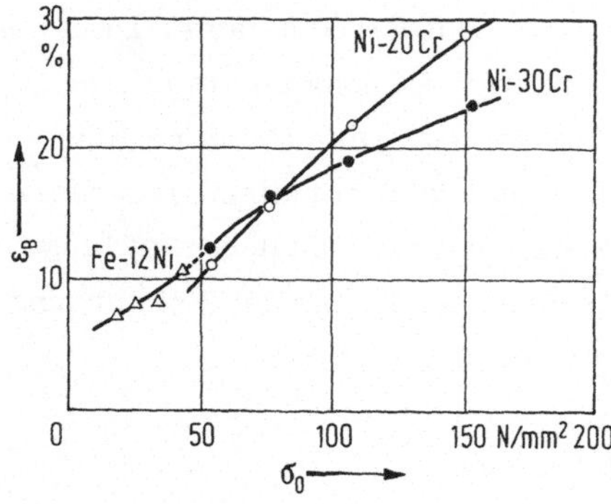

Abb.3.57. Zunahme der
Kriechbruchdehnung ε_B von
kubisch-flächenzentrierten
Fe-Ni- bzw. Ni-Cr-Legierungen mit der Anfangsspannung
bei 850°C [3.14].

Untersuchungen von G·en [3.199] haben klargemacht, daß diese Werkstoffe ein Duktilitätsminimum bei mittleren Spannungen aufweisen, während ε_B sowohl zu höheren als auch zu niedrigeren σ-Werten
hin zunimmt. Mit steigender Temperatur nimmt die minimale Kriechbruchdehnung zu, das Minimum stellt sich bei etwas kleineren Spannungen ein. Bei Auftragung als $\varepsilon_B(t_B)$ reproduziert sich das Minimum sinngemäß. Seine Lage verschiebt sich für die zu höherer Temperatur gehörenden Kurven jedoch nicht, den kleineren Spannungen
folgend, zu größeren Zeiten, sondern zu kleineren, Abb. 3.58a. Dies
liegt daran, daß die starke Zunahme von $\dot{\varepsilon}$ infolge thermischer Aktivierung die relativ kleine σ-Verschiebung überkompensiert. In diesem Sinne ist auch das auf den ersten Blick unübersichtliche Bild
für einen niedrig legierten CrMoV-Schmiedestahl nach Goldhoff [3.101]
zu verstehen, Abb. 3.58b.

Bei Prüftemperaturen um 600 °C und darunter, wie sie für kommerzielle Stähle des Kessel- und Turbinenbaus üblich sind, reichen Prüfzeiten bis 10^4 h in der Regel nicht aus, um das Minimum der $\varepsilon_B(t_B)$-
bzw. $\varepsilon_B(\sigma)$-Funktion erkennen zu lassen. Es entsteht somit der Eindruck, daß die Kriechbruchdehnung dieser Werkstoffe mit zunehmen-
der Standzeit immer weiter abnehme und schließlich auf einen äußerst
verformungsarmen Bruch zulaufe, Abb. 3.59. Aus dieser Einschät-

zung heraus wurde der Begriff der "Verformungsversprödung" geprägt, der allerdings mit Zurückhaltung anzuwenden ist: Sicher

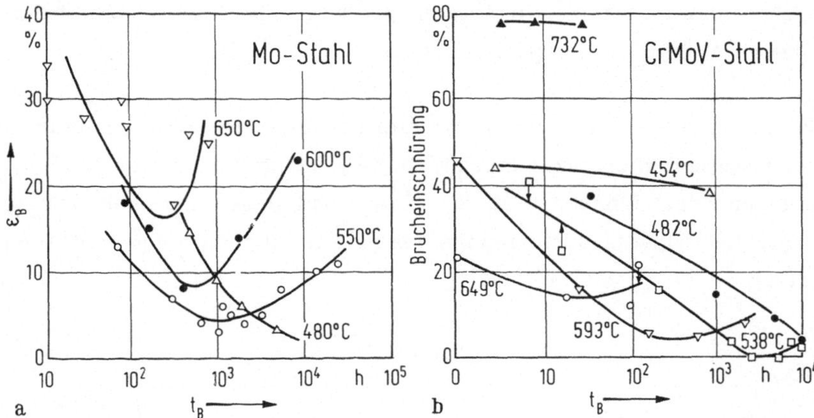

Abb.3.58. Kriechbruchdehnung·als Funktion der Standzeit bei verschiedenen Temperaturen. a) Stahl mit 0,5 % Mo [3.199]; b) Stahl
mit 1 % Cr, 1 % Mo, 0,25 % V [3.101].

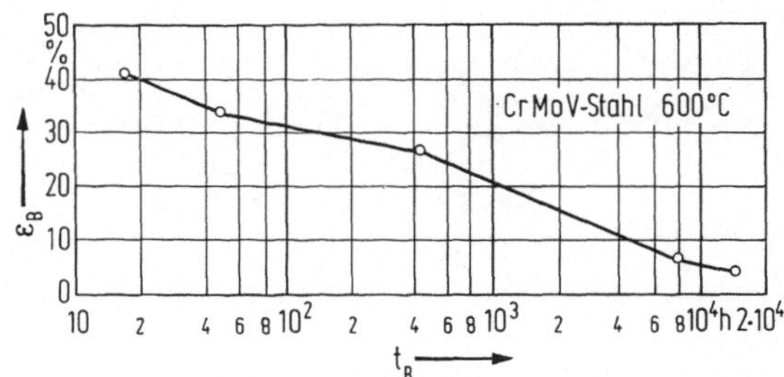

Abb.3.59. Abnahme der Kriechbruchdehnung ε_B mit zunehmender
Standzeit bei 600°C; Gußstahl 1 % CrMoV [3.225].

können die bei Langzeitbeanspruchung stattfindenden, in der Regel
durch die überlagerte Verformung beschleunigten Gefügeänderungen
(Abschn. 3.4.6) zur Verminderung der Duktilität beitragen. Dieser
Einfluß ist jedoch zu trennen von dem der Spannung selbst. Ein Versuch, der zu längeren Standzeiten führt, wird zwangsläufig mit klei-

nerer Last durchgeführt. In demjenigen Bereich der $\varepsilon_B(\sigma)$-Kurve, in dem kleineren Spannungen kleinere Bruchdehnungen zugeordnet sind, gehen höhere Standzeiten zwangsläufig mit geringerer Duktilität einher. Inwieweit sich diesem Trend noch Gefügeveränderungen mit dem Ergebnis einer echten "Langzeitversprödung" überlagern, bleibt durch weitere Untersuchungen nachzuweisen.

Von praktischem Interesse ist die hieraus folgende Komplementarität von Kriechfestigkeit und Kriechduktilität: Lange Standzeiten sind mit kleineren Bruchdehnungen zu "erkaufen" und umgekehrt. Für den technischen Einsatz müssen angemessene Kompromisse geschlossen werden.

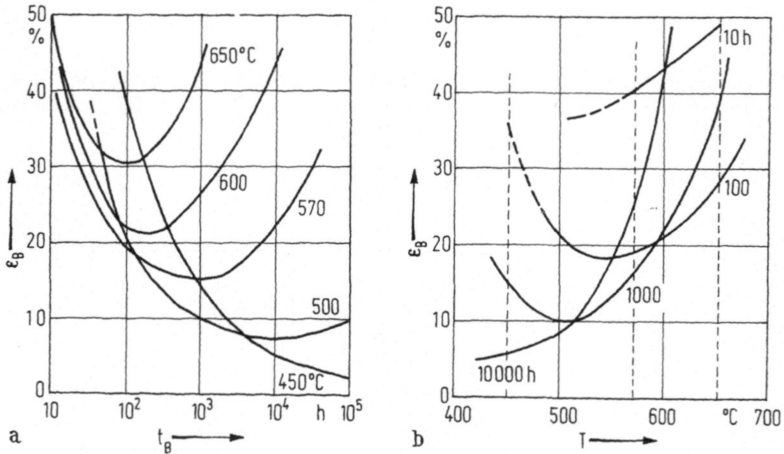

Abb.3.60. Zusammenhang zwischen der Standzeit- und der Temperaturabhängigkeit von ε_B im Kriechversuch (schematisch).

Die Temperaturabhängigkeit der Kriechbruchdehnung ist im Prinzip aus dem $\varepsilon_B(t_B)$-Diagramm ablesbar, wie Abb. 3.60 zeigt. Ihr Verlauf ist jedoch sehr empfindlich gegenüber leichten Verschiebungen der primären Kurven. Er muß für jeden Bereich der Standzeit gesondert analysiert werden. Bei Temperaturen, die deutlich oberhalb $0,5\,T_m$ liegen, steigt die Duktilität bei gleicher Verformungsrate in der großen Mehrzahl der bekannt gewordenen Daten mit steigender

Temperatur an. Im Bereich mittlerer und tiefer Temperaturen bzw. hoher Verformungsraten kommt es hingegen häufig zu einem D u k t i - l i t ä t s m i n i m u m . Die derzeit vorliegenden Versuchsergebnisse lassen weitergehende Aussagen nicht zu.

Bemerkenswert ist die Abhängigkeit der Duktilität von der K o r n - g r ö ß e des Materials (unter sonst gleichen Versuchsbedingungen). Lagneborg [3.56] zeigte an austenitischen Stählen, daß ε_B mit zunehmender Korngröße stark zurückgeht, Abb. 3.61. Wir hatten in Abschn. 3.3.1 gesehen, daß zunehmende Korngröße die Kriechfestigkeit verbessert. Jetzt zeigt sich, daß dieser Gewinn mit einem Verlust an Duktilitat bezahlt werden muß.

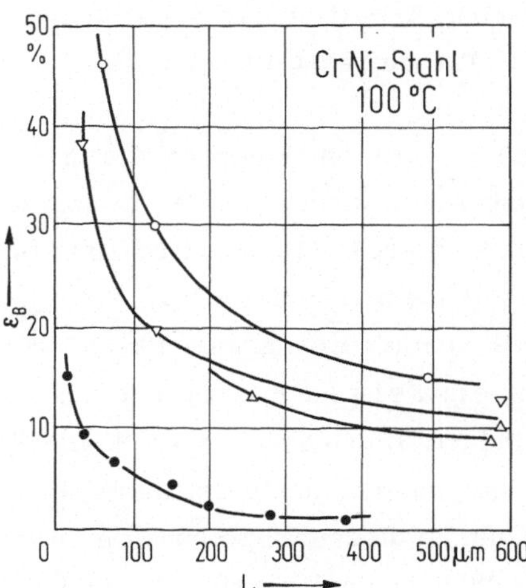

Abb. 3.61. Verminderung der Kriechbruchdehnung durch zunehmende Korngröße, Stahl mit 20 % Cr, 35 % Ni bei 700°C [3.56].

Verständlicherweise möchte man diesen unübersichtlichen Komplex von Abhängigkeiten dadurch transparenter machen, daß man einen modellmäßigen "Schlüssel" für das Verständnis des Kriechbruchphänomens heranzieht. Ein solcher Schlüssel liegt in dem Beitrag der K o r n g r e n z e n g l e i t u n g zur Kriechverformung (Abschn. 3.3.1.).

Alles deutet darauf hin, daß die Entstehung von Mikrorissen, welche den Kriechbruch einleiten, an Korngrenzengleitprozesse geknüpft ist. Im Warmzugversuch bzw. im Kurzzeitkriechversuch spielt Korngren-

zengleitung eine untergeordnete Rolle, ebensowenig wie im Zeitstandversuch bei niedriger Temperatur, wo die Verformung allein von Versetzungsbewegungen im Korn getragen wird. Senkt man jedoch σ ab,
um höhere Standzeiten zu erhalten, oder erhöht man T (was meist
mit einer zusätzlichen Belastungsminderung verbunden ist), so
schafft man zunehmend günstige Voraussetzungen für Korngrenzengleitung. Genau diese aber führt offenbar zum Kriechbruch. Erhöht
man allerdings die Temperatur immer weiter, oder senkt man die
Verformungsrate immer weiter ab, so können thermisch aktivierte
A u s h e i l v o r g ä n g e den durch Korngrenzengleitung entstandenen
Gefügeschaden zunehmend beseitigen; die Dehnung bis zum Bruch
nimmt also wieder zu. So lassen sich im Prinzip die Minima in
Abb. 3.58 und 3.60 erklären, wobei die Frage nach dem mikroskopischen Aspekt dieser Schädigungs- und Ausheilvorgänge auf Abschn.
3.5.4 zurückgestellt wird.

Daß ε_B mit zunehmender Korngröße abnimmt, obwohl in Abschn. 3.3.1
ausgeführt wurde, daß der Korngrenzenbeitrag $\varepsilon_{gb}/\varepsilon_t$ mit steigender Korngröße kleiner wird, ist kein Widerspruch. Zwar wird mit zunehmendem L_k der Beitrag von ε_{gb} zur gesamten Dehnung kleiner,
weil weniger Korngrenzen beteiligt sind, die Schubspannung entlang
der e i n z e l n e n Korngrenze wird dadurch jedoch keineswegs vermindert. Im Gegenteil: Je "länger" die Korngrenze zwischen zwei
Tripelpunkten, desto stärkere Verzerrungen und Spannungskonzentrationen an diesen Tripelpunkten erwarten wir, und genau dies erhöht
die Wahrscheinlichkeit zur Anrißbildung.

Bevor auf diese Mechanismen näher eingegangen wird, muß noch die
zu ε_B korrespondierende Funktion $t_B(\sigma)$ behandelt werden.

3.5.3. Das Zeitstanddiagramm

Die Auswertemethodik, die aus einer Folge von Kriechversuchen bei
gleicher Temperatur, aber unterschiedlicher Spannung das Zeitstanddiagramm entstehen läßt, wurde bereits in Abschn. 2.2.1 und 2.2.2
dargestellt. Die Z e i t b r u c h l i n i e n dieser Diagramme geben $t_B(\sigma)$
für gegebene Temperatur an, wobei unter σ die Anfangsspannung

(bei $\varepsilon = 0$) zu verstehen ist. Über die Monkman-Grant-Beziehung ist t_B mit der stationären Kriechgeschwindigkeit verknüpft. Da in Abschn. 3.2.1. und 3.2.2. "modellkompatible" phänomenologische Beziehungen für $\dot{\varepsilon}_s(\sigma, T)$ aufgestellt worden waren, sollte sich daraus die Gleichung der Zeitbruchlinie ableiten lassen [2.10].

Hierzu entwickeln wir aus der Form (3.32) zwei Grenzfälle: Für mittlere Spannungen gilt

$$\dot{\varepsilon}(\sigma, T) = A' \exp(-Q_c/RT)\, \sigma^n \,, \qquad (3.59a)$$

für hohe Spannungen

$$\dot{\varepsilon}(\sigma, T) = A'' \exp(-Q_c/RT)\, \exp(V\sigma/kT) \,. \qquad (3.59b)$$

Die Monkman-Grant-Beziehung lautet in logarithmischer Form

$$\log t_B = \log C - \log \dot{\varepsilon}_s \,. \qquad (3.60)$$

In (3.60) ist dasjenige $\dot{\varepsilon}_s$ gemeint, welches in der Zeit t_B zum Bruch führt, also $\dot{\varepsilon}_s(\sigma_B)$. Durch Einsetzen von (3.59a) in (3.60) folgt

$$\log \sigma_B = K_B + 0,434\, Q_c/nRT - (1/n)\log t_B \,. \qquad (3.61a)$$

Durch Einsetzen von (3.59b) in (3.60) folgt

$$\sigma_B = K'_B\, kT/V + Q_c/N_L V - 2,303\, (kT/V)\log t_B \,. \qquad (3.61b)$$

(3.61a) bedeutet, daß eine Auftragung von $\log \sigma_B$ über $\log t_B$ eine abfallende Gerade mit der Neigung $1/n$ ergeben müßte, sofern n nicht seinerseits von σ abhängt. Die so entstandene Gerade im $\log \sigma$-$\log t$-Diagramm wäre in der Tat die einfachste Form der Zeitbruchlinie, entsprechend der üblichen doppelt-logarithmischen Auftragung.

Abb. 3.62a gibt ein r e a l e s Zeitstanddiagramm wieder. Es stellt k e i n e   G e r a d e dar. Die Krümmung verläuft vielmehr so, daß bei längeren Standzeiten (entsprechend kleineren Spannungen!) ein kleineres $n = n(\sigma)$ eingesetzt werden muß. Dies entspricht aber genau

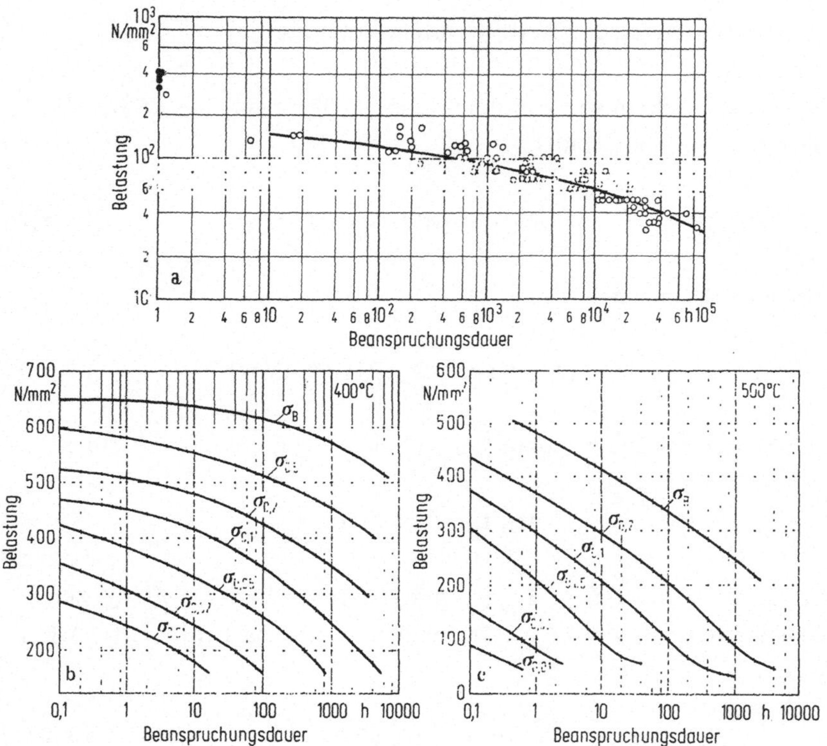

Abb.3.62. a) Zeitstandschaubild (σ_B) für den Stahl 10 CrMo 9 10, 600 °C [3.288]; b) und c) Zeitstandschaubilder für die Legierung TiA16V4 bei 400 und 500 °C [3.35.]. Die Belastung ist linear aufgetragen.

der Erfahrung im normalen Kriechversuch (Abschn. 3.2.1. und Abb. 3.12).

Trägt man als Ordinate nicht (wie üblich) log σ, sondern in Anlehnung an (3.61b) σ linear auf, so werden die Meßwerte für hohe Spannungen (kleine Standzeiten) angehoben, die Zeitbruchlinie wird jedoch auch nicht linear: Der Koeffizient kT/V ist offenbar auch nicht unabhängig von der Spannung σ, sondern ändert sich so, daß

für lange Standzeiten (kleinere Spannungen) V immer größere Werte
annimmt. Auch das ist nach den Ergebnissen von Abschn. 3.2.1 zu
erwarten. (3.61a) und (3.61b) sind als Grenzfälle von (3.32) im wesentlichen gleichwertige Beschreibungen; (3.61a) ist dem Bereich
niedriger, (3.61b) dem Bereich hoher Belastungen besser angepaßt.

Die aus Abb. 3.62a ersichtliche, zur Zeitachse hin konkave Krümmung
der Zeitbruch- und Zeitdehngrenzlinien läßt sich somit zumindest qualitativ deuten:

1. durch Zunahme des effektiven Spannungsexponenten bzw. durch Abnahme des effektiven Aktivierungsvolumens mit wachsender Spannung;
2. durch Zunahme der mittleren Teilchengröße d in Systemen mit
Ausscheidungen infolge Ostwald-Reifung (vgl. hierzu Abschn. 3.4.5);
3. durch Zunahme des Anteils an Korngrenzengleitung mit abnehmender Spannung und entsprechender Verringerung der Spannungsabhängigkeit von $\dot{\varepsilon}_{tot}$, (3.40);
4. durch verfrühtes Einsetzen des tertiären Kriechens bei langen
Standzeiten infolge Kornwachstums.

Je nach Mitwirkung der genannten Faktoren kann die Krümmung der
Zeitbruchlinie mehr oder weniger ausgeprägt sein. Meßpunkte lassen
sich gelegentlich so verbinden, daß im Zeitstandschaubild zwei Geraden mit einem Knick dazwischen entstehen. Man kann dann von einem transkristallinen und einem interkristallinen Ast der Zeitbruchlinie mit einem Umschlagpunkt sprechen [3.6], [3.108]. Die Mehrzahl der Meßwerte zeigt jedoch eine so erhebliche Streuung, daß das
Einzeichnen eines "Knicks" in die Zeitbruchlinie nicht gerechtfertigt
erscheint. Der Übergang vom trans- in den interkristallinen Bruch-
modus, überlagert durch die oben unter 1,2 und 4 genannten Einflüsse, ist kontinuierlich. - Alle diese Feststellungen bzw. Überlegungen sind in der schematischen Abb. 3.63 zusammengestellt.

Die erwähnten Streuungen der Zeitstandmeßwerte - insbesondere bei
Vergleichmessungen verschiedener Laboratorien - erschweren die
Auswertung erheblich. Ihre Ursachen sowie Verfahren zu ihrer Ver-

minderung sind Gegenstand zahlreicher statistischer Untersuchungen,
z.B. [3.227]. Es hat sich gezeigt, daß mangelnde Temperatur-
kontrolle (mangelnde Genauigkeit der Messung der Probentempe-

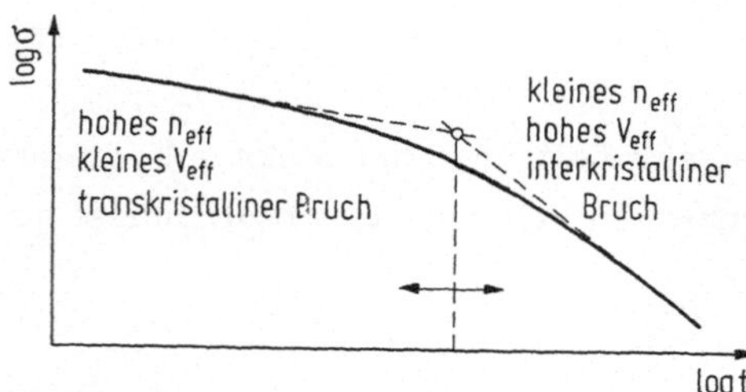

Abb.3.63. Schema zur
Analyse einer typischen
Zeitbruchlinie.

ratur, unzureichende Temperaturkonstanz über die Versuchszeit infolge von Regelungsfehlern oder von Alterung der Thermoelemente,
zu hohe Temperaturgradienten innerhalb der Probe) die wesentlich-
ste Fehlerquelle im Zeitstandversuch ist. In der Tat sieht man leicht,
daß bei der durch (3.59a) gegebenen Arrhenius-Abhängigkeit von
$\dot\varepsilon(T)$ ein Unterschied in der mittleren Probentemperatur von $\Delta T = 5\,K$
die zu messende Kriechrate erheblich beeinflußt:

$$\Delta t_B/t_B \sim \Delta \dot\varepsilon/\dot\varepsilon = (Q_C/RT)\,(\Delta T/T)\,. \qquad (3.62)$$

Mit $T = 475\,°C$, $\Delta T = 5\,K$, $Q_C = 65$ kcal/mol $= 270$ kJ/mol folgt hieraus
$\Delta \dot\varepsilon/\dot\varepsilon \approx 30\,\%$. Temperaturschwankungen um nur $\pm 0,5\,K$ bedingen immer
noch eine Streubreite von 6 %. Auf dieses Problem wird sich in Zu-
kunft beträchtliche experimentelle Anstrengung zu konzentrieren haben.

Erheblich kann auch der Einfluß von Unterschieden in der Wärmebehandlung von Zeitstandproben vor der Kriechbelastung werden. Dies
betrifft sowohl den Verlauf der Zeitbruchlinie als auch ε_B als Maß
für die Kriechduktilität, Abb. 3.64a. Dies ist nicht nur ein Problem
der Werkstoffprüfung, sondern auch des Werkstoffeinsatzes: Bei
großen Schmiedestücken, gehärteten Wellen usw. lassen sich unterschiedliche thermische Vorbehandlungen von Randzone und Kernzone
gar nicht vermeiden. Dies führt zu unterschiedlicher Warmfestigkeit innerhalb eines Werkstücks, Abb. 3.64b.

3.5.4. Extrapolation von Zeitstandwerten

Das hohe Sicherheitsrisiko und der hohe Investitionswert, der vielfach mit dem Betrieb von Anlagen bei hoher Temperatur verbunden

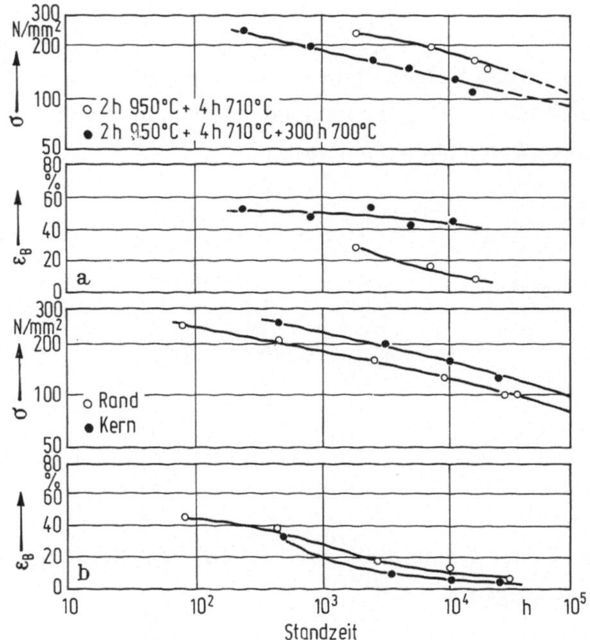

Abb.3.64. Einfluß unterschiedlicher thermischer Vorgeschichte auf
das Kriechverhalten des Stahls 30 CrMoNiV 5 11 bei 550°C. a) verschiedene Anlaßbehandlung von Einzelproben; b) verschiedene Ab-
kühlgeschwindigkeit von Kern- und Randzone einer durch Wasser-
sprühen gehärteten Welle [3.230].

ist, erfordern zuverlässige Prüfmethoden für das Werkstoffverhalten
unter betriebsnahen Beanspruchungsbedingungen. Bei Triebwerks-
komponenten mit Dienst-Lebensdauern von 1000 bis 10 000 h ist diese
Zuverlässigkeit durch Langzeitprüfungen (Dauer bis zu 1 Jahr) einigermaßen erreichbar. Anders ist es bei Konstruktionsteilen für
Kraftwerke oder für Chemieanlagen, wo Lebensdauern von 100 000,
neuerdings sogar 200 000 h (ca. 20 Jahre) gefordert werden. Derartige Prüfzeiten sind auch für langfristige Entwicklungen untragbar,
nicht zuletzt wegen des Wertes und des Platzbedarfs der dadurch

festgelegten Zeitstandanlagen. Es stellt sich also die Frage, ob man
vom Kurzzeit- auf das Langzeitverhalten eines Werkstoffs e x t r a p o -
l i e r e n oder Langzeitbeanspruchung bei einer Spannung σ_1 und Temperatur T_1 durch Kurzzeitbeanspruchung bei $\sigma_2 > \sigma_1$ und/oder $T_2 > T_1$
s u b s t i t u i e r e n kann.

Im Prinzip ist diese Aufgabe gelöst, wenn man über eine Gleichung
der Zeitbruchlinie, $t_B(\sigma, T)$, verfügt. Geht man davon aus, daß (3.61a)
eine derartige Gleichung sei, so folgt:

$$\log \sigma_B = K_B - (1/n)M \qquad (3.63)$$

mit dem Parameter

$$M = \log t_B - 0,434\, Q_C/RT \qquad (3.63a)$$

oder

$$M = \log Z$$

vgl. (3.22). Benutzt man hingegen (3.61b) als Gleichung der Zeitbruchlinie, so folgt mit (3.60)

$$\sigma_B = Q_C/N_L V - \alpha P, \qquad (3.64)$$

wobei $\alpha = 2,303\, k/V$ und der Parameter

$$P = T(B + \log t_B)\, , \qquad (3.64a)$$

$$B = \log(A''/C)$$

ist. Das (effektive) Aktivierungsvolumen V und der vorexponentielle
Faktor A'' hängen mit dem Kriechmechanismus zusammen, C mit der
mittleren Kriechbruchdehnung. Die Daten sind ebenso wie Q_C im Prinzip zugänglich. Wie stets bei Gleichungen mit logarithmischen Aus-
drücken, deren Argumente nicht dimensionslos sind, hängen die Zah-
lenwerte von Konstanten wie K_B, α, B von den verwendeten Einheiten ab.

Parameterdarstellungen wie (3.63) und (3.64) ermöglichen Extrapolations- und Substitutionsverfahren insofern, als sie die Darstellung von σ_B über einer Größe (M bzw. Z bzw. P) gestatten, welche Temperatur und Zeit (bis zum Bruch) in austauschbarer Form enthält. Man kann also einen Punkt der $\sigma_B(M)$- bzw. der $\sigma_B(P)$-Kurve bei hoher Temperatur und geringer Versuchsdauer messen und daraus durch Anwendung von (3.63a) bzw. (3.64a) auf das Verhalten bei niedriger Temperatur, aber längerer Standzeit schließen. Insofern läßt sich also eine große Mannigfaltigkeit von Meßwerten zur Absicherung einer "Leitkurve" (eng.: master curve) $\sigma_B(M)$ bzw. $\sigma_B(P)$ verwerten.

Zuerst wurde dieser Gedanke von Larson und Miller [3.228] vorgetragen, die mehr oder weniger intuitiv eine Gleichung vom Typ (3.64) aufstellten, und nach denen P als Larson-Miller-Parameter bezeichnet wird. Wie in Abschn. 3.5.3 schon erwähnt, sollte dieser Ansatz besonders an die hohen Spannungen (d.h. kurzen Zeiten) angepaßt sein und die konkave Form der Zeitstandkurve in diesem Teil begradigen. Dies würde dann eintreten, wenn man gemäß (3.64) σ_B linear über dem Parameter P auftragen würde. Dem üblichen Gebrauch bei Zeitstanddiagrammen folgend, wird jedoch in der Praxis der Larson-Miller-Diagramme nicht σ_B, sondern log σ_B über P aufgetragen. Die Punkte für kleine Standzeiten werden hierdurch nach unten gezogen, so daß schließlich Larson-Miller-Kurven noch stärker konkav gekrümmt sind als klassische Zeitbruchlinien, Abb. 3.65.

In der Geschichte der inzwischen weitverbreiteten Anwendung des Larson-Miller-Parameters hat die Frage eine große Rolle gespielt, ob die Größe B in (3.64a) eine Art universelle Konstante darstelle oder eine materialspezifische Kenngröße sei. Obige Herleitung zeigt, daß das letztere der Fall ist. Allerdings macht der relativ enge Wertebereich, den die Aktivierungsvolumina, die in A" enthaltenen Gitterkonstanten usw. sowie die Kriechbruchdehnungen aufweisen, es plausibel, daß B (und α) zumindest für die Gruppe der ferritischen Stähle ziemlich ähnliche Werte annehmen, zumal B der Logarithmus von A"/C ist. - Larson und Miller setzten B = 20; Krisch und Wepner [3.231] zeigten, daß Meßwerte verschiedener Temperaturbereiche sich nur dann in einer Leitkurve zusammenfassen ließen, wenn man B

für jeden Werkstoff besondert bestimmt. Sie fanden für 38 ferritische

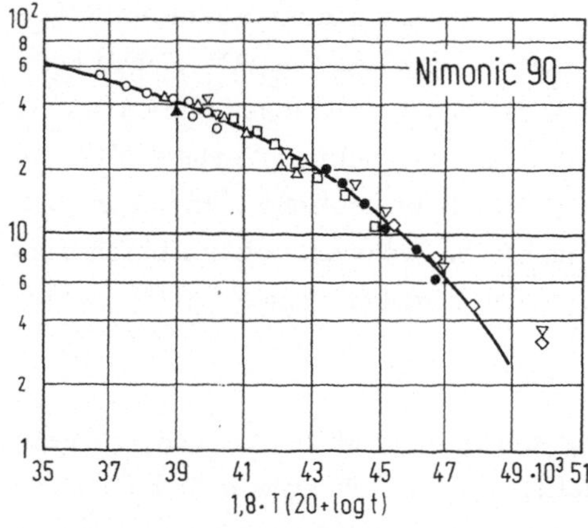

Abb.3.65. Larson-Miller-Auftragung der Zeitstandwerte von Nimonic 90, vgl. (3.64), B = 20 [3.232].

und austenitische Stähle Werte für B zwischen 2 und 55, die zudem

noch von der Spannung abhingen. Auch Bungardt und Schmidt [3.232]

kommen in einer Untersuchung von 27 Werkstoffen zu dem Ergebnis,

daß der Larson-Miller-Parameter an den jeweiligen Werkstoff "ange-

paßt" werden muß, was nach der hier gegebenen Darstellung selbst-

verständlich ist: B ist keine universelle Konstante!

Auch (3.63) mit den Parametern M bzw. Z ist zur Darstellung und

Extrapolation von Zeitstandwerten benutzt worden als sog. Sherby-

Dorn-Parameter [3-233]. In Anlehnung an B kann man hier

die Aktivierungsenergie Q_c entweder als Konstante oder - richtiger -

als anzupassende Werkstoffkenngröße behandeln. Bungardt und Schmidt

(l.c.) kommen in ihrem sehr sorgfältigen Vergleich zu dem Schluß,

daß beide Parameterdarstellungen in etwa gleichwertig sind, der Sher-

by-Dorn-Parameter bei genauer Betrachtung jedoch etwas geringere

Streuungen liefert und etwas besser für Langzeitextrapolationen brauch-

bar ist.

Bedenkt man die hier schon mehrfach betonte prinzipielle Gleichwer-

tigkeit der Darstellungen nach (3.63) und (3.64), ferner den Hinweis

darauf, daß (3.63) für lange Zeiten (kleine Spannungen) sicher bes-

ser angepaßt ist als (3.64), so entspricht dieser mit relativ großem

Aufwand erzielte experimentelle Befund völlig den Erwartungen.

Da weder n in (3.63) noch V in (3.64) noch C bzw. K_B von σ und
von T völlig unabhängig sind (Abschn. 3.2.1, 3.5.2 und S. 183),
kann nicht erwartet werden, daß einer der beiden einfachen Ansätze
eine genaue Zeitstandextrapolation ermöglicht. Der genaue Verlauf
der $\sigma_B(t_B)$-Kurve für die gewünschte Betriebstemperatur wird bei
langen Zeiten eben durch die in Abschn. 3.5.3 angeführten vier Faktoren beeinflußt, die von den Parametergleichungen nicht erfaßt werden. - Man kann versuchen, rein empirisch-phänomenologisch unter
Verzicht auf "Modell-Kompatibilität" (Abschn. 3.2.1.) diese Einflüsse
pauschal zu erfassen. Ein Beispiel hierfür ist der formal abgeleitete,
vor allem in USA häufig benutzte Manson-Haferd-Parameter
[3.234]

$$P_{MH} = (\log t_B - \log t_a) / (T - T_a) . \qquad (3.65)$$

Er hat zwei zur Anpassung verwertbare Konstanten, t_a und T_a. -
Noch einen Schritt weiter gehen Manson und Brown [3.235], indem
sie von (3.65) ausgehen und eine dritte Konstante R einführen:

$$P_{MB} = (\log t_B - \log t_a) / (T - T_a)^R . \qquad (3.66)$$

P_{MB} wird in einigen neueren ISO-Dokumenten zur Kennzeichnung und
Extrapolation des Langzeitverhaltens benutzt. Weitere Ansätze sind
von Granacher [3.236] zusammengestellt worden. Es ist klar, daß
die Anpassung eines Parameters mit drei Koeffizienten an eine Meß-
wertfolge nur durch Regressionsrechnung unter Computereinsatz erfolgen kann.

Granacher (l.c.) hat diese Richtung noch weiter verfolgt, indem er
sich von den üblichen, auf "Handauswertung" zugeschnittenen Formeln
löste und computergerechte Polynome, sog. Modellfunktionen mit drei
und mehr Koeffizienten, einsetzte. Die Extrapolationsgenauigkeit läßt
sich damit verbessern. Hinter den von der technischen Praxis her zu
stellenden Anforderungen bleibt sie jedoch immer noch zurück.

Wenn nun die Extrapolation von z.B. einem 100-h-"Mittelzeit"-Versuch auf 10 000 oder 100 000 h trotz allen statistischen Aufwandes nicht die erforderliche Genauigkeit bringt, so liegt die Frage nahe, ob ein auf z.B. 10 h Dauer begrenzter Versuch viel schlechtere Ergebnisse liefert. Wenn nicht, wäre er dem 100- oder 1000-h-Versuch wegen des viel geringeren Aufwandes wohl vorzuziehen. Über die Eignung von Kurzzeit-Kriechversuchen mit hohen Lasten und entsprechenden stationären Dehngeschwindigkeiten im Bereich von 10^{-6} bis $10^{-3}\,\mathrm{s}^{-1}$ für die Bewertung der Langzeiteigenschaften liegen nur wenig Erfahrungen vor.

In diesem Zusammenhang soll aber auf einen anderen Weg hingewiesen werden, der von der gleichen Überlegung ausgeht. Anstelle des Kriechversuchs mit P = const wird jedoch ein "langsamer Warmzugversuch" mit konstanter Abzugsgeschwindigkeit $\dot{\varepsilon}_0$ zwischen 10^{-7} und $10^{-5}\,\mathrm{s}^{-1}$ durchgeführt [3.237], [3.238]. Dabei wird die Fließspannung $\sigma_F(\varepsilon)$ gemessen, vgl. den in Abb. 1.2a/b dargestellten Zusammenhang. Das Verfahren macht von der Gleichwertigkeit der Spannungsabhängigkeit von $\dot{\varepsilon}$ mit der Geschwindigkeitsabhängigkeit von σ_F Gebrauch (Abschn. 3.3.1). Es verwendet den Ansatz (3.61b), der auch dem Larson-Miller-Verfahren zugrundeliegt. Rajakovics (l.c.) geht nun davon aus, daß ein eindeutiger Zusammenhang zwischen Kriechrate und Spannung vom Typ (3.61b) im s t a t i o n ä r e n Bereich vorliegt; d.h., daß in diesem Bereich

$$\log \dot{\varepsilon}_s = A - Q_c/RT + B\,\sigma_F \qquad\qquad (3.67)$$

gemessen werden kann, wobei hier $A = \log A''$, $B = V/kT$. Wegen der starken Spannungsabhängigkeit von $\dot{\varepsilon}$ (vgl. Abschn. 3.2.1) lassen sich den durch die Maschine vorgegebenen $\dot{\varepsilon}$-Werten recht genaue σ_F-Werte zuordnen. Aus ihnen lassen sich wiederum durch Extrapolation auf "langzeit-gemäße" Dehngeschwindigkeiten (unter $10^{-10}\,\mathrm{s}^{-1}$) relativ sichere Zeitstandfestigkeiten im Sinne von DVM-Kriechgrenzen angeben. Komplikationen setzen ein, wenn man von dieser extrapolierten Spannung auf die Zeit bis zum Bruch (t_B) umrechnen will. Hier muß nicht nur die Vergrößerung des Extrapolationsfehlers von σ

bei der Umrechnung in $\dot{\varepsilon}_s \sim \exp(V\sigma/kT)$ in Kauf genommen werden, sondern auch die Unsicherheit der Monkman-Grant-Beziehung zwischen $\dot{\varepsilon}_s$ und $1/t_B$. Das Verfahren kann also grundsätzlich nicht mehr leisten als die Anwendung des Larson-Miller-Parameters auf einen Kriechversuch gleich kurzer Dauer.

Überblickt man die dargestellten Methoden, so wird deutlich, daß eine zukünftige Verbesserung der Langzeit-Prognosen folgendes voraussetzt:

1. präzisere Meßtechnik, speziell im Hinblick auf Temperaturkonstanz;
2. genauere Berücksichtigung der thermomechanischen Vorbehandlung des untersuchten Materials;
3. Anpassung der Datenerfassung und Datenverarbeitung an die durch Kriechversuche ermittelten realistischen "modellkompatiblen" Spannungs- und Temperaturabhängigkeiten, wobei Parameter im Hinblick auf Gefügeveränderungen und Rißkeimbildung offen bleiben müssen;
4. Festlegung dieser offenen Parameter durch parallele Untersuchungsverfahren, welche auf strukturelle Änderungen ansprechen.

Der unter 4 genannte Punkt dürfte entscheidende Bedeutung gewinnen. Die Mängel der derzeitigen Zeitstandextrapolation liegen z.T. in dem Übergewicht begründet, das die formalistische Parameterarithmetik längere Zeit hindurch gegenüber einer rationalen Systemanalyse der im belasteten Werkstoff ablaufenden Vorgänge behauptet hat. Unbestreitbar sind erfolgreiche Ansätze auch der letzteren Richtung zu erkennen - nur als Beispiel sei auf die umfangreichen Gefügeuntersuchungen am Max-Planck-Institut für Eisenforschung [3.203], [3.239] und in britischen Laboratorien hingewiesen [3.240]. Siegfried [3.241], [3.242] hat sich bemüht, derartige strukturelle Beobachtungen zu quantifizieren und so in ein Extrapolationsverfahren einzubringen. Bisher ist diesen Bemühungen wenig Erfolg beschieden gewesen. Es läßt sich aber vorhersehen, daß die systematische Verarbeitung weiterer Kenntnisse über die mikroskopischen Gefügevorgänge vor dem Kriechbruch zusammen mit den neuen Möglichkeiten der Informationsverarbeitung zu erheblichen Fortschritten in der Bewältigung dieses Problems führen werden.

3.5.5. Kriechbruch als Vorgang im Mikrogefüge

Der B r u c h m o d u s beim Kriechen hängt von der Belastung ab und
tritt damit in Beziehung zur Standzeit (Abschn. 3.5.2). Fast alle Ergebnisse zeigen t r a n s k r i s t a l l i n e n B r u c h bei niedrigen Temperaturen bzw. hohen Spannungen bzw. kleinen Standzeiten und i n t e r -
k r i s t a l l i n e n B r u c h bei hohen Temperaturen bzw. niedrigen
Spannungen bzw. langen Standzeiten [3.283].

Untersucht man das Gefüge von zugbeanspruchten Kriechproben vor
dem Bruch bzw. das Gefüge gebrochener Proben in der Nähe der
Bruchfläche, so beobachtet man zahlreiche P o r e n oder A n r i s s e
(engl.: cavities, voids). Nähere Untersuchung zeigt, daß diese Porosität sich nicht erst kurz vor dem Bruch ausbildet, sondern bereits
wesentlich früher einsetzt, meist vom Beginn der Verformung an.

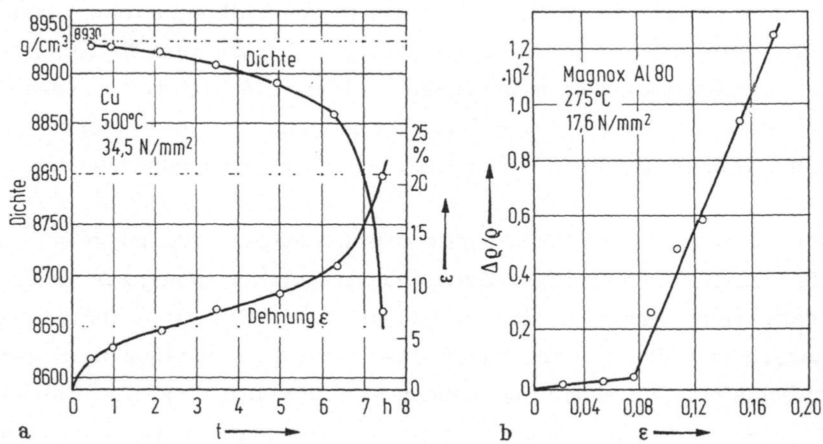

Abb.3.66. Dichteabnahme infolge Kriech-Porosität. a) Reinst-Cu
[2.91]; b) Mg-Legierung [3.243].

Man kann sie durch präzise Dichtemessungen quantitativ erfassen und
ihre Morphologie licht- und elektronenmikroskopisch ermitteln (Abschn.
2.6.3).

Am Beispiel des K u p f e r s haben Boettner und Robertson [2.91] den
kontinuierlichen Dichteabfall vom primären Bereich der Kriechkurve

bis hin zum Bruch nachweisen können; dabei ist erwartungsgemäß
die Zunahme der Porosität mit der Zeit im tertiären Kriechbereich
am stärksten, Abb. 3.66a. Die Autoren weisen auch darauf hin, daß
die gemessenen Porositäten einen nicht geringen Beitrag zur Kriechdehnung liefern, da das in den Poren fehlende Material mindestens
zum Teil zur Verlängerung der zugbelasteten Probe dient. Andere
Verfasser [3.243] bemerkten allerdings bei der Auftragung der Dichte über der Dehnung (statt über der Zeit), daß zumindest in einigen
Legierungen die Dichteänderung im primären Kriechstadium noch
sehr gering ist und erst vom Beginn des sekundären Kriechens an
stark - und zwar proportional zur Dehnung - zunimmt, Abb. 3.66b.
Der Primärbereich bis $\varepsilon = \varepsilon_1$ stellt also eine Art von Inkubationszeit
der Porenbildung dar.

Die lineare Beziehung zwischen ε und der Dichteänderung $\Delta\rho/\rho$ bzw.
dem Porenvolumen V_p - gemessen bei konstanter Last und Tempera-
tur - ist nicht eindeutig. Verformt man etwa verschiedene Proben
unter verschiedener Belastung (d.h. in verschieden langen Zeiten)
bis zur gleichen Dehnung, so weisen sie nicht gleiche, sondern unterschiedliche Porositäten auf. Die verschiedenen Einflüsse von Gesamtdehnung, Zeit bis zum Erreichen dieser Dehnung, Spannung und Temperatur lassen sich nach Woodford [2.21], [3.244] mit befriedigen-
der Genauigkeit wie folgt zusammenfassen:

$$V_p \sim \varepsilon t \sigma^n \exp(-Q_p/RT) \, . \qquad (3.68)$$

Für Ni wird (l.c.) $n = 7.5$, für Cu $n = 2.3$ angegeben. Abb. 3.67a
zeigt dies für konstante Temperatur. Die letzten beiden Faktoren in
(3.68) deuten darauf hin, daß die Kriechgeschwindigkeit einen wesentlichen Einfluß auf die Porenbildung hat.

Die makroskopische Messung von $\Delta\rho$ bzw. V_p ist, bevor man tiefe-
re Zusammenhänge aufdecken kann, durch Angaben über die mikroskopische Morphologie der Poren zu ergänzen. Im Lichtmikro-
skop erkennt man zunächst, daß V_p sich auf eine große Anzahl N_p
einzelner Poren aufteilt. Die Zunahme der Porosität mit der Zeit

bzw. Dehnung ist nicht hauptsächlich auf Vergrößerung anfangs vor-
handener Defekte zurückzuführen. Vielmehr nimmt N_p während der
Verformung durch N e u b i l d u n g von Poren ständig zu, Abb. 3.67b.
Häufig gilt [3.245]

$$N_p(t) \sim \sqrt{t}. \qquad (3.69)$$

Unter Berücksichtigung der Kornneubildung kann man (3.68) auch so
interpretierer, daß das mittlere Porenvolumen unter der Wirkung der

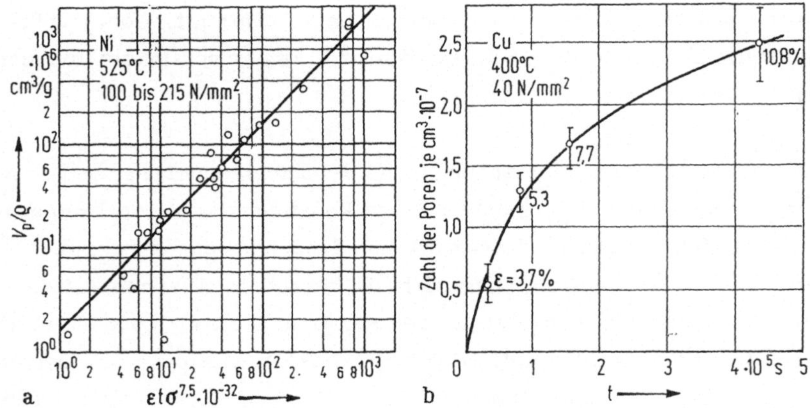

Abb.3.67. a) Zunahme des Gesamtporenvolumens V_p in einer Ni-Legierung als Funktion des Parameters $\varepsilon t\sigma^{7,5}$ [2.21]. b) Zunahme der
Porenzahl N_p in Cu als Funktion der Zeit; zugehörige Kriechdehnun-
gen sind eingetragen [3.245].

Spannung σ proportional zur Zeit t wächst, während die Anzahl der
Poren etwa proportional zur Dehnung ε zunimmt. Daß zumindest im
tertiären Kriechbereich die Porenradien zu einem gegebenen Zeitpunkt einer statistischen Normalverteilung gehorchen, zeigten Davies
und Williams [3.26] an α-Eisen.

Eine zweite wichtige Beobachtung ist die, daß praktisch alle diese Po-
ren an K o r n g r e n z e n lokalisiert sind, so daß man Korngrenzen als
Vorbedingung für das Auftreten der Kriechporosität bezeichnen kann
(Abschn. 3.5.2). Tatsächlich konnten schon Boettner und Robertson (l.c.)

zeigen, daß ein Kupfereinkristall im Vergleich zum gleichbehandelten
polykristallinen Kupfer keine meßbare Dichteabnahme bei der Verformung aufwies.

Zur Aufklärung der Porenmorphologie wurde ein erhebliches Ausmaß
an Forschungsarbeit aufgewendet. McLean [3.246] führte die Unterscheidung in keilförmige (engl.: wedge-shaped, "w-type") und in runde (engl.: "r-type") Poren ein, welche die Mehrzahl der nachfolgenden Arbeiten zu diesem Thema stark beeinflußt hat. Man erkannte
bald, daß die beiden Erscheinungstypen in der Regel verschiedenen
Bildungsbedingungen und verschiedenen Gefügedetails zugeordnet sind:

1. keilförmige Poren, vorwiegend an Korngrenzen-Tripelpunk-
ten, bilden sich bevorzugt bei hohen Spannungen (bzw. niedrigen Temperaturen bzw. kurzen Zeiten);
2. runde Poren, vorwiegend an Korngrenzen normal zur Zugrichtung, bilden sich bevorzugt bei niedrigen Spannungen (bzw. hohen
Temperaturen bzw. langen Zeiten);
3. längliche und runde Poren finden sich nebeneinander auf
Korngrenzen schräg zur Zugrichtung bei mittleren Belastungen.

Insbesondere elektronenmikroskopische Untersuchungen haben dieses
einfache Bild verfeinert. Wingrove und Taplin [2.94], [3.247] ermittelten an α-Eisen nach Kriechverformung bei 600 bis 850 °C eine ganze Anzahl morphologisch-kristallographischer Merkmale, je nach
Temperatur und Geschwindigkeit der Verformung. Es wurden sowohl
abgerundete Poren beobachtet als auch solche, die durch kristallographisch eindeutig orientierte Flächen begrenzt waren ("facettierte" Poren). Auch die Begrenzung der Pore in der Korngrenzenebene war
teils glatt, teils (bei höheren Verformungsraten) dendritisch zerklüf-
tet. Über ähnliche Beobachtungen an Wolfram nach Kriechbelastung
bei 1650 und 2200 °C berichteten Stiegler et al. [3.248], an α-Mes-
sing Taplin und Barker [3.251].

Die länglichen und die runden Typen sollten danach nur als extreme
Erscheinungsformen eines einheitlichen Grundtyps angesehen werden.
Ursprünglich flache Poren können durch Oberflächendiffusion runde

bzw. facettierte Formen annehmen, sofern ihr seitliches Wachstum
nicht zu rasch erfolgt. Umgekehrt können Anordnungen vieler runder
Poren in einer Grenzfläche bei hoher Belastung durch K o a l e s z e n z
in ein flaches Erscheinungsbild übergehen. Diese morphologischen
Wandlungsmöglichkeiten lassen es heute nicht mehr sinnvoll erscheinen, den beiden "klassischen" Porentypen eine allzu grundsätzliche
Bedeutung zuzuschreiben.

K e i l f ö r m i g e Anrisse in der Schnittlinie von drei Korngrenzen
(engl.: triple point cracks), wie sie der ursprünglichen Beschreibung durch McLean (l.c.) entsprechen, sind insgesamt nur selten
beobachtet worden. Immer wieder zitierte Beispiele sind Al-Legierungen, [3.249] und [3.250]. In vielen Fällen dürfte, wie Stiegler et
al. (l.c.) bemerken, der Keiltyp ebenfalls durch bevorzugtes Zusammenwachsen kleiner Poren in der Nähe stark beanspruchter Dreifach-
grenzen vorgetäuscht sein.

Intensive Forschungsarbeit war auch erforderlich, um in der Frage
der W i n k e l v e r t e i l u n g (engl.: angular distribution) der Bele-
gungsdichte von Korngrenzen mit Poren relativ zur Zugachse Klarheit zu schaffen, und noch heute ist das Bild nicht völlig gesichert.
Wir vereinfachen die Darstellung durch Verwendung der einleuchtenden Begriffe "90°-Korngrenze" und "45°-Korngrenze". Tipler et al.
[3.252] fanden in einem kommerziellen CrMoV-Stahl nach Kriechbe-
anspruchung bei 550 °C über 1000 h nur sehr wenige porenbelegte
90°-Grenzen. Diesem Befund stehen jedoch statistische Auswertun-
gen lichtmikroskopischer Gefügebilder von Kupfer [3.253] und
Nickel [3.254] durch Davies u.M. gegenüber, wonach in unter Zugbelastung gerissenen Proben überwiegend die 90°-Grenzen mit Poren
belegt sind. Eine dritte Gruppe von Autoren kommt zu dem Ergebnis,
daß bei höheren Kriechgeschwindigkeiten eindeutig die 45°-Grenzen,
bei niedrigen $\dot{\varepsilon}$ verstärkt die 90°-Grenzen als Bereiche höchster Porosität auftreten: [2.89] an α-Eisen, [3.255] an Kupfer, [3.256] an
Messing, Beispiel: Abb. 3.68.

Alle diese Resultate sind mit dem Vorbehalt zu verstehen, daß die
statistische Absicherung die Erfassung größerer Korngrenzennetz-

werke erfordert, daher keine hohen optischen Vergrößerungen zuläßt.
Meist erfolgte die Untersuchung bei 250facher Vergrößerung, und

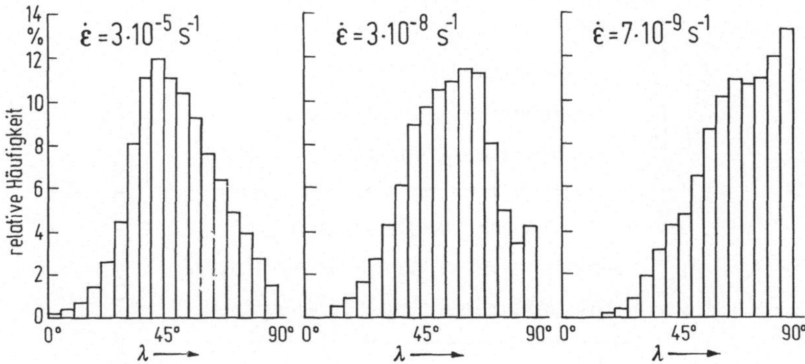

Abb. 3.68. Häufigkeitsverteilung der Poren in Reinst-Cu auf Korngrenzen, deren Spur auf einem Längsschnitt durch die Probe mit der Zugachse den Winkel λ bildet. Kriechbelastung bei 400°C; mittlere Korngröße 0,13 mm [3.255]. Korrektur der ebenen Winkelverteilung auf
eine räumliche nach [3.257].

meist stand die Probe kurz vor dem Bruch. Auf diese Weise werden
nur relativ g r o ß e Hohlräume oberhalb von ca. 5 µm erfaßt. Deren
Verteilung wird sowohl von ihrer K e i m b i l d u n g s h ä u f i g k e i t als
auch von ihrer W a c h s t u m s r a t e bestimmt. Es ist daher nicht möglich, ohne weitere Informationen zu entscheiden, welcher dieser beiden Faktoren den größeren Einfluß auf die gemessene Winkelverteilung ausübt.

Z u s a m m e n f a s s e n d läßt sich der vorläufige Kenntnisstand zur
Morphologie der Kriechporosität durch folgendes Schema (S. 200)
darstellen.

3.5.6. Mechanismen der Porenbildung

Aufbauend auf dem in Abschn. 3.5.5 vorgestellten Beobachtungsmate-
rial ist nun die Frage nach der Entstehung der Poren bzw. Anrisse,
welche die Duktilität bei Zugbeanspruchung und hoher Temperatur be-
grenzen, zu stellen. Eine Übersicht über das Folgende gibt Abb. 3.69.

Der früheste Versuch, den Kriechbruch zu deuten, ging von dem besonders augenfälligen Phänomen der Keilrisse aus [3.249]. Er

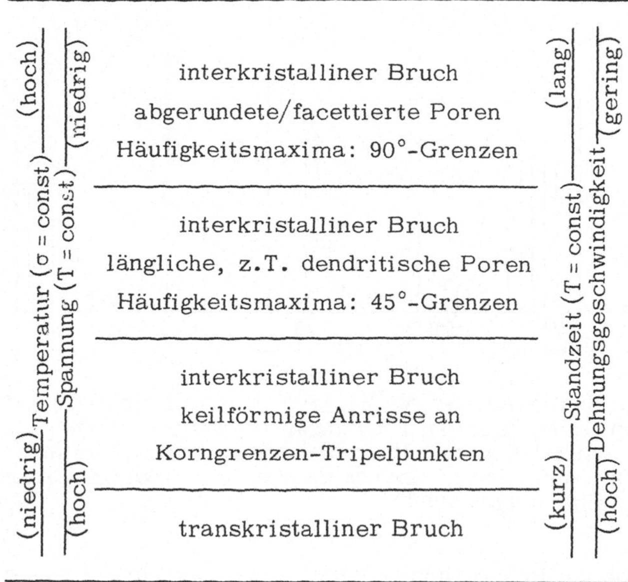

lehnt sich an Modelle des Sprödbruchs bei niedriger Temperatur an
[3.258], Abb. 3.69a. Wie erwähnt, wird dieser Vorgang in der Realität nicht so oft nachgewiesen wie ursprünglich vermutet - wahrscheinlich deshalb nicht, weil Spannungskonzentrationen, die für diesen recht instabilen Rißtyp ausreichen, schon an der Grenze zum Bereich des transkristallinen Bruches liegen.

Ein alternativer Mechanismus, der große Bedeutung erlangt hat, wurde anläßlich einer Untersuchung an Messing von Greenwood et al.
[3.259] vorgeschlagen: Porenbildung durch Leerstellenkondensation, Abb. 3.69b. Die theoretische Basis für dieses
Modell wurde von Baluffi und Seigle [3.260], von Hull und Rimmer
[3.261] sowie von Speight und Harris [3.262] gelegt. Man geht dabei
von einer bereits vorhandenen Pore mit dem Radius r aus und stellt
eine Bilanz der Energiebeiträge auf, die beim Einbau einer einzelnen
Leerstelle in die Pore - d.h. beim Ausbau eines einzelnen Atoms am

Porenrand - frei werden bzw. aufzuwenden sind. Es sind dies einmal
die äußere mechanische Arbeit σdl , die geleistet wird (weil die Probe

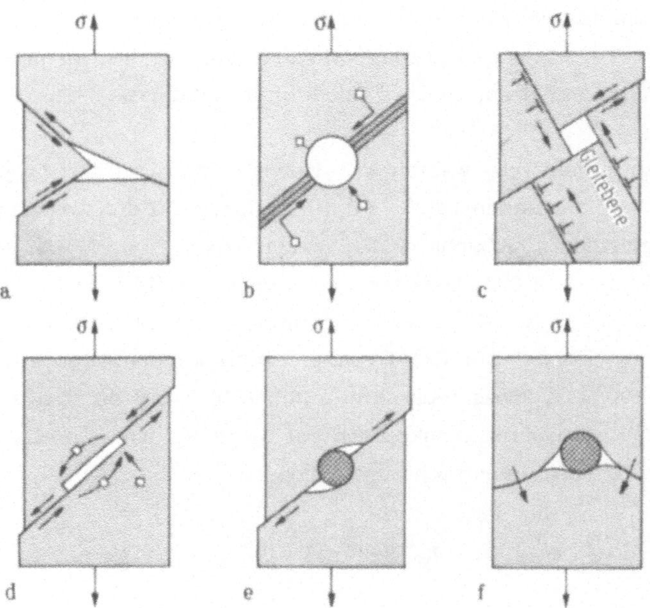

Abb.3.69. Schematische Darstellung von Riß- bzw. Porenbildungs-
prozessen bei der Warmverformung. Erläuterungen im Text.

insgesamt länger wird), zum anderen die Oberflächenenergie γdF,
die aufzubringen ist (weil die Pore größer wird). Wenn $\sigma = 0$, fällt
der erstgenannte Beitrag weg, und das System gewinnt Energie, wenn
die Pore schrumpft, indem sie Leerstellen abgibt. Dies ist ein
normaler Teilprozeß des Sinterns poröser Körper. Mit $\sigma > 0$ (Zugspannung) stabilisiert sich die Pore, und es ist leicht zu zeigen, daß
kugelförmige Poren für $\sigma > \sigma_c$ mit

$$\sigma_c = 2\,\gamma/r\,\sin^2\lambda \qquad\qquad (3.70)$$

unter Energiegewinn wachsen können. λ ist dabei der Winkel zwischen der Korngrenzenspur (Abb. 3.69b) und der Zugrichtung. In der
Regel wird davon ausgegangen, daß die Leerstellen aus dem Bereich

der Korngrenzen stammen, daß also das vorher anstelle der Poren
befindliche Material als zusätzliche Schicht neben der Korngrenze
eingefügt wird. Man kann aber auch vermuten, daß überschüssige
Leerstellen aus dem benachbarten Korninneren, die durch Kletterprozesse der Versetzungen erzeugt wurden, erst an die Korngrenze heran und dann über diese in die Poren hineinwandern.

(3.70) zeigt deutlich, warum 90°-Korngrenzen ($\sin^2 \lambda = 1$) gegenüber 45°-Korngrenzen ($\sin^2 \lambda = 0,5$) in bezug auf die Wachstumsrate
bevorzugt sind (s. Abschn. 3.5.5); bei $\sigma = 3\,\gamma/r$ sind z.B. Poren
vom Radius r auf 90°-Grenzen gut wachstumsfähig, während gleich
große Poren auf 45°-Grenzen schrumpfen. Erhöht man σ so stark,
daß auch "r-Poren" auf 45°-Grenzen stabil werden, wachsen diejenigen auf 90°-Grenzen doch so viel schneller, daß es nicht verwundert, wenn sie lichtmikroskopisch vor allen anderen auffallen. Wegen
(3.70) wird das Porenwachstum durch

$$\sigma_p = \sigma - 2\,\gamma/r \, \sin^2 \lambda \qquad\qquad (3.71)$$

gesteuert. Statt der äußeren Spannung σ auf der rechten Seite ist
wahrscheinlich die kleinere und legierungsabhängige effektive Spannung σ_{eff} einzusetzen, (3.46). Da man nun in vielen Untersuchungen
ein Maximum der Porenhäufigkeit auf 45°-Grenzen gefunden hat, muß
für diese noch ein anderer Wachstumsmechanismus wirksam sein.
Ein anderes Argument dafür ist, daß Leerstellenkondensation kaum
zur K e i m b i l d u n g von Poren führen kann, da die erforderlichen
σ_c-Werte für so kleine Porenradien r unrealistisch hoch sind. Schließlich sollte der Befund berücksichtigt werden, daß die Porenneubildung
etwa proportional zur Dehnung ε erfolgt.

Genau dies leistet ein anderer Bildungsmechanismus, der erstmalig
von Gifkins [3.263] vorgeschlagen wurde und der auf der Wirkung
von S t u f e n (engl.: ledges) an aufeinander a b g l e i t e n d e n K o r n -
g r e n z e n beruht, Abb. 3.69c. Hier sind offensichtlich die 45°-
Korngrenzen wegen ihrer maximalen Schubspannungskomponente
stark bevorzugt. Nach Gifkins entstehen die Stufen durch aufgestaute

Gleitbänder an der Korngrenze, der Vorgang der Auftrennung senkrecht zur Korngrenzenebene ist entscheidend. Chen und Machlin [3.264]
schlagen eine - heute bevorzugte - Variante vor, wonach das seitliche
Wachstum gemäß Abb. 3.69d im Vordergrund steht. Das "Dicken-
wachstum" der Pore würde nach diesen Autoren vor allem durch Leerstellenkondensation erfolgen, ein Prozeß, der allerdings wegen der
Konkurrenz des Sinterns für 45°-Grenzen nicht sehr wirkungsvoll
sein dürfte (s.o.). Ishida und McLean [3.265] konnten jedoch zeigen,
daß Versetzungen, die durch Gleiten aus dem Korninneren in die
Korngrenze gelangen und dann in dieser relativ leicht zur Pore "klettern" können, wesentlich schnelleres Porenwachstum ermöglichen.

Der enge Zusammenhang, den dieses Modell zwischen Porenbildung
und Korngrenzengleitung herstellt, erscheint befriedigend, da wir in
Abschn. 3.5.2 gesehen hatten, daß Bedingungen, welche Korngrenzengleitung begünstigen, auch die Duktilität herabsetzen. Allein, auch
hier bleiben Fragen offen, insbesondere die nach der genauen Art und
Herkunft der Stufen, die zur Hohlraumbildung mittels "Schiebung"
führen. Harris [3.266] vermochte eine Reihe meist versetzungstheo-
retischer Modelle für Stufen in Korngrenzen als unwahrscheinlich
zurückzuweisen, z.B. [3.100]. Er folgerte aufgrund eigener TEM-
Untersuchungen an technisch reinem Magnesium, daß sehr kleine
Teilchen einer zweiten Phase (Verunreinigungen, Ausscheidungen) die wahrscheinlichste Ursache der Porenbildung an 45°-Gren-
zen sind, Abb. 3.69e [3.135]. Diese Vorstellung wird durch raster-
elektronenmikroskopische Untersuchungen von Tipler et al. [3.252]
an Stählen direkt bestätigt (Korngrenzenkarbide) und auch von anderen
Autoren befürwortet, z.B. [3.270].

Kleinen Teilchen einer zweiten Phase haftet zweifellos das Odium an,
eine "wissenschaftliche Ausrede" für fehlendes Verständnis eines Vorganges zu sein. Bei so stark strukturempfindlichen Eigenschaften wie
Plastizität und Duktilität sind sie jedoch durchaus ernstzunehmen.
Nichtbenetzende Fremdpartikel können auch eine Erklärung für die
Bildung von Poren auf 90°-Grenzen (also ohne wesentliche Abgleitung
längs der Grenze) liefern, da sie den $\gamma/2r$-Term in (3.71) weitge-

hend eliminieren: Sie ermöglichen h e t e r o g e n e P o r e n k e i m b i l -
d u n g . Insbesondere gilt dies für Konfigurationen, die im Laufe der
Kriechdehnung durch Korngrenzenwanderung entstehen und zur teil-
weisen Umschließung der Fremdteilchen führen, Abb. 3.69f: Korngrenzenwanderung ist zur Anpassung der Kornverformung an Korngrenzengleitprozesse notwendig. Stiegler et al. [3.248] beobachteten
elektronenfraktographisch "vulkankegelförmige" Ausbuchtungen an
Korngrenzen, die an Abb. 3.69e erinnern.

Abschließend kann festgestellt werden, daß das Zusammenspiel von
Korngrenzengleitung und Leerstellenkondensation, welches zur Poren-
bildung und zum Porenwachstum, schließlich zum Zusammenwachsen
der Hohlräume und damit zum katastrophalen Verlust am tragenden
Querschnitt führt, relativ gut verstanden wird. Eine q u a n t i t a t i v e
T h e o r i e , welche die Kinetik dieses Vorganges von der Keimbildung
bis zum ausbreitungsfähigen Riß beherrscht, muß nun als nächste
Stufe angestrebt werden, vgl. [3.261], [3.284] bis [3.286].

In erster Näherung können wir an die Monkman-Grant-Beziehung
(3.11) zwischen Bruchdehnung, stationärer Kriechrate und Zeit bis
zum Bruch anknüpfen, obwohl wir sahen, daß ε_B von Belastung und
Temperatur nicht völlig unabhängig ist. Weiter nehmen wir an, daß
der Bruch zu dem Zeitpunkt t_B eintritt, zu dem eine von σ und T unabhängige (!?) k r i t i s c h e P o r o s i t ä t V_{krit} oder ein kritischer
Porenradius erreicht worden ist, etwa in dem Sinne, daß die Hälfte
der senkrecht zur Zugachse liegenden Korngrenzen von Poren bedeckt
ist. Dabei bleibt unberücksichtigt, daß flache Poren in der Grenzfläche den tragenden Querschnitt der Probe mehr schwächen als runde
Poren. Akzeptieren wir einmal diese Annahmen als erste Näherung
einer Kriechbruchtheorie, so folgt

$$\varepsilon_B = \dot{\varepsilon}_s t_B \approx \dot{\varepsilon}_s V_{krit} / (dV/dt) \ . \qquad (3.72)$$

dV/dt ist wie folgt auszuschreiben:

$$dV/dt = (\partial V/\partial t)_\varepsilon + (\partial V/\partial \varepsilon)\dot{\varepsilon} \ . \qquad (3.73)$$
$$III$$

Term I auf der rechten Seite beschreibt dasjenige Porenwachstum,
welches unter Lasteinwirkung auch ohne gleichzeitige Gleitung stattfindet: Wir deuten diesen Term als Ausdruck des Porenwachstums
durch Leerstellenkondensation (s.o.). Seine Spannungs- und Temperaturabhängigkeit ist im Wesentlichen in

$$(\partial V/\partial t)_\varepsilon \sim (D_{gb}\,\delta\,\Omega/2\,kT)\,\sigma \qquad\qquad (3.74)$$

enthalten, analog zu (3.57). D_{bg} ist hier der Korngrenzendiffusions-
koeffizient, δ die effektive Breite der Korngrenze als Diffusionsweg,
Ω das Atomvolumen.

Term II beschreibt demgegenüber die durch Abgleitprozesse bedingte
Porenbildung, die nicht direkt von der Zeit abhängt. $\partial V/\partial\varepsilon$ hängt von
der Stufenhöhenverteilung längs der Grenzflächen ab und nimmt wahrscheinlich mit wachsender Porenzahl N_P zu. Die Spannungsabhängig-
keit von Term II wird in erster Linie von $\dot\varepsilon$ und damit durch σ^n bzw.
$\exp(\beta\sigma)$ bestimmt. Daraus folgt, daß bei kleinen Spannungen der
Term I (Leerstellenkondensation auf $90°$-Grenzen), bei hohen Spannungen der Term II (Porenöffnung an Stufen in $45°$-Grenzen) in (3.73)
dominiert; dies entspricht genau dem Schema in Abschn. 3.5.5. In
einem mittleren Spannungsbereich unterstützt die Porenöffnung auf
den $45°$-Grenzen durch Aufbau von lokalen Spannungskonzentrationen
das Porenwachstum auf $90°$-Grenzen und erhöht damit die Gefahr
eines "Duktilitätsminimums" (s.o.).

3.5.7. Beeinflussung der Kriechduktilität

Wenn Kriechduktilität durch Porenwachstum gesteuert ist, müßte
Kriechbruch sich durch Überlagerung von h y d r o s t a t i s c h e m
D r u c k unterdrücken lassen. Dies ist tatsächlich (weitgehend) der
Fall, wie Ratcliffe und Greenwood [2.49] an Magnesium nachgewiesen haben: Indem ein hydrostatischer Druck P vom gleichen Betrag
wie die Zugspannung überlagert wurde, verdreifachte sich die Bruchdehnung. (Es genügte n i c h t , $P = \sigma_P$ gemäß (3.71) zu überlagern -
Kennzeichen dafür, daß die Hohlräume nicht durch Leerstellenkondensation allein entstehen!) Versuche mit überlagerten, vor- oder nach-
geschalteten Druckspannungen haben in der Folge eine erhebliche

Rolle gespielt, um Argumente für oder gegen einen der in Abschn.
3.5.6 behandelten Porenbildungsmechanismen zu sammeln [3.267]
bis [3.269]. Diese Fragestellung kann heute angesichts einer diffe-
renzierteren Betrachtungsweise als überholt gelten. Als praktische
Möglichkeit, die Kriechbruchdehnung beanspruchter Teile zu erhöhen,
kommt Druckanwendung ohnehin kaum infrage.

Legierungstechnische Maßnahmen und gezielte Wärmebehandlungen müssen sich an dem Ausdruck (3.73) orientieren, dessen
Wert möglichst klein zu halten ist. Im Bereich hoher Spannungen
(Term II) liegt es nahe, die Korngrenzengleitung durch Einbau von
Korngrenzenausscheidungen herabzusetzen. Leider schafft man dadurch viele Keime auch auf $90°$-Korngrenzen, womit man die Porenbildung durch Leerstellenkondensation fördert. Diese ist für Langzeit-
einsatz maßgebend und somit besonders wichtig.

Soll $(\partial V/\partial t)_\varepsilon$ herabgesetzt werden, ist zu beachten, daß das Symbol σ
in (3.74) die korrigierte Spannung nach (3.71) bedeutet; insofern
sollte man auf alle Fälle grenzflächenaktive Legierungszusätze vermeiden [3.271]. Ferner ist in (3.71) bis (3.74) die effektive
Spannung σ_{eff} einzusetzen. Jede Herabsetzung von σ_{eff} durch Misch-
kristall-, Substruktur- oder Dispersionshärtung verlangsamt also -
zum Glück - die Porenbildung. Leider verlangsamt sie die stärker
spannungsabhängige Kriechrate $\dot\varepsilon$ noch mehr, so daß bei gleichem
kritischen Porenradius nur eine kleinere Bruchdehnung erreicht wird,
vgl. (3.72): Hier findet die uns schon bekannte Komplementarität
von Kriechfestigkeit und Kriechduktilität ihre Deutung. Immerhin
kann durch Anpassung der Betriebsbelastung an die inneren Gegen-
spannungen des verfestigten Werkstoffs ein sehr niedriger Wert von
σ_{eff} eingestellt werden. Wegen (3.70) sind dann nur relativ große Poren thermodynamisch stabil bzw. wachstumsfähig. Sorgt man nun dafür, daß die Korngrenzen frei von größeren Ausscheidungen sind, so
läßt sich zumindest eine längere Inkubationszeit und damit bereits ein erheblicher technischer Gewinn erzielen, vgl. Abb. 3.66b.

Als wirkungsvolle Maßnahme gegen Kriechbruch muß auch die Vermeidung von $45°$- und $90°$-Korngrenzen überhaupt angesehen werden,

zumal sie außerdem die Kriechfestigkeit erhöht, Abschn. 3.2.3. Wir
denken hier an Grobkornbildung oder an gerichtete Erstarrung. Allerdings ist auch dies kein Allheilmittel, da man dadurch die Raumtemperaturduktilität negativ beeinflußt und so die Gefahr gefährlicher Anrißbildung bei Abkühlung des Konstruktionsteils erhöht.

Angesichts der begrenzten Möglichkeiten, das Kriechbruchrisiko vom
Werkstoff her zu verringern, haben Verfahren ein besonderes Interesse, welche die während des primären und sekundären Kriechstadi-
ums eingetretene Werkstoffschädigung durch Poren usw. durch eine
A u s h e i l b e h a n d l u n g bei hoher Temperatur zu beseitigen versuchen. Damit soll die "Lebenserwartung" wieder erhöht werden. Unter-
suchungsergebnisse hierzu an Nimonic- und Incoloy-Werkstoffen teilten Hart und Gayter mit [3.272]. Diese Autoren führten nach verschieden langen Kriechbelastungen (bis in den tertiären Bereich hinein)
erneute Lösungsglühungen und Ausscheidungsbehandlungen durch, mit
dem Ergebnis, daß in der Tat z.B. Nimonic 105 völlig regeneriert,
d.h. seine normale Standzeit t_B wieder hergestellt wurde, Abb. 3.70.
Dies wird auf die Ausheilung der meisten Korngrenzenporen durch
Sinterung nach Wegfall von σ zurückgeführt. Allerdings blieb eine
merkliche Verschlechterung der Raumtemperaturduktilität zurück.

Die Regenerativbehandlung nach Hart und Gayter ist praktisch kaum
durchführbar. Etwas weniger drastisch gehen Walker und Evans
[3.273], [3.274] mit Kriechproben aus austenitischem Cr-Ni-Nb-
Stahl vor, indem sie bei konstanter Temperatur die Kriechbelastung
auf Null zurücknehmen. Wie erwartet, geht dadurch die bei der vorangegangenen Kriechdehnung gebildete Porosität zurück, und die Rest-
lebensdauer nach erneuter Belastung nimmt zu. Eine v o l l s t ä n d i g e
Erholung erfolgt jedoch nicht. Als Grund hierfür wird von den genannten Verfassern wie auch von Gittins [3.275] angenommen, daß sich
G a s e (z.B. H_2O) in den Poren ansammeln und deren restloses Zu-
sintern verhindern. In diesem Falle ist immer noch ein Ausheileffekt
dadurch möglich, daß Korngrenzen sich von den Poren ablösen und
diese isoliert zurücklassen. Davies [3.276] weist jedoch auf die Grenzen der Wirksamkeit solcher Regenerativbehandlungen hin; sie sind

insbesondere durch die bei $\sigma = 0$ fortdauernde Überalterung von Dispersionen und durch die Bildung von Oberflächenanrissen bedingt.

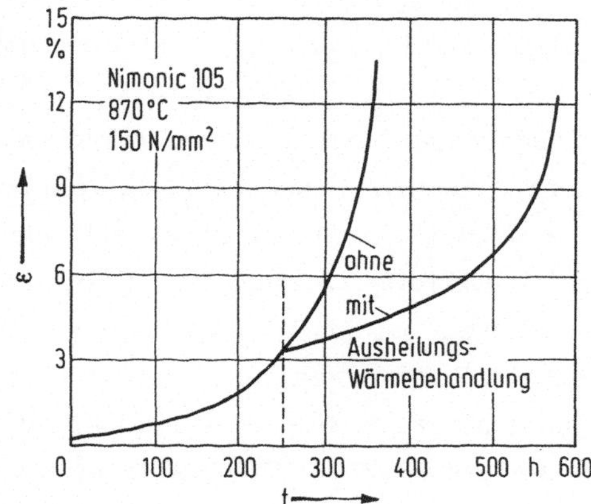

Abb.3.70. Einfluß einer Wärmebehandlung (4 h 1150°C + 16 h 1050°C + 16 h 850°C/Luft) auf das weitere Kriechverhalten einer Ni-Legierung (870°C, 150 N/mm²). [3.272].

Solche Anrisse oxydieren leicht und heilen dann natürlich nicht wieder aus. - Weitere Literatur zu diesem Thema: Nimonic 80 A [3.276], [3.277], Gold [3.278], Übersicht [3.279].

Auf die Problematik der zusätzlichen Versprödung, die bei hoher Temperatur durch die Folgen von Neutronenbestrahlung (insbesondere Entwicklung von He-Spaltgas, welches den Innendruck in den Poren und damit ihre Wachstumsrate heraufsetzt) entsteht, kann hier nicht näher eingegangen werden. Auf den Überblick mit Literaturhinweisen von Woodford [3.101] sei hingewiesen.

3.6. Werkstoffverhalten bei Warmverformung

3.6.1. Vorbemerkung

Der allgemeine Zusammenhang zwischen dem Warmverformungsvorgang bei vorgegebener konstanter Verformungsgeschwindigkeit $\dot{\varepsilon}$ und dem Kriechvorgang bei vorgegebener konstanter Last bzw. Spannung σ

wurde in Abschn. 2.3.1 behandelt, vgl. insbesondere (2.22) bis (2.25).
Angaben zur Meßtechnik finden sich in Abschn. 2.3.2 und 2.3.3.

Es war schon darauf hingewiesen worden, daß vom technologischen
Standpunkt aus der hier zu behandelnde Versuchstyp weniger im Zusammenhang mit dem Zeitstandverhalten im Einsatz, als vielmehr
mit dem Fertigungsprozeß der Umformung bei hoher Temperatur
(W a r m f o r m g e b u n g, engl.: hot working) gesehen wird; Formu-
lierungen wie "hot ductility test" oder "hot workability test" machen
dies auch im angelsächsischen Schrifttum deutlich. Erwägungen der
Wirtschaftlichkeit, aber auch solche der Wärmetechnik, lassen relativ hohe Geschwindigkeiten der Warmformgebung wünschenswert erscheinen. Der $\dot{\varepsilon}$-Bereich, in dem die nachfolgend behandelten Ergebnisse erzielt wurden, liegt daher mit seinem Schwerpunkt um mehrere
Zehnerpotenzen über dem der üblichen Kriech- und Zeitstandversuche.
Auch der Temperaturbereich der Warmformgebung liegt, um hohe
Verformungsraten mit vertretbarem Energieaufwand zu erzielen,
näher bei T_m als im Falle der Zeitstandprüfung.

Diese Unterschiede wirken sich bei einer Reihe von Metallen in qualitativ anderem Verhalten des Gefüges aus, Abschn. 3.6.4. Anderer-
seits bleibt der funktionale Zusammenhang zwischen $\dot{\varepsilon}$ und σ im wesentlichen erhalten, Abschn. 3.6.3. Eine Diskussion der Warmver-
formung im Rahmen dieses Buches wird daher anstreben müssen,
die mit dem Kriechversuch übereinstimmenden Verhaltensweisen
gegenüber den zusätzlichen Teilprozessen bei schneller Verformung
abzugrenzen. Es kann dabei auf die Wiedergabe vieler Einzelheiten
um so mehr verzichtet werden, als zahlreiche Übersichtsberichte
anderer Autoren mit umfangreichen Literaturhinweisen vorliegen
[3.26], [3.100], [3.116], [3.289] bis [3.294], vgl. auch [1.16].

3.6.2. Verlauf der Spannungs-Dehnungs-Kurve

Ein großer Teil der verfügbaren Daten stammt aus Warmtorsionsver-
suchen. Ihre Umrechnung auf wahre Dehnungen und wahre Spannungen
ist jedoch möglich und liefert Übereinstimmung von Zug- und Verdreh-
versuchen [3.295]. Damit ergibt sich in der Mehrzahl der Fälle eine

charakteristische Form der $\sigma_w(\varepsilon_w)$-Kurve, Abb. 3.71.

Der Steilanstieg zu Beginn der Verformung ist als V e r f e s t i g u n g
anzusprechen; er korrespondiert zu dem Steilabfall der Kriechrate

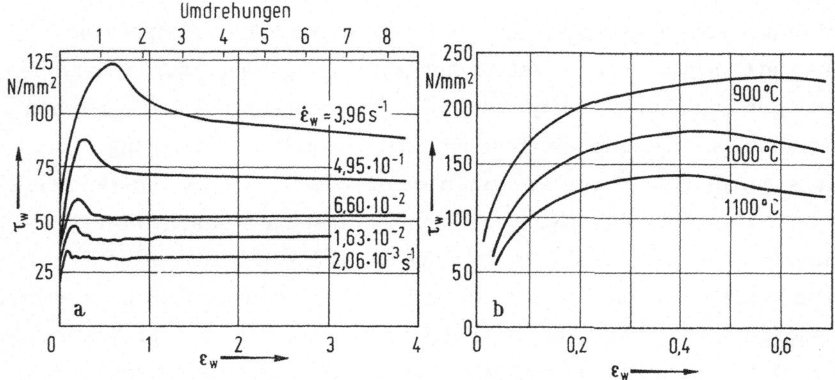

Abb.3.71. Wahre Spannung σ_w als Funktion der wahren Dehnung ε_w
im Warmtorsionsversuch. a) Fe - 25 % Cr [3.295] bei verschiedenen
Verformungsgeschwindigkeiten; b) Rein-Ni bei verschiedenen Temperaturen, nach [3.293].

im Übergangsbereich. Das streckgrenzenähnliche M a x i m u m der
Spannung bzw. des Drehmomentes entspricht nicht dem normalen
Kriechverhalten. Die zu σ_{max} gehörende Dehnung nimmt mit wachsender Verformungsrate bzw. Spannung zu, Abb. 3.72. Ein makroskopisch ähnliches Verhalten wurde an versetzungsarmen Si- und Ge-
Einkristallen beobachtet [3.297], [3.298]; dabei konnte gezeigt werden, daß die d y n a m i s c h e S t r e c k g r e n z e im Verformungsversuch genau dem Auftreten einer "Inkubationsperiode" im Kriechversuch entspricht (der engl. Sprachgebrauch beschreibt den Anfangs-
teil solcher Kriechkurven zutreffender als "sigmoidal creep"). Die
physikalischen Ursachen beider Effekte sind jedoch wesentlich verschieden. - Im K o m p r e s s i o n s v e r s u c h an Armco-Eisen und
einem Fe-2,8 % -Si-Stahl wurden allerdings keine Spannungsmaxima,
sondern monotoner Übergang zum stationären Fließen beobachtet
[2.57].

Schließlich münden die Warmverformungskurven nach größeren Dehnungen in einen horizontalen Teil ein: Über hohe Verformungsgrade

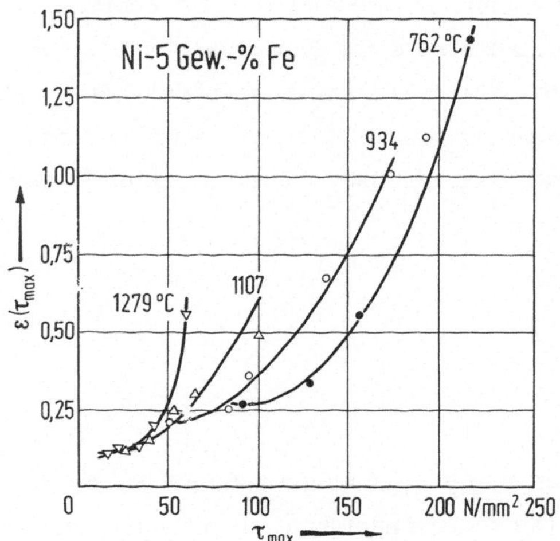

Abb.3.72. Lage des Spannungsmaximums der $\sigma_w(\varepsilon_w)$-Kurve einer
Ni - 5 % Fe-Legierung als Funktion von σ_{max} für vier verschiedene
Temperaturen [3.296].

bleibt die zur Aufrechterhaltung der vorgegebenen Verformungsgeschwindigkeit benötigte (wahre) F l i e ß s p a n n u n g $\sigma_F < \sigma_{max}$ angenähert konstant. Die Verformung ist in diesem Bereich, analog zum
Kriechversuch, s t a t i o n ä r . Vor allem bei kleinen Verformungsraten überlagern sich dem stationären Teil anfangs noch fast-periodi-
sche Schwankungen von σ .

Die einzelnen Metalle verhalten sich diesbezüglich allerdings verschieden. Sellars und McTegart [3.299] zeigen z.B., wie bei Cu bei
780 °C und der kleinen Verformungsrate von $1,9 \cdot 10^{-3}\,s^{-1}$ ausgepräg-
te Oszillationen nach Überschreiten der Maximalfließspannung auftreten, wohingegen sie bei Al, 450 °C, ebenfalls $1,9 \cdot 10^{-3}\,s^{-1}$, kaum erkennbar sind (beide Temperaturen entsprechen $0,78\,T_m$).

3.6.3. Abhängigkeit der Fließspannung von Verformungsgeschwindigkeit, Temperatur und Legierungszusammensetzung

Zunächst sei wiederholt, daß in dem Bereich von $\dot{\varepsilon}$, in dem auch Kriechversuche durchgeführt werden, keine neuen Gesichtspunkte gegenüber den in Abschn. 3.2 behandelten Ergebnissen auftreten. Dasselbe gilt, wenn man etwa einen Kriechversuch mit $\dot{\varepsilon}_s = 10^{-5}\,s^{-1}$ bei $0,5\,T_m$ mit einem Warmverformungsversuch mit $\dot{\varepsilon} = 10^{-1}\,s^{-1}$ bei $0,9$ T_m vergleicht: Die temperaturkompensierte Verformungsrate im Sinne von Zener-Hollomon, (3.23), kann auch hier in etwa übereinstimmen.

So mißt man

$$\sigma_F = C\,\dot{\varepsilon}^{\,m} \qquad\qquad (2.23)$$

mit $m = 1/n$, wenn n der Spannungsexponent des Kriechversuchs ist. Man findet bei kleinen Spannungen (hohen Temperaturen) $m \approx 0,2$ (d.h. $n \approx 5$) und bei hohen Spannungen (niedrigen Temperaturen) erwartungsgemäß $m \approx 0,02$ ($n \approx 50$) und noch kleinere Werte. Da letzteres unbefriedigend ist, stellt man den Zusammenhang zwischen σ_F und $\dot{\varepsilon}$ bevorzugt exponentiell dar. Es ist unnötig, die ausführliche Diskussion hierzu aus Abschn. 3.2.1 zu wiederholen. Beispiele: Abb. 3.11 und 3.73.

Die Temperaturabhängigkeit des Vorganges läßt sich bei Anwendung geeigneter Darstellung von C in (2.23) als Aktivierungsenergie Q_{def} angeben. Dabei ist von den meisten Autoren auf dem Gebiet der Warmverformung die Notwendigkeit einer Korrektur von Q_{def} in bezug auf die Temperaturabhängigkeit von G und auf das Aktivierungsvolumen nicht gesehen worden, obwohl gerade unter Bedingungen der Warmformgebung der Term $V\sigma/kT$ recht große Werte annehmen kann, vgl. (3.28), (3.30). Bemerkenswert ist nun, daß die bei der Warmverformung gemessenen Aktivierungsenergien nicht immer mit den aus Kriechversuchen (d.h. bei wesentlich kleineren $\dot{\varepsilon}$ - Werten) gemessenen übereinstimmen, sondern vielfach wesentlich höher sind, Tabelle 3.3.

Tab. 3.3. Aktivierungsenergien (in kJ/mol) für Selbstdiffusion, Kriechen und Warmverformung verschiedener Metalle nach Jonas et al.
[3.293] (dort Quellenangaben)

Werkstoff	Q_{sd}	Q_c	Q_{def}
Al	138	138–151	155
Fe-0,03%C	239–281	285	276
Cu	184–234	197–234	301
Ni	293	272–280	297
Ni-20-Fe	222	201	393
Fe-18Cr-8Ni	281	314	415

In der letztgenannten Gruppe hängt die Aktivierungsenergie stark von

der Verformungsrate bzw. von σ ab. Der verfestigende Legierungs-

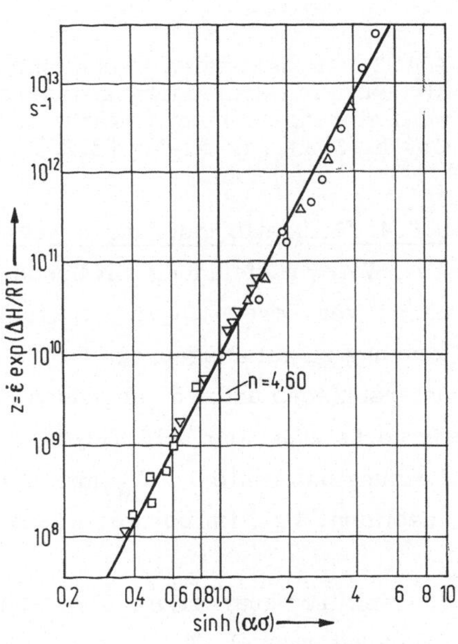

Abb.3.73. Zusammenhang
zwischen Verformungsge-
schwindigkeit und stationärer Fließspannung im Warmtorsionsversuch an einem
umlegierten Stahl mit 0,25 %
C im γ-Gebiet [3.295], dargestellt unter Verwendung
von (3.15), vgl. auch Abb.
3.11. n = 4,6; m = 0,22.

einfluß auf den Formänderungswiderstand bei der Warmformgebung

entspricht der Herabsetzung der Dehngeschwindigkeit im Kriechver-

such, Abschn. 3.2.4. Beispiele aus den besonders eingehenden Unter-

suchungen von Sellars u.M. gibt Abb. 3.74. Die Diskussion denkbarer **Ursachen** für diesen Einfluß erfolgte jedoch vorwiegend im Zusammenhang mit Kriechversuchen, vgl. ebenfalls Abschn. 3.2.4 und Abb. 3.26.

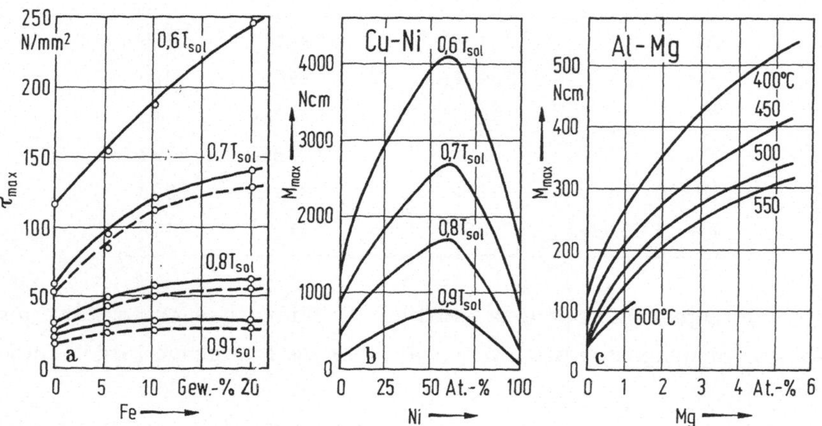

Abb.3.74. Maximales Drehmoment bzw. Fließspannungsmaximum als Maß für Formänderungswiderstand in Abhängigkeit vom Zusatz an Legierungselement (Mischkristallbereich). a) Ni-Fe [3.296]; Cu-Ni [3.33]; c) Al-Mg [3.33].

3.6.4. Gefügeveränderungen während der Warmverformung

Auch Warmverformung mit hohen Werten von $\dot{\varepsilon}$ bzw. $V\sigma/kT$ wird zunächst von Versetzungen getragen, welche sich bei Beginn der Verformung zu gut ausgeprägten **Subkorngrenzen** mit Orientierungsunterschieden unter 5° anordnen. Das Innere der Subkörner ist relativ versetzungsarm - im Gegensatz zu den "Zellen", die sich bei Verformung unterhalb $0,5\,T_m$ mit viel weniger regelmäßigen Zellwänden ausbilden. Vgl. im übrigen Abschn. 3.3.

Ein weiterer qualitativer Unterschied zwischen Verformung bei tiefer Temperatur (z.B. 30 °C für Al) und im Bereich der Warmformgebung ist die unterschiedliche Abhängigkeit zwischen dem Subkorndurchmesser L_{sk} und der Fließspannung. Während bei Raumtemperatur in Al [3.300], [3.301]

$$\sigma = a' + b'\,L_{sk}^{-1/2} \tag{3.75}$$

gilt, findet man bei Temperaturen um und über $0,5\ T_m$

$$\sigma = a + b\ L_{sk}^{-1} \tag{3.76}$$

[3.302], [3.303]. Diese Beziehung gilt für schnelle Stauchversuche
ebenso wie für Strangpressen (engl.: extrusion), Warmtorsion und
für Kriechen, vgl. (3.45). Ergebnisse an Al vgl. Abb. 3.75. Will

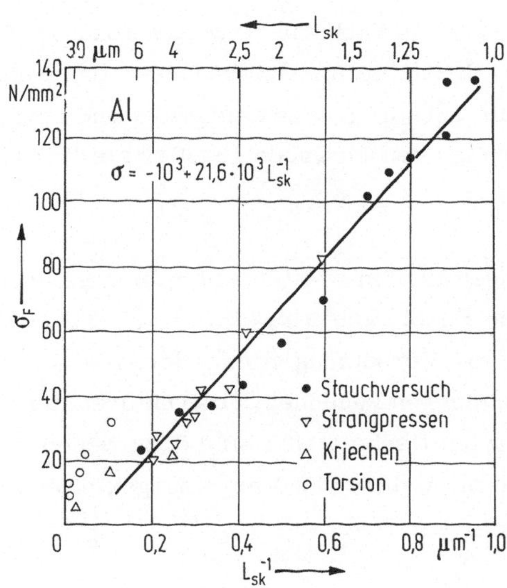

Abb.3.75. Zusammenhang zwischen Fließspannung und Subkorndurchmesser bei Warmverformung gemäß (3.76). Werte für Al
[3.303]; und Zr [3.311].

man statt σ die vorgegebene Verformungsgeschwindigkeit $\dot{\varepsilon}$ mit L_{sk}
in Zusammenhang bringen, so bewährt sich besonders gut die Bezie-
hung

$$L_{sk}^{-1} = a'' + b''\ \log z, \tag{3.77}$$

$$z = \dot{\varepsilon}\ \exp(+Q_{def}/RT).$$

z ist die temperaturkompensierte Verformungsrate. Zumindest im
Bereich der exponentiellen Spannungsabhängigkeit von $\dot{\varepsilon}$ stimmen

(3.76) und (3.77) gut überein. Mit steigender Temperatur, aber gleichem $\dot{\varepsilon}$, wird gemäß (3.76) L_{sk} größer, weil die erforderliche Fließspannung entsprechend kleiner wird.

Ein anderer sehr wichtiger experimenteller Befund stimmt mit dem Kriechverhalten überein: Untersucht man die Substruktur von warmverformtem Aluminium, so stellt man fest, daß auch bei sehr starker Verformung - bis zu 4000 % ! - durch Strangpressen [3.302] oder Warmwalzen [3.305] das Subkornnetzwerk i s o t r o p (gleichachsig) im Sinne von Abb. 3.30c bleibt. Das bedeutet, daß während der Warmverformung ständig Subkorngrenzen aufgelöst und neugebildet werden müssen, ein Vorgang, den McQueen [3.302] als "R e p o l y g o n i s a - t i o n " bezeichnet.

Diese Beobachtungen treffen wie für Aluminium so auch für α-Eisen und für ferritische Fe-Si-Stähle zu [2.57], [3.304]. Es besteht auch kein Zweifel, daß die Versetzungen in anderen Metallen - z.B. Nickel - bei kleinen Verformungen zunächst Substrukturen der beschriebenen Art ausbilden. Austenitische Stähle sind dazu wegen ihrer niedrigen Stapelfehlerenergien, welche das Versetzungsklettern erschweren, oft nicht imstande.

In a l l e n diesen Fällen steht der Substrukturbildung ein K o n k u r r e n z - p r o z e ß gegenüber: die während der Verformung ablaufende d y n a m i - s c h e R e k r i s t a l l i s a t i o n. Alle Umstände, welche die d y n a m i - s c h e E r h o l u n g (engl.: dynamic recovery) behindern, machen es wahrscheinlicher, daß dynamische Rekristallisation einsetzt. Hohe Verformungsraten erzeugen eine hohe Versetzungsdichte und kleine Subkörner. Dies führt an sich auch zu hohen Erholungsraten, aber es setzt auch die kritische Verformung herab, nach welcher Rekristalli- sation einsetzt. Umgekehrt verschieben Verunreinigungen, welche die Korngrenzen verankern, das Gewicht zugunsten der Erholungspro- zesse, zu ungunsten der dynamischen Rekristallisation.

Es stellt sich also gar nicht die Frage, ob stationäre Warmverfor- mung g r u n d s ä t z l i c h durch Versetzungsvernichtung an Subkorngrenzen (dynamische Erholung) oder g r u n d s ä t z l i c h durch Bildung und Wachstum neuer, versetzungsarmer Körner (dynamische Rekristallisation) ermöglicht wird. Die Frage muß vielmehr lauten: Welcher A n t e i l der Entfestigung erfolgt bei der gegebenen Probenzusammensetzung und den gegebenen Werten von ε , $\dot{\varepsilon}$ und T durch dynamische Erholung, welcher durch dynamische Rekristallisation? Nur in seltenen Fällen wird dieser Anteil bei 0 oder bei 100 % liegen.

Das Problem des "entweder - oder", das wir hier als unzulässige Alternative gekennzeichnet haben, bildete mehrere Jahre hindurch das Thema einer intensiv geführten Kontroverse. Stüwe [3.306] bis [3.308] z.B. vertrat die Ansicht, dynamische Erholung sei der einzige wesentliche Entfestigungsmechanismus bei der Warmformgebung. Die Kontroverse beruhte auf der Schwierigkeit, einen einwandfreien e x - p e r i m e n t e l l e n N a c h w e i s zu führen: Selbst wenn in der verformten Probe eindeutig rekristallisierte Körner beobachtet werden, so ist es doch schwer, nachzuweisen, daß diese nicht n a c h der Verformung durch "statische" Rekristallisation entstanden sind; die Abkühlungszeit der Probe nach dem sehr kurzen Verformungsschritt könnte dafür durchaus ausreichend sein.

Folgende Indizien sprechen jedoch dafür, daß dynamische Rekristallisation zumindest in der einen Gruppe von Metallen und Legierungen eine bedeutende Rolle spielt:

1. Dynamische Rekristallisation läßt sich nicht bei langsamen, wohl aber bei schnellen Kriechversuchen ($\dot{\varepsilon} \approx 10^{-3}\,\mathrm{s}^{-1}$) direkt feststellen, Abschn. 3.3.1. Es ist logisch, daß sie bei noch schnelleren Verformungen noch mehr Gewicht erhält.
2. Körner, die w ä h r e n d der Verformung durch Rekristallisation entstanden sind, unterscheiden sich von n a c h t r ä g l i c h gebildeten in der Regel dadurch, daß sie nach ihrer Entstehung weiter verformt werden und dadurch wieder eine größere Versetzungsdichte bzw. eine Zellstruktur enthalten, vgl. [3.307] u.a.
3. Die Aktivierungsenergien in den "rekristallisationsverdächtigen" Gefügen stimmen nicht mit denen des stationären Kriechens überein

und passen eher zu Meßwerten von statischen Rekristallisationsver-
suchen.
4. Die in Abschn. 3.6.2 erwähnten Oszillationen lassen sich am
zwanglosesten durch die Annahme erklären, daß jeweils nach Akkumu-
lation einer kritischen Verformung ein Rekristallisations-"Schub" aus-
gelöst wird, der σ_F herabsetzt. Sodann erfolgt neue Verformung und
Verfestigung. Luton und Sellars [3.296] haben diesen Vorgang durch
ein recht plausibles Modell dargestellt.
5. Durch besondere experimentelle Techniken - z.B. indem Torsions-
proben innerhalb eines Quarzrohres verformt und dort in 0,7 s von
900 auf 300 °C abgeschreckt werden - ließ dynamische Rekristallisation an Stählen sich doch einwandfrei nachweisen und von der langsa-
meren statischen Rekristallisation abgrenzen [3.310]. In Übereinstimmung mit weniger direkten Beobachtungen konnte gezeigt werden,
daß die neuen Körner erstmalig bei der zum Maximum der Spannungs-
Dehnungs-Kurve gehörigen Dehnung auftreten. Dasselbe ließ sich an
Kupfer nachweisen, indem die Torsionsprobe mit Wasser abgeschreckt
wurde, bevor der Antrieb abgeschaltet wurde [3.309].

Während also dynamische Rekristallisation zweifellos ein reeller und
wichtiger Entfestigungsvorgang bei der Warmverformung ist, halten
wir doch fest, daß sie stets von Erholungsprozessen in jedem einzelnen, der Verformung noch unterliegenden Korn begleitet ist. Diese dynamische Erholung verläuft dabei wesentlich schneller als statische
Erholung ohne gleichzeitige Verformung, u.a. deshalb, weil zusätzliche Leerstellen in das Gitter eingebracht werden.

Bei geringen Gesamtverformungen (z.B. kleinen Walzstichen), bei
denen das Maximum der Spannungs-Dehnungs-Kurve nicht erreicht ist,
wird die Entfestigung ausschließlich durch Annihilation von Versetzungen an Subkorngrenzen, also durch dynamische Erholung erfolgen.
Dies wird um so schneller und gründlicher gehen, je leichter die Versetzungen im Subkorn klettern und quergleiten können. Bei gleichem
Diffusionsvermögen ist nun das Kletter- und Quergleitvermögen um so
größer, je weniger die Versetzung aufgespalten ist. Eine niedrige Stapelfehlerenergie wird also die dynamische Erholung verzögern. Beim

Ende der Verformung, z.B. beim Abschalten der Torsionsmaschine
oder beim Verlassen des Walzspaltes, liegt ein Gefüge hoher Versetzungsdichte und kleiner Subkorngröße vor; es wird, auf Temperatur
gehalten, "in Sekundenschnelle" rekristallisieren - statisch!

Ganz anders ein Werkstoff mit hoher Stapelfehlerenergie wie Aluminium: Seine Versetzungen sind kaum aufgespalten, die dynamische
Erholung ist also sehr wirkungsvoll. Auch Minuten nach der Warmverformung findet keine Rekristallisation statt. Infolgedessen ist Aluminium das "Paradebeispiel" für Entfestigung durch dynamische Erholung [3.312], [3.313].

3.6.5. Duktilität bei der Warmverformung

Ein auffälliges Merkmal der Warmverformung, insbesondere des
Warmtorsionsversuchs, ist die erzielbare hohe Gesamtverformung
bis zum Bruch. Während im Kriechversuch Bruchdehnungen von 60 %
bereits als beachtlich gelten, können Warmtorsionsproben 100 mal
und mehr verdreht werden, ehe sie reißen (das gilt allerdings nur
wenn Longitudinalspannungen in der Mantelfläche der Probe durch
einseitig freie Probeneinspannung reduziert werden). Dies entspricht
Nominaldehnungen von mehreren tausend Prozent in der Mantelfläche
bzw. wahren (logarithmischen) Dehnungen von etwa 20. Wie kommt
es zu dieser bemerkenswerten Duktilität?

Im Fall des Aluminiums ist offenbar die sehr rasche dynamische
Erholung (s.o.) in der Lage, alle Spannungskonzentrationen durch
plastische Verformung abzubauen, die zu Rißkeimbildung Anlaß geben
könnten. Da die Erholungsprozesse diffusionsgesteuert sind, nimmt
diese Tendenz mit steigender Temperatur noch zu. Allerdings nimmt
mit steigender Temperatur auch die zur Warmverformung erforderliche Spannung ab, und dadurch wird nach den in Abschn. 3.3.1 dargestellten Überlegungen die Korngrenzengleitung sehr begünstigt. Auf
diese Weise kommt es doch zu interkristallinen Anrissen, so daß mit
steigender Temperatur ein Duktilitätsmaximum durchlaufen
wird, Abb. 3.76a. Dieses Maximum bedeutet für den Praktiker eine
optimale Warmarbeitstemperatur.

Zusatz von Magnesium im Mischkristallbereich verfestigt den Werkstoff wie im Falle des Kriechens, Abschn. 3.2.4, und verringert seine dynamische Erholungsfähigkeit. Infolgedessen verliert die Erholung auch ihre Wirksamkeit als Rißstop-Mechanismus, und die Duktilität wird stark verringert, vgl. auch hier Abb. 3.76a.

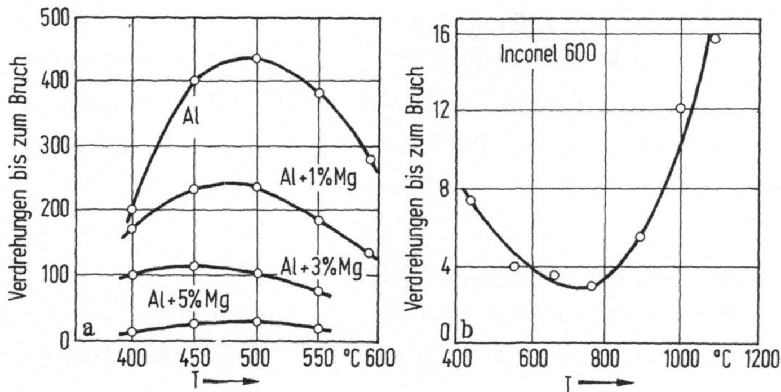

Abb.3.76. a) Duktilitätsmaximum über der Temperatur für Al und Al-Mg-Legierungen [3.26]. b) Duktilitätsminimum bei Inconel 600 [2.65].

Ganz anders liegen die Verhältnisse wieder bei solchen Verformungsbedingungen, bei denen dynamische Rekristallisation der entscheidende Entfestigungsmechanismus ist, wie für Nickel, Kupfer und ihre Legierungen, viele ferritische und austenitische Stähle, hochwarmfeste Ni-Legierungen u.a. Diese Werkstoffe zeigen oft bei mittlerer Temperatur, bedingt durch zunehmende Korngrenzenabgleitung, einen Duktilitätsabfall bis auf sehr niedrige Werte. Mit weiter steigender Temperatur setzt jedoch Rekristallisation ein und überzieht, wie wir in Abschn. 3.6.5 dargestellt haben, periodisch das ganze Gefüge. Hierdurch werden Spannungskonzentrationen wirksam abgebaut, kleine Rißkeime ausgeheilt, größere als Poren im Korninneren isoliert: Die Verformung eines fortwährend rekristallisierenden Materials gestattet sehr hohe Verformungsgrade ohne katastrophale Rißausbreitung. So kommt ein starker Duktilitätsanstieg mit steigender Temperatur [3.26] oder ein Duktilitätsminimum zustande, Abb. 3.76b. Allerdings geht der Duktilitätsanstieg nicht bis an den Schmelzpunkt. Bereits wesentlich unter diesem kommt es nämlich zu einer

entscheidenden Schwächung der Korngrenzen, möglicherweise durch
lokalisiertes Aufschmelzen und damit zu einem abrupten Duktilitäts-
verlust ("Rotbrüchigkeit", engl.: hot-shortness), vgl. auch [3.294].

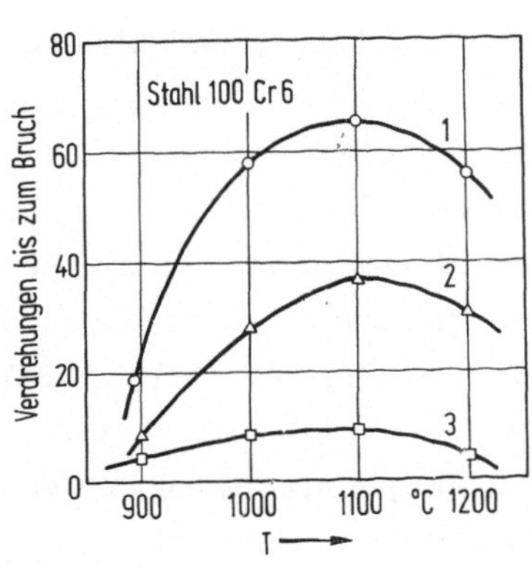

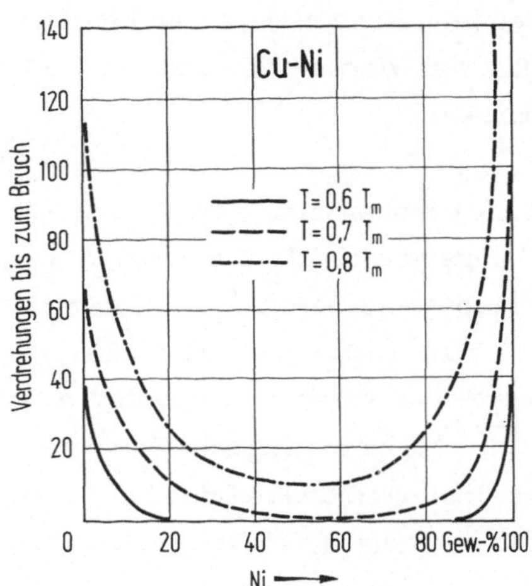

Abb.3.77. Einfluß verschiedener Ausgangsgefüge auf die
Duktilität im Warmdrehversuch.
Stahl 100 Cr 6, ca. 85 U/min.
Kurve 1: Gewalzte Knüppel;
2: Gußblock (Kokille); 3: Sand-
guß-Probe [3.313].

Abb.3.78. Abhängigkeit der Duktilität im Warmtorsionsversuch
von der Zusammensetzung im
Mischkristallsystem Cu-Ni
[3.33].

Wie schon im Zeitstandversuch, so ist auch im Bereich der Warmverformung die Bruchdehnung stark von der Zusammensetzung und dem
Ausgangsgefüge abhängig, ohne daß alle diese Zusammenhänge bereits im einzelnen erforscht worden sind. Den sehr starken Einfluß
des Ausgangsgefüges auf die Warmverformbarkeit eines Kugellager-
stahls demonstriert Abb. 3.77. Im System Cu-Ni wird das Rekristal-
lisationsvermögen und damit die Warmduktilität durch Mischkristall-
bildung stark herabgesetzt, Abb. 3.78.

3.6.6. Superplastizität

Die in Abschn. 3.6.6 erwähnten Verformungen von 4000 % im Warmtorsionsversuch sind nicht mit Superplastizität zu verwechseln. Über
Superplastizität ist eine eigene umfangreiche Literatur entstanden.
Neuere Übersichtsberichte [3.314] bis [3.317] führen über 200 Zitate
auf.

Unter Superplastizität versteht man die Eigenschaft von Werkstoffen, im Zugversuch bei Temperaturen um und oberhalb von $0,5\ T_m$ Gesamtformänderungen ε_B zu erreichen, die weit über den normalen Werten liegen, z.T. mehrere hundert Prozent. Dieses Verhalten ist nach dem heutigen Kenntnisstand an bestimmte Voraussetzungen, welche das Gefüge des Werkstoffes und die Verformungsbedingungen betreffen, gebunden:

1. Superplastizität (oft SP abgekürzt) setzt ein sehr f e i n k ö r n i g e s Gefüge voraus ($L_k < 10\ \mu m$). Am leichtesten realisiert man dies durch zweiphasige Gefüge. Die frühen und viele spätere Arbeiten zur Superplastizität [3.318] bis [3.320], [3.326], [3.327], [3.218], [3.347] wurden an eutektischen Gefügen durchgeführt. Relativ leicht lassen sich "M i k r o d u p l e x - G e f ü g e", die Superplastizität begünstigen, bei legierten Stählen und bei Ni-Legierungen durch Kaltverformung und nachfolgende Wärmebehandlung im Ferrit-Austenit-Gebiet des Zustandsdiagramms erzielen [3.323] bis [3.325]. Bei sehr feinkörnigen einphasigen Werkstoffen tritt Superplastizität dann auf, wenn Kornwachstum während der Verformung unterdrückt werden kann (Beispiele: Zn-Mischkristall mit $0,2\ \%$ Al [3.321], Rein-Nickel [3.322], Zinn mit $1\ \%$ Bi [3.328]).

2. Werkstoffe, deren Gefüge nach 1 Superplastizität grundsätzlich zuläßt, verhalten sich bei vorgegebener Verformungsrate $\dot{\varepsilon}$ (oder bei vorgegebener Last) nur innerhalb eines begrenzten Temperaturbereiches, bei vorgegebener Temperatur nur innerhalb eines begrenzten Bereiches von $\dot{\varepsilon}$ bzw. σ superplastisch, Abb. 3.79. Dieser Bereich zeichnet sich dadurch aus, daß in ihm die G e s c h w i n d i g k e i t s a b h ä n g i g k e i t   d e r   F l i e ß s p a n n u n g hoch bzw. die S p a n n u n g s a b h ä n g i g k e i t   d e r   K r i e c h g e s c h w i n d i g k e i t   g e r i n g ist.

Der zuletzt genannte Sachverhalt wird im Anschluß an (2.22) bis (2.24) am besten durch den G e s c h w i n d i g k e i t s e x p o n e n t e n m bzw. den S p a n n u n g s e x p o n e n t e n n beschrieben: m (normalerweise unter $0,2$) weist im Bereich der Superplastizität erfahrungsgemäß Werte von $0,3$ bis $0,8$ (seltener bis $1,0$) auf, $n = 1/m$ entsprechend

Werte von 3 bis herab zu 1,2.

Superplastizität ist also vom mechanischen Verhalten her gekennzeichnet durch ungewöhnlich hohe Duktilität bei anomal geringer Spannungsabhängigkeit der Fließgeschwindigkeit, vom Mikrogefüge her durch ein

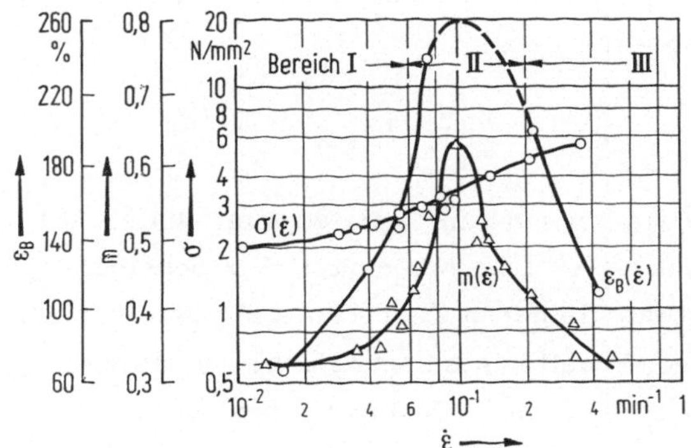

Abb.3.79. Geschwindigkeitsexponent m der Fließspannung aus (3.78)
und (3.79) sowie Bruchdehnung ε_B (als Indikator für Superplastizität) in Abhängigkeit von der Verformungsgeschwindigkeit $\dot{\varepsilon}$. $(\alpha + \beta)$-
Messing (MS 60), 690°C [3.350].

sehr dichtes Netz von Korn- bzw. Phasengrenzen. Eine wichtige er-
gänzende Beobachtung ist, daß das Korn- und Phasengrenzennetzwerk
auch bei sehr hohen Dehnungen gleichachsig bleibt. Makroskopisch
ist das Ausbleiben einer lokalisierten Einschnürung
das auffälligste Merkmal.

Superplastizität tritt bei hohen Temperaturen auf. Wir befinden uns
ferner im Bereich hoher Dehnungen. Daher können wir für eine Diskussion Fragen der Verfestigung bzw. des Übergangskriechens bei-
seitestellen und von den allgemeinen Ergebnissen über stationäres
Fließen ausgehen. Die Frage ist doch, unter welchen Voraussetzungen im stationären Fließbereich eine zufällig vorhandene Einschnürung sich bei weiterer Dehnung verstärkt (oder aber sich "einebnet").
Zu diesem Zweck denken wir uns eine Probe senkrecht zur Zugachse
in Scheiben zerteilt. Jede dieser Scheiben besitzt eine Querschnitts-

fläche A, die sich mit zunehmender Dehnung verringert. Diese Ein-
schnürungsrate ist bei Volumenkonstanz

$$dA/dt = -A\,\dot{\varepsilon} = -(AB)\,\sigma^{1/m}\ , \qquad\qquad (3.78)$$

wobei (3.12) zwischen $\dot{\varepsilon}$ und σ eingesetzt wurde. Die auf ein bestimm-
tes Scheibchen wirkende Spannung ist $\sigma = P/A$, wobei P die äußere Zugkraft ist. Also gilt

$$dA/dt = -BP^{1/m}\cdot A^{(m-1)/m}\ . \qquad\qquad (3.79)$$

Ist nun etwa (wie normal) $m = 0,2$, so folgt aus (3.78) bei gegebener
Kraft P $(dA/dt)\sim A^{-4}$. Dies bedeutet: Ein Scheibchen, welches zufällig einen etwas kleineren Querschnitt A' hat, verformt sich wesentlich schneller weiter als seine Nachbarn, es stellt eine mechanische Instabilität dar. Im Falle $m = 1$ (Newtonsches Fließen) wäre
dA/dt für alle Querschnitte gleich groß: k e i n e Einschnürung. Bei
$m = 0,5$ ist dA/dt nur proportional zu A^{-1}. Im Bereich zwischen
$m = 0,5$ und $m = 0,8$, in dem besonders oft Superplastizität beobachtet
wird, m u ß also die funktionale Abhängigkeit von σ und $\dot{\varepsilon}$ zu hohen
Duktilitäten führen, sofern nicht abnorm hohe Porenbildungsraten vorliegen.

Das Ausbleiben von Porosität, die Aufrechterhaltung der Gleichachsigkeit und die Notwendigkeit extremer Feinkörnigkeit liefern die Schlüssel zu einem qualitativen Verständnis der Superplastizität. Alles deutet darauf hin, daß K o r n g r e n z e n g l e i t u n g der wesentliche Träger der großen Verformungswerte ist, daß aber gleichzeitig besonders
wirksame A k k o m o d a t i o n s p r o z e s s e das Einzelkorn rissefrei im
Kornverband halten und ihm die Gleichachsigkeit erhalten. Die verschiedenen T h e o r i e n der Superplastizität unterscheiden sich in ihren Annahmen über die Art dieser Akkomodationsprozesse. Hierzu
k ö n n e n Diffusionstransportprozesse vom Nabarro-Herring-Typ (Abschn. 3.6.7) gehören. Wenn sie im Regelfall vorherrschend wären,
würde man allerdings einen Spannungsexponenten $n = m = 1$ für den Ge-
samtvorgang erwarten, was nicht der Fall ist.

Wahrscheinlicher ist es, daß diffusionsgesteuerte V e r s e t z u n g s b e -
w e g u n g e n den Ausgleich der Spannungskonzentrationen bewirken,
welche sich durch Korngrenzenscherprozesse aufgebaut haben. Die beobachteten Werte $m < 1$ (entsprechend $n > 1$) sind damit verständlich.
Transmissionselektronenmikroskopische (TEM) Untersuchungen haben
wesentliche Hinweise hierzu erbracht.

Aufnahmen nach diesem Verfahren zeigen (vgl. etwa [3.223]), daß im
normalplastischen Bereich eines "superplastizitätsfähigen" Werkstoffs,
d.h. bei hohen Verformungsraten nicht die Korn- oder Phasengrenzen,
sondern die S u b k o r n g r e n z e n in den einzelnen Körnern die plastische Verformung bestimmen, wie bei grobkörnigem Material. Senkt
man $\dot{\varepsilon}$ und damit σ ab, so stellt sich eine neue größere Subkornweite
$L_{sk}(\sigma)$ ein, vgl. (3.45). Schließlich wird eine kritische Spannung σ_{sp}
erreicht, für die $L_{sk} \approx L_k$ wird: Für diese und noch kleinere Spannungen (Geschwindigkeiten) enthalten die Einzelkörner k e i n e S u b k ö r n e r
m e h r . Der enge Zusammenhang zwischen L_{sk} und σ und die nachge-
wiesenen Versetzungsreaktionen mit Subkorngrenzen (Abschn. 3.3.3)
lassen erkennen, daß die Subkorngrenzen wesentliche Funktionen der
normalen Hochtemperaturplastizität übernehmen. Daher ist zu erwarten, daß diese Spannung den Übergang normalplastisch-superplastisch
bezeichnet; dies ist in der Tat experimentell bestätigt worden [3.223].

Für superplastisches Verhalten ist es wesentlich, daß Versetzungen
im Einzelkorn des Aggregats die Entfernungen zwischen Kompressions-
und Dilatationszonen nahe den verspannten "Ecken" der Körner durchlaufen können, o h n e den aufwendigen Prozeß der Absorption/Re-Emis-
sion an Subkorngrenzen zu benötigen. Letzterer kostet zusätzliche An-
teile der effektiven Spannung. Das subkornfreie Einzelkorn ist besonders plastisch in dem Sinne, daß es mit geringer Spannung effizient
verformt werden kann, wobei die in die Korngrenze einlaufenden Versetzungen zusätzlich noch deren Gleitvermögen erhöhen.

Das hier skizzierte Bild eines Zusammenwirkens von Korngrenzengleitung und "weicher" Akkomodation, bedingt durch sehr feines und
daher subkornfreies Korn, ist nur qualitativer Natur. Seine quantita-

tive Ausarbeitung, an Meßwerten und Gefügebildern nachprüfbar, steht
in letzter Zeit im Mittelpunkt mehrerer Versuche [3.348] bis [3.350].

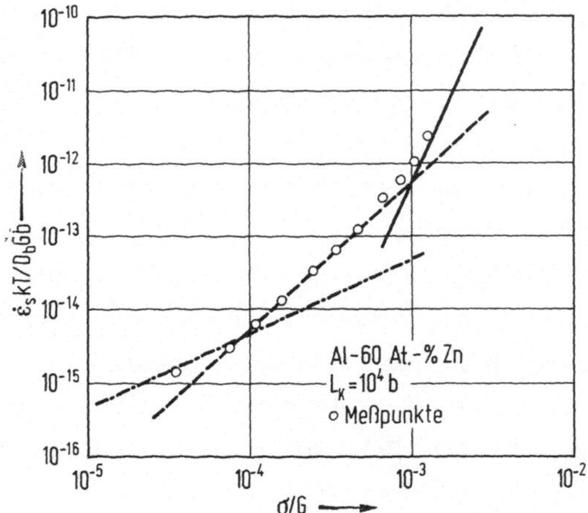

Abb.3.80. Modellvorstellung über den Mechanismus der drei Bereiche aus Abb. 3.79., nach [3.349]. Sehr niedrige Spannungen: Diffu-
sionskriechen nach Coble, vgl. Abschn. 3.6.8. Mittlere Spannung:
Superplastische Verformung mit $m \approx 0,5$. Hohe Spannung: Normal-
plastizität, $m \approx 0,2$. (Der niedrige m-Wert im Bereich I von
Abb. 3.79. wird hierdurch nicht gedeutet).

Die technische Anwendung der Superplastizität ist oft diskutiert worden, vgl. die zitierten Übersichtsberichte. Die Möglichkeit
großer Gesamtverformungen ohne Zwischenglühungen und mit geringem Werkzeugverschleiß ist fertigungstechnisch verlockend. Ihr steht
jedoch entgegen, daß die erzielbaren Verformungsgeschwindigkeiten
(10^{-5} bis 10^{-2} s^{-1}) um Größenordnungen kleiner sind, als im Regelfall wirtschaftlich vertretbar ist. Wollte man $\dot{\varepsilon}$ und damit σ erhöhen,
käme man im Sinne unserer Darstellung über σ_{sp} hinaus, und das
Gefüge würde Subkörner ausbilden. Zwischen σ und $\dot{\varepsilon}$ würde sich
der normale Exponent $m \approx 0,2$ einstellen, die Superplastizität ginge
verloren. Wollte man aber $\dot{\varepsilon}$ bei klein bleibender Spannung dadurch
verbessern, daß man die Temperatur erhöht, so würde man auch die
Gefahr der Phasenvergröberung stark erhöhen und damit wieder aus
dem Bereich der Superplastizität gelangen. Insofern dürfte Superplastizität ein echtes Sonderverfahren der Werkstoffbearbeitung blei-

ben - für wichtige Sonderfälle gleichwohl außerordentlich interessant.

3.6.7. Diffusionsgesteuertes Kriechen

Um 1950 herum beschrieben Nabarro [3.329] und Herring [3.330] die
Möglichkeit zur plastischen Formänderung bei hoher Temperatur o h n e
V e r s e t z u n g s b e w e g u n g e n . Das Prinzip dieses N a b a r r o - H e r -
r i n g - K r i e c h e n s (engl. oft: diffusional creep) ist anhand von Abb.
3.81a leicht zu verstehen: Ein Kristall besitzt bei der Temperatur T,

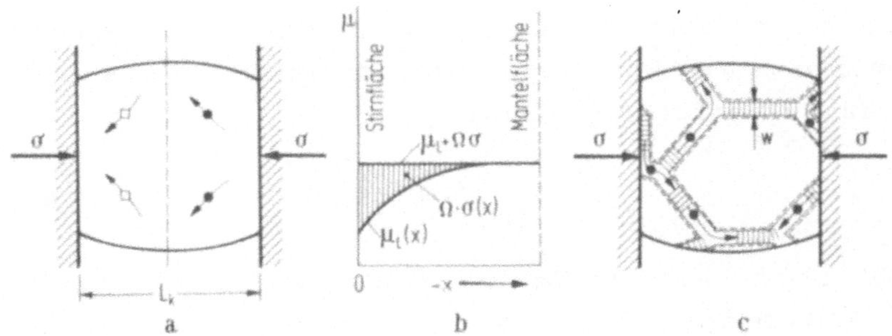

Abb.3.81. a) Druckversuch an einem Einkristall zum Verständnis
des Nabarro-Herring-Kriechens. □ symbolisiert die Wanderung von
Leerstellen, ● den Transport von Atomen. b) Potentialverlauf im
Kristall nach a. c) Transportströme beim Kriechmodell nach Coble
[3.342].

unbelastet, die Gleichgewichts-Leerstellenkonzentration

$$N_g(T) = N_0 \exp(-\Delta H_b/kT) \tag{3.80}$$

(ΔH_b: Bildungsenthalpie einer Leerstelle). Bei einachsiger Druckbe-
lastung wie in Abb. 3.81a baut sich an den Stirnflächen eine K o m p r e s -
s i o n s z o n e auf, während die Mantelflächen im wesentlichen druck-
spannungsfrei bleiben. An den Stirnflächen erfordert daher die Bildung einer Leerstelle zusätzliche mechanische Arbeit $\Omega\sigma$ (Ω: Atomvolumen). Leerstellen werden dort "herausgequetscht". Infolgedessen
ist dort das thermodynamische Potential μ_{th} der Leerstellen um $\Omega\sigma$
höher als ihr chemisches Potential μ_L. Kennzeichnen wir Werte an
der Druckfläche mit ', so folgt

$$\mu'_{th} = \mu'_L + \Omega\sigma' = \mu_0 + kT\ln N'_L + \Omega\sigma' \,. \tag{3.81}$$

Vorausgesetzt, daß die Temperatur zur Gleichgewichtseinstellung ausreicht, ist $\mu'_{th} = \mu''_{th}$, wobei " Werte an der Mantelfläche bedeutet. Da
$N''_L = N_g(T)$ gemäß (3.80), stellt sich an der Stirnfläche eine verrin-
gerte Konzentration ein:

$$N'(T,\sigma) = N_g(T) \exp(-\Omega\sigma/kT)$$
$$\approx N_g(T)(1 - \Omega\sigma/kT) . \tag{3.82}$$

(Unter üblichen Versuchsbedingungen ist $\Omega\sigma \ll kT$). Zwischen Kompressionszone und Mantelfläche entsteht ein Gradient des chemischen Potontials vom Betrag

$$\text{grad } \mu_L \approx (\mu'_L - \mu''_L)/L_k = \Omega\sigma/L_k . \tag{3.83}$$

(Abb. 3.81b). Demnach diffundieren Leerstellen bzw. Atome wie in
Abb. 3.81a skizziert, immer vorausgesetzt, daß ihre Bildung bzw.
Vernichtung an den Begrenzungsflächen hinreichend rasch abläuft. Der
Diffusionsstrom J (in Leerstellen pro Sekunde) hat für einen Kristall-
querschnitt A den Wert

$$J = A(N_{gl}D_L/\Omega kT) \text{ grad } \mu_L \tag{3.84a}$$

$$= A D_S \sigma/kTL_k \tag{3.84b}$$

(D_L: Leerstellen-Diffusionskoeffizient, D_S: Selbstdiffusionskoeffizient).
Auf diese Weise wird eine Atomlage nach der anderen an den Druck-
flächen abgebaut, über einen Leerstellenmechanismus zu den Mantelflächen transportiert und dort angebaut. In der Zeit dt verkürzt sich
die Probe um $\Delta = Jdt/A\Omega$; wegen $d\varepsilon = \Delta/L_k$ bewirkt dieser Diffusionsstrom eine Verformungsrate

$$\dot{\varepsilon} = a(D_S\Omega\sigma/kT)(1/L_k^2) . \tag{3.85}$$

Der Zahlenfaktor a erfaßt die Mittelbildung über alle vorkommenden
Diffusionswege (die ja sämtlich kleiner als L_k sind) und beträgt etwa
10. (3.85) gilt auch für den Zugversuch und auch für ein Korn inner-

halb eines polykristallinen Gefüges. Hauptmerkmale der Gleichung sind

> lineare Abhängigkeit der Kriechrate von der Spannung,
> Abhängigkeit von der Korngröße wie $1/L_k^2$,
> Temperaturabhängigkeit von $\dot{\varepsilon}$ wie $D_s(T)$.

Aus der Art des Prozesses ergibt sich als weiteres Merkmal, daß Nabarro-Herring-Kriechen kein Übergangskriechen aufweist.

Der empirische Nachweis von Nabarro-Herring-Kriechen ist nicht leicht zu führen, da nur bei sehr hohen Temperaturen so niedrige Spannungen angewendet werden können, daß das Versetzungskriechen (etwa σ^4 und stärker!) nicht dominiert, und bei diesen hohen Temperaturen ist es sehr schwer, Kornwachstum zu vermeiden. Die Bedingung, wegen (3.85) mit kleinen L_k zu arbeiten, ist nicht erfüllbar. Materialien mit kovalenten Bindungen wie Ge, SiC oder solche, in denen die Versetzungsbeweglichkeit aus anderen Gründen gering ist (z.B. Al_2O_3), bieten dagegen besonders gute Voraussetzungen zur Realisierung dieses Kriechprozesses - jedenfalls bessere als duktile Metalle.

In der Tat kamen die ersten experimentellen Bestätigungen von Untersuchungen an Aluminiumoxid [3.331], [3.332], [2.38]. Auch BeO verhält sich gemäß (3.85), [3.333], desgleichen polykristallines NaCl, dessen Korngröße durch eine Dispersion von sehr feinem Al_2O_3 stabilisiert worden war [3.334]. Auch von Metallen wie Be und auch Cu wurde "viskoses Fließen" bei hohen Temperaturen berichtet, [2.34], [3.335], [3.336].

Es kamen jedoch auch zahlreiche Ergebnisse zutage, die nicht mit der Nabarro-Herring-Formel übereinstimmten. So hatten Harris und Jones [3.337] für Mg-Legierungen mit ca. 1% Mn, die in der Kerntechnik eine Rolle spielen, Nabarro-Herring-Kriechen als wesentlichen Mechanismus vorausgesagt. Beobachtungen [3.338], [3.339], wonach solche Legierungen ausscheidungsfreie Säume an Korngrenzen

normal zur Zugrichtung bilden, schienen diese Vorstellung zu bestä-
tigen. Weitere Messungen [3.340], [3.341] zeigten jedoch, daß die
Kriechrate proportional zu σ^4 - und nicht zu σ^1 - war, obwohl die
Korngrößenabhängigkeit einigermaßen stimmte.

In anderen Fällen war die Spannungsabhängigkeit "richtig", Probleme
ergaben sich bei der Temperaturabhängigkeit. Dies war schon bei
Al_2O_3 (s.o.) der Fall, wurde aber dort durch Randschichteffekte in
Korngrenzennähe und Mitwirkung von Korngrenzendiffusion erklärt.
Coble [3.342] stellte daher die Frage, ob nicht im Gegensatz zum
Nabarro-Herring-Modell der Diffusionsstrom entlang der Korngrenzen die Kriechgeschwindigkeit kontrollieren könne, Abb. 3.81c.
Coble entwarf ein entsprechendes Modell, in das natürlich der Korn-
grenzen-Diffusionskoeffizient D_{gb} und die "Breite" w der Korngrenze als Diffusionsweg einging. In diesem Modell wird nicht nur - wie
bei Nabarro-Herring - der Potentialgradient mit fallender Korngröße
L_k größer, sondern - im Gegensatz zu diesen - auch der Gesamtquer-
schnitt aller Diffusionswege pro Flächeneinheit, und zwar auch mit
$1/L_k$. Insofern überrascht es nicht, daß Coble (l.c.) eine Kriechgleichung

$$\dot{\varepsilon} = a' \, (D_{gb} w \Omega \sigma / kT) \, (1/L_k^3) \qquad\qquad (3.86)$$

erhält ($a' > a$). Obwohl es sehr schwer ist, die L_k-Abhängigkeiten nach
(3.85) und (3.86) experimentell zu unterscheiden, Abschn. 3.2.3,
sprechen doch zahlreiche Meßergebnisse dafür, daß "Coble-Krie-
chen" nicht selten realisiert ist ([2.54], [3.58] an SiC, [3.343],
[3.344] an Zr-Legierungen). Dies bedeutet nicht, daß "Coble-Krie-
chen" allgemein eine zutreffendere Darstellung ist als "Nabarro-Herring-Kriechen". In Wirklichkeit werden je nach den Zahlenwerten von
$D_s(T)$, $D_{gb}(T)$ und L_k entweder der eine oder der andere der beiden
grundsätzlich möglichen Fälle eintreten. Raj und Ashby [3.113] schreiben daher die Kriechraten der beiden diffusionsbestimmten Kriechpro-
zesse konsequent nebeneinander:

$$\dot{\varepsilon}_{diff} = a (D_s \sigma \Omega / kTL_k^2) \, (1 + bw D_{gb} / L_k D_s) \, . \qquad\qquad (3.87)$$

Burton und Greenwood [3.345] zeigen dann auch an Cu, wie unterhalb einer Grenztemperatur T_{NH} das Kriechverhalten von Nabarro-Herring-Typ (Volumendiffusion) in den Coble-Typ (Korngrenzendiffusion) umschlägt, Abb. 3.82. T_{NH} hängt verständlicherweise von der Korngröße ab.

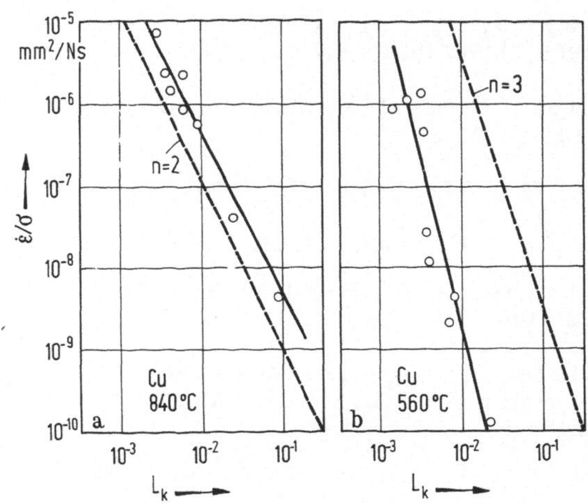

Abb. 3.82. Abhängigkeit der Kriechrate von der Korngröße. a) gemäß (3.85); b) gemäß (3.86); Messungen an Cu [3.345]

Abschließend soll noch darauf hingewiesen werden, daß die Annahme, wonach die Erzeugung und Vernichtung der Leerstellen an den Grenzflächen (Abb. 3.81a) immer rasch abläuft, so daß die Gleichgewichtskonzentration N_g stets eingestellt wird, keineswegs selbstverständlich ist. Ashby [3.346] hat nämlich gezeigt, daß die Fähigkeit der Korngrenzen, als Quelle oder Senke für Leerstellen zu wirken, durch feinverteilte Ausscheidungen auf diesen Grenzflächen erheblich beeinträchtigt werden kann, vgl. auch [3.351].

Literatur

3.1.   Feltham, P., Meakin, J.D.: Acta Met. **7** (1959) 614/27

3.2.   Davies, C.K.L., Davies, P.W., Wilshire, B.: Phil. Mag. **12** (1965) 827/39

3.3.   Cottrell, A.H., Aytekin, V.: Nature 160 (1947) 328/29

3.4.   Argent, B.B., van Niekerk, M.N., Redfern, G.A.:
        J. Iron and Steel Inst. 208 (1970) 830/43

3.5.   McVetty, P.G.: Mech. Eng. 56 (1934) 149

3.6.   Garofalo, F.: ASTM Special Techn. Publ. Nr. 283 (1960)
        82/98. Vgl. [1.12], S. 16

3.7.   Conway, J.B., Mullikin, M.J.: Trans. Met. Soc. AIME
        236 (1966) 1496/1501 (=a) u. 1629/34 (=b)

3.8.   Webster, G.A., Cox, A.P.D., Dorn, J.E.: Met. Sci.
        J. 3 (1969) 221/25

3.9.   Sidey, D., Wilshire, B.: Met. Sci. J. 3 (1969) 56/60

3.10.   Shahinian, P., Lane, J.R.: Trans. ASM 45 (1953) 177/99

3.11.   Mukherjee A.K., Bird, J.E., Dorn, J.E.: Trans.
        ASM 62 (1969) 155/79

3.12.   Garofalo, F., Domis, W.F., Whitmore, R.W.,
        von Gemmingen, F.: Trans. Met. Soc. AIME 221 (1961)
        310/19

3.13.   Watanabe, T., Karashima, S.: Met. Sci. J. 4 (1970)
        52/57

3.14.   Hofmann, R., Ilschner, B.: Z. Metallkde. 61 (1970)
        942/46

3.15.   Ishida, Y., Cheng, C.Y., Dorn, J.E.: Trans. Met.
        Soc. AIME 236 (1966) 964/71

3.16.   Feltham, P., Copley, G.J.: Phil. Mag. 5 (1960) 649/67

3.17.   Sherby, O.D., Dorn, J.E.: Trans. ASM 43 (1951) 611/34

3.18.   Milička, K.: Z. Metallkde. 61 (1970) 145/51

3.19.   Streb, G.: Diplomarbeit Erlangen 1970 vgl. [3.145]

3.20.   Hausselt, J.: Diplomarbeit Erlangen 1971

3.21.   Cannon, W.R., Sherby, O.D.: Metallurg. Trans. 1 (1970)
        1030/32

3.22.   Karashima, S., Oikawa, H., Watanabe, T.: Trans.
        Met. Soc. AIME 242 (1968) 1703/8

3.23.   Gasca-Neri, R., Ahlquist, C.N., Nix, W.D.: Acta
        Met. 18 (1970) 655/61

3.24.   Feltham, P.: Phil. Mag. 6 (1961) 259/70

3.25.   Davies, P.W., Dutton, R.: Acta Met. 15 (1967) 1365/72

3.26.   Davies, P.W., Williams, K.R.: Acta Met. 17 (1969)
        897/903

3.27.   Monkman, F.C., Grant, N.J.: Proc. ASTM 56 (1956)
        593

3.28.   Wilcox, B.A., Clauer, A.H., McCain, W.S.: Trans.
        Met. Soc. AIME 239 (1967) 1791/96

3.29.   Cheng, C.Y., Karim, A., Langdon, T.G., Dorn, J.E.:
        Trans. Met. Soc. AIME 242 (1968) 890/95

3.30.   Dorn, J.E.: in [1.2], S. 89

3.31.   Feltham, P.: Phil. Mag. 2 (1957) 584/88

3.32.   Garofalo, F.: Trans. Met. Soc. AIME 227 (1963) 351/56

3.33.   Sellars, C.M., Tegart, W.J.McG.: Mém. Sci. Rev.
        Mét. 63 (1966) 731/46

3.34.   Jonas, J.J.: Acta Met. 17 (1969) 397/405

3.35.   Barrett, C.R., Nix, W.D.: Acta Met. 13 (1965) 1247/58

3.36.   Blum, W., Reppich, B.: Acta Met. 17 (1969) 959/66

3.37.   Watanabe, T., Karashima, S.: Trans. Japan. Inst. Met.
        11 (1970) 159/65

3.38.   Roberts, J.T.A.: J. Nucl. Mat. 38 (1971) 35/41

3.39.   Vgl. [1.2], S. 89

3.40.   Gibbs, G.B.: phys. stat. sol. 5 (1964) 693

3.41.   Basinski, Z.S.: Acta Met. 5 (1957) 684/86

3.42.   Köster, W.: Z. Metallkde. 39 (1948) 1

3.43.   Wachtman, J.B., Tefft, W.E., Lam, D.G.: in W.W.
        Kriegel, H. Palmour (Hrsg.): Mechanical Properties of
        Engineering Ceramics. Interscience Publ., New York, London
        1961, l.c. S. 221/23

3.44.   Alers, G.A., Neighbours, J.R., Sato, H.: J. Phys.
        Chem. Solids 13 (1960) 40

3.45.   Lytton, J.L.: J. Appl. Phys. 35 (1964) 2397/2406

3.46.   Barrett, C.R., Ardell, A.J., Sherby, O.D.: Trans.
        Met. Soc. AIME 230 (1964) 200/04

3.47.   Li, J.C.M.: in Dislocation Dynamics. McGraw-Hill, New
        York/London 1968, S. 87

3.48.   Landon, P.R., Lytton, J.L., Shepard, L.A., Dorn,
        J.E.: Trans. ASM 51 (1959) 900/10

3.49.   Gilbert, E.R., Munson, D.E.: Trans. Met. Soc. AIME
        233 (1965) 429/34

3.50.   Vgl. [1.15], S. 330, Abb. 5

3.51.   Schuh, F., Blum, W., Ilschner, B.: Proc. Brit.
        Ceram. Soc. 15 (1970) 143/56

3.52.   Wheeler, K.R., Gilbert, E.R., Yaggee, F.L.,
        Duran, S.A.: Acta Met. 19 (1971) 21/26

3.53.   Garofalo, F., Domis, W., von Gemmingen, F.:
        Trans. Met. Soc. AIME 230 (1964) 1460/67

3.54.   Monma, K., Suto, H., Oikawa, M.: J. Japan. Inst.
        Met. 28 (1964) 253/58

3.55.   Barrett, C.R., Lytton, J.L., Sherby, O.D.: Trans.
        Met. Soc. AIME 239 (1967) 170/80

3.56.   Lagneborg, R.: J. Iron and Steel Inst. 207 (1969) 1503/06

3.57.   Langdon, T.G.: Scripta Met. 4 (1970) 693/95

3.58.   Francis, T.L., Coble, R.L.: J. Am. Ceram. Soc. 51
        (1968) 115/16

3.59.   Watanabe, T., Karashima, S.: Metallurg. Trans. 2
        (1971) 1359/65

3.60.   Weertman, J.: J. Appl. Phys. 28 (1957) 1185/89

3.61.   Cannon, W.R., Sherby, O.D.: J. Am. Ceram. Soc. 53
        (1970) 346/49

3.62.   Bonesteel, R.M., Sherby, O.D.: Acta Met. 14 (1966)
        385/91

3.63.   Davies, R.G.: Trans. Met. Soc. AIME 227 (1963) 665/68

3.64.   Vandervoort, R.R.: Metallurg. Trans. 1 (1970) 857/64

3.65.   Barrett, C.R., Sherby, O.D.: Trans. Met. Soc. AIME
        233 (1965) 1116/19

3.66.   Feltham, P., Myers, T.: Phil. Mag. 8 (1963) 203

3.67.   Weertman, J.: Trans. Met. Soc. AIME 233 (1965) 2069/75

3.68.   Wyatt, O.H.: Proc. Phys. Soc. 66B (1953) 459

3.69.   Anderson, S., Collen, B., Kuylenstierna, U.,
        Magnéli, M.: Acta Chem. Scand. 11 (1957) 1641

3.70.   Pahutová, M., Hostinsky, T., Cadek, J.: Scripta Met.
        3 (1969) 293/96

3.71.   Barrett, C.R., Sherby, O.D.: Scripta Met. 3 (1969)
        297/300

3.72.   Drapier, J.M., Coutsouradis, D., Habraken, L.:
        Acta Met. 15 (1967) 673/5

3.73.   Leroy, V., Becko, Y., Servais, S.P., Coutsoura-
        dis, D., Habraken, L.: Mém. Sci. Rev. Mét. 66 (1969)
        855/68

3.74.   Friedel, J.: Les Dislocations. Gauthier-Villars, Paris 1956

3.75.   Cuddy, L.J., Leslie, W.C.: Second Internat. Conf.
        on Strength of Metals and Alloys, ASM 1970, Vol. 1, p. 253

3.76.   Hopkin, L.M.T.: J. Iron and Steel Inst. 203 (1965) 583/89

3.77.   Ishida, Y., McLean, D.: J. Iron and Steel Inst. 205 (1967)
        88/93

3.78.   Sherby, O.D.: Acta Met. 10 (1962) 135/47

3.79.   Baird, I.D.: Jernkont. Ann. 155 (1971) 311/21

3.80.   Baird, I.D., Jamieson, A.: Proc. 2nd Internatl. Conf.
        on Strength of Metals and Alloys (ASM) 1970, S. 1129/33

3.81.   Lawley, A., Coll, J.A., Cahn, R.W.: Trans. Met. Soc.
        AIME 218 (1960) 166/76

3.82.   Brown, N.: Trans. ASM 61 (1968) 700/01

3.83.   Brown, N., Lenton, D.R.: Acta Met. 17 (1969) 669/75

3.84.   Wachtman, J.B., Tefft, W.E., Lam, D.G.: in W.W.
        Kriegel, H. Palmour (Hrsg.): Mechanical Properties of
        Engineering Ceramics. Intersc. Publ., New York 1961

3.85.   Day, R.B., Stokes, R.J.: J. Am. Ceram. Soc. 50 (1967)
        445/48

3.86.   Terwilliger, G.R., Bowen, H.K., Gordon, R.S.:
        J. Am. Ceram. Soc. 53 (1970) 241/51

3.87.   Terwilliger, G.R., Gordon, R.S.: J. Am. Ceram. Soc.
        55 (1972) 450/55

3.88.   Armstrong, W.M., Irvine, W.R.: J. Nucl. Mat. 12
        (1964) 261/70

3.89.   Hewson, C.W., Kingery, W.D.: J. Am. Ceram. Soc.
        50 (1967) 218/19

3.90.   Clauer, A.H., Seltzer, M.S., Wilcox, B.A.: Conf.
        on Ceramics in Severe Environments, Raleigh, N.C., USA,
        1970. Plenum Press, New York: im Druck

3.91.   Clauer, A.H., Seltzer, M.S., Wilcox, B.A.:
        J. Materials Sci. 6 (1971) 1379/88

3.92.   Ilschner, B., Reppich, B., Riecke, E.: Faraday Soc.
        Discussions Nr. 38 (1964) 243/50

3.93.   Reppich, B.: phys. stat. sol. 20 (1967) 69/82

3.94.   Hirthe, W.M., Brittain, J.O.: J. Am. Ceram. Soc. 46
        (1963) 411/17

3.95.   Armstrong, W.M., Irvine, W.R.: J. Nucl. Mat. 9
        (1963) 121/27

3.96.   Wood, D.L., Westbrook, J.H.: Trans. Met. Soc. AIME
        224 (1962) 1024/37

3.97.   Kornilov, M.I., Matreeva, N.M.: Dokl. Akad. Nauk
        USSR 146 (1962) 642/43

3.98.   Seltzer, M.S., Clauer, A.H., Wilcox, B.A.: Battelle
        Report Nr. BMI-1886, Columbus, O., USA, 1970

3.99.   Richardson, G.J., Sellars, C.M., Tegart, W.J.McG.:
        Acta Met. 14 (1966) 1225/36

3.100. Crussard, C., Tamhankar, R.: Trans. Met. Soc. AIME
        212 (1958) 718/30

3.101. Woodford, D.A., Goldhoff, R.M.: Mater. Sci. Engg. 5
        (1969/70) 303/24

3.102. McLean, D., Farmer, M.H.: J. Inst. Met. 85 (1956/57)
        41/50

3.103. Brunner, H., Grant, N.J.: Trans. Met. Soc. AIME 215
        (1959) 48/56

3.104. Brunner, H., Grant, N.J.: Trans. Met. Soc. AIME 218
        (1960) 122/27

3.105. Ishida, Y., Mullendor, A.W., Grant, N.J.: Trans.
        Met. Soc. AIME 233 (1965) 204/12

3.106. Bell, R.L., Langdon, T.G.: J. Mater. Sci. 2 (1967)
        313/23

3.107. Lagneborg, R., Attermo, R.: J. Mat. Sci. 4 (1969)
        195/201

3.108. Lagneborg, R.: Met. Sci. J. $\underline{1}$ (1967) 172

3.109. Gifkins, R.C.: in Fracture. J. Wiley, New York 1959, S. 579

3.110. Gifkins, R.C.: J. Austral. Inst. Metals $\underline{8}$ (1963) 148

3.111. Tung, S.K., Maddin, R.: Trans. Met. Soc. AIME $\underline{209}$ (1957) 905/10

3.112. Intrater, J., Machlin, E.S.: J. Inst. Met. $\underline{88}$ (1959/60) 305

3.113. Raj, R., Ashby, M.F.: Metallurg. Trans. $\underline{2}$ (1971) 1113/27

3.114. Grant, N.J., Chaudhuri, A.R.: in [1.3], S. 284

3.115. Gifkins, R.C.: Report Nr. 2, Physical Metallurgy Section, C.S.I.R.O., Univ. of Melbourne, Australien, 1971, 38S.

3.116. McLean, D.: J. Inst. Met. $\underline{81}$ (1952/53) 133/44

3.117. Lytton, J.L., Shepard, L.A., Dorn, J.E.: Trans. Met. Soc. AIME $\underline{212}$ (1958) 220/25

3.118. Orlova, A.: Czech. J. Phys. $\underline{B\ 20}$ (1970) 985/93

3.119. Clauer, A.H., Wilcox, B.A., Hirth, J.P.: Acta Met. $\underline{18}$ (1970) 367/80

3.120. Groves, G.W., Kelly, A.: Phil. Mag. $\underline{8}$ (1963) 877/87

3.121. Budworth, D.W., Pask, J.A.: Trans. Brit. Ceram. Soc. $\underline{62}$ (1963) 763/70

3.122. Day, R.B., Stokes, R.J.: J. Am. Ceram. Soc. $\underline{47}$ (1964) 493/503

3.123. Day, R.B., Johnston, W.A.: J. Am. Ceram. Soc. $\underline{52}$ (1969) 595/99

3.124. Cropper, D.R.: Report UCRL-20350 (1971), Univ. of California, Berkeley, USA

3.125. Servi, I.S., Grant, N.J.: Trans. Met. Soc. AIME $\underline{191}$ (1951) 917/22

3.126. Matucha, K.H.: phys. stat. sol. $\underline{26}$ (1968) 291/310

3.127. Gervais, A.M., Norton, J.T., Grant, N.J.: Trans. AIME $\underline{197}$ (1953) 1166/74

3.128. Lindroos, V.K., Miekk-Oja, H.M.: Phil. Mag. $\underline{17}$ (1968) 119/33

3.129. Feltham, P., Sinclair, R.A.: J. Inst. Met. $\underline{91}$ (1962/63) 235/38

3.130. Hasegawa, T., Sato, H., Karashima, S.: Trans.
Japan. Inst. Met. 11 (1970) 94/100 und 231/38

3.131. Hasegawa, T., Karashima, S., Hasegawa, R.:
Metallurg. Trans. 2 (1971) 1449/55

3.132. Garofalo, F., Zwell, L., Keh, A.S., Weissmann, S.:
Acta Met. 9 (1961) 721/29

3.133. Cuddy, L.J.: Metallurg. Trans. 1 (1970) 395/401

3.134. Orlova, A., Sklenicka, V., Čadek, J.: Mém. Sci.
Rev. Mét. 68 (1971) 411/18

3.135. Tanaka, T., Mori, T., Nakamura, T.: Phil. Mag. 21
(1970) 267/79

3.136. Kelly, A., Nicholson, R.B.: Progr. Mater. Sci. 10
(1963) 151/391

3.137. Wilcox, B.A., Clauer, A.H. (Hrsg.): in The Superalloys, Kap. VII. Wiley, New York 1972

3.138. Raynor, D., Silcock, J.M.: Met. Sci. J. 4 (1970)
121/30

3.139. Ansell, G.S.: in G.S. Ansell et al. (Hrsg.): Oxide Dispersion Strengthening, S. 61/141. Gordon & Breach, New York
1968

3.140. Vandervoort, R.R., Barmore, W.L.: in F. Benesovs-
ky (Hrsg.): Hochtemperatur-Werkstoffe, S. 108/37. Reutte
1969

3.141. Robinson, S.L., Sherby, O.D.: Acta Met. 17 (1969)
109/25

3.142. Clauer, A.H., Wilcox, B.A., Hirth, J.P.: Acta Met.
18 (1970) 381/97

3.143. Blum, W.: Dissertation Erlangen 1969, Phil. Mag., im Druck

3.144. Reppich, B.: J. Mater. Sci. 6 (1971) 267/69

3.145. Reppich, B., Streb, G.: phys. stat. sol. (a) 15 (1973)
77/85 und 16 (1973) 493/505

3.146. Hüther, W.: Diplomarbeit Erlangen 1971

3.147. Kear, B.H., Piearcey, B.J.: Trans. Met. Soc. AIME
239 (1967) 1209/15

3.148. Leverant, G.R., Kear, B.H.: Metallurg. Trans. 1 (1970)
491/98

3.149. Hasegawa, T., Ishii, Y., Karashima, S.: Trans. Japan. Inst. Met. $\underline{11}$ (1970) 328

3.150. Reppich, B.: phys. stat. sol. $\underline{35}$ (1969) 339/51

3.151. Oikawa, H., Iikubo, T., Karashima, S., Watanabe, T.: Proc. Internat. Conf. on Science and Technology of Iron and Steel, hrsg. v. Iron and Steel Inst. Japan $\underline{1971}$, s. 1311/15

3.152. Ahlquist, C.N., Nix, W.D.: Scripta Met. $\underline{3}$ (1969) 679/81

3.153. Solomon, A.A.: Rev. Sci. Instr. $\underline{40}$ (1969) 1025

3.154. Ahlquist, C.N., Gasca-Neri, R., Nix, W.D.: Acta Met. $\underline{18}$ (1970) 663/71

3.155. McAdam, G.D.: J. Inst. Met. $\underline{96}$ (1968) 13/16

3.156. Karashima, S., Iikubo, T., Watanabe, T., Oikawa, H.: Trans. Japan. Inst. Met. $\underline{12}$ (1971) 369/74

3.157. McLean, D., Hale, K.F.: in [1.6], S. 19

3.158. Solomon, A.A., Nix, W.D.: Acta Met. $\underline{18}$ (1970) 863/76

3.159. Lagneborg, R.: Met. Sci. J. $\underline{3}$ (1969) 18/23

3.160. Fisher, J.C., Hart, E.W., Pry, R.H.: Acta Met. $\underline{1}$ (1953) 336/39

3.161. Berner, K., Alexander, H.: Acta Met. $\underline{15}$ (1967) 933/41

3.162. Arndt, R.: Z. Metallkde. $\underline{60}$ (1969) 29/37

3.163. Gupta, V.P., Strutt, P.R.: Can. J. Phys. $\underline{45}$ (1967) 1214

3.164. Ashby, M.F.: in A. Argon, (Hrsg.): Physics of Strength and Plasticity, S. 113. M.I.T. Press, Cambridge 1969

3.165. Ashby, M.F.: Z. Metallkde. $\underline{55}$ (1964) 5/17

3.166. McLean, D.: Trans. Met. Soc. AIME $\underline{242}$ (1968) 1193/1203

3.167. Lagneborg, R.: J. Mater. Sci. $\underline{3}$ (1968) 596/602

3.168. Lindroos, V.K., Vilpponen, K.O.: Proc. 5th Internat. Materials Symposium. Berkeley, Calif., USA 1971 10 S.

3.169. Ryan, N.E., Wilms, G.R.: J. Less-Common Met. $\underline{6}$ (1964) 201/06

3.170. Westgren, R.C., Thompson, V.R.: Trans. Met. Soc. AIME $\underline{230}$ (1964) 931/34

3.171. Snowden, K.U.: J. Mater. Sci. $\underline{2}$ (1967) 324/31

3.172. Wilcox, B.A., Clauer, A.H.: Trans. Met. Soc. AIME
236 (1966) 570/80

3.173. Rawlings, R.D., Newey, C.W.: phys. stat. sol. 32
(1969) 447/54

3.174. Milicka, K., Čadek, J., Rys, P.: Acta Met. 18 (1970)
733/46

3.175. Guyot, P.: Acta Met. 12 (1964) 665/67

3.176. Guyot, P.: Mém. Sci. Rev. Mét. 61 (1964) 555/61

3.177. Greenfield, P., Vickers, W.: J. Nucl. Mat. 22 (1967)
77/87

3.178. Giedt, W.H., Sherby, O.D., Dorn, J.E.: Trans. ASME
77 (1955) 57/63

3.179. Clauer, A.H., Wilcox, B.A.: Met. Sci. J. 1 (1967) 86/90

3.180. Webster, G.A., Piearcey, B.J.: Met. Sci. J. 1 (1967)
97/104

3.181. Threadgill, P.L., Wilshire, B.: Proc. 2nd Internat.
Conf. on Strength of Metals and Alloys, Asilomar 1970,
S. 1124/28

3.182. Irmann, R.: Techn. Rundschau 41 (1949) 19

3.183. Cremens, W.S., Grant, N.J.: Proc. ASTM 58 (1958) 714

3.184. Murphy, R., Grant, N.J.: Powder Metallurgy Nr. 10
(1962) 1

3.185. Anders, F.J., Alexander, G.B., Wartel, W.S.:
Metal Progress 1962, Dec., 88

3.186. Lifshitz, I.M., Slyozov, V.V.: J. Phys. Chem. Solids
19 (1961) 33

3.187. Wagner, C.: Z. Elektrochem. 65 (1961) 581/91

3.188. Ardell, A.J., Nicholson, R.B.: J. Phys. Chem. Solids
27 (1966) 1793

3.189. Kuo, K.: J. Iron and Steel Inst. 184 (1956) 258/68

3.190. Orowan, E.: Trans. Inst. Engr. Shipbuild Scotl. 89 (1946)
165, vgl. auch den Beitrag in M. Cohen (Hrsg.): Dislocations
in Metals. AIME New York 1954, S. 131

3.191. Mukherjee, T., Stumpf, W.E., Sellars, C.M.,
Tegart, W.J.McG.: J. Iron and Steel Inst. 207 (1969)
621/31

3.192. Mukherjee, T., Sellars, C.M.: in Mechanism of Phase Transformations in Crystalline Solids. Inst. of Metals Monograph Nr. 33 (1969), S. 122/28

3.193. Pschenitzka, F.: Dissertation Erlangen 1973

3.194. Kreye, H.: Z. Metallkde., $\underline{61}$ (1970) 108/12

3.195. Betz, W.: Dissertation Erlangen 1971

3.196. Ishida, Y., Mullendore, A.W., Grant, N.J.: Trans. Met. Soc. AIME $\underline{230}$ (1964) 1454/59

3.197. Crafts, W., Lamont, J.L.: Trans. Met. Soc. AIME $\underline{188}$ (1950) 561/74

3.198. Woodhead, J.H., Quarrell, A.G.: J. Iron and Steel Inst. $\underline{203}$ (1965) 605/20

3.199. Glen, J.: J. Iron and Steel Inst. $\underline{179}$ (1955) 320/36

3.200. Buchi, G.J.P., Page, J.H.R., Sidey, M.P.: J. Iron and Steel Inst. $\underline{203}$ (1965) 291/98

3.201. Baerlecken, E., Fabritius, H.: Arch. Eisenhüttenw. $\underline{37}$ (1966) 569/78

3.202. Florin, C., Hammerstein, P., Irmgrund, H.: Arch. Eisenhüttenw. $\underline{41}$ (1970) 231/36

3.203. Krisch, A., Naumann, F.K.: Arch. Eisenhüttenw. $\underline{41}$ (1970) 835/40

3.204. Nobili, D., Mezzetti, F., de Maria, E.S.: J. Mater. Sci. $\underline{3}$ (1968) 282/87

3.205. Uelze, D., Ilschner, B.: Z. Metallkde. $\underline{60}$ (1969) 38/45

3.206. Wellinger, K., Keil, E.: Arch. Eisenhüttenw. $\underline{10}$ (1942) 475/78

3.207. Erker, A., Klotzbücher, E., Mayer, K.-H.: M.A.N. Forschungsheft Nr. 13 (1966/67) 1/15

3.208. Sherby, O.D., Goldberg, A., Dorn, J.E.: Trans. ASM $\underline{46}$ (1954) 681/700

3.209. Garofalo, F., von Gemmingen, F., Domis, W.F.: Trans. ASM $\underline{54}$ (1961) 430/44

3.210. Williams, J.A., Lindley, T.C.: Z. Metallkde. $\underline{60}$ (1969) 957/60

3.211. Garber, R.I., Gindin, I.A., Neklyudov, I.M.: Fiz. metal. metalloved, $\underline{15}$ (1963) 473/75 und 908/13

3.212. Kugaenko, O.N., Rozenberg, V.M., Shalimova, A.V.
       Fiz. metal. metalloved, 15 (1963) 612/15

3.213. Kozyrskii, G.Ya.: Fiz. metal. metalloved, 14 (1962)
       917/24

3.214. Antony, K.C., Chang, W.H.: Trans. ASM 61 (1968)
       550/58

3.215. Wilcox, B.A., Clauer, A.H.: Trans. Met. Soc. AIME
       245 (1969) 935/39

3.216. Rennhack, E.H., Conrad, G.P.: Trans. Met. Soc. AIME
       236 (1966) 1441/44

3.217. Bayles, B.J., Ford, J.A., Salkind, M.J.: Trans. Met.
       Soc. AIME 239 (1967) 844/49

3.218. Cline, H.E.: Trans. Met. Soc. AIME 239 (1967) 1906/16;
       vgl. auch Cline, H.E., Walter, J.L., Lifshin, E.,
       Russel, R.R.: Metallurg. Trans. 2 (1971) 189/94

3.219. Kelly, A., Tyson, W.R.: J. Mech. and Phys. Solids 14
       (1966) 177

3.220. Ellison, E.G., Harris, B.: Appl. Mater. Res. 5 (1966)
       33

3.221. De Silva, A.R.T.: J. Mech. and Phys. Solids 16 (1968)
       169

3.222. Kossowsky, R.: Metallurg. Trans. 1 (1970) 1909/19

3.223. Schmidt-Whitley, R.D.: Dissertation Erlangen 1972,
       Z. Metallkde., im Druck

3.224. Davies, P.W., Dennison, J.P.: J. Inst. Met. 90
       (1961/62) 53/56

3.225. Batte, A.D., Murphy, M.C.: Fachberichte d. Internat.
       Konf. über Eigenschaften warmfester Stähle, Düsseldorf 1972,
       hrsg. vom Verein Dt. Eisenhüttenleute, Bd. II, Nr. VIII/2,
       30 S., vgl. [3.226]

3.226. Murphy, M.C., Branch, G.D.: J. Iron and Steel Inst.
       207 (1969) 13/64

3.227. Priante, M., Erra, A.: Fachberichte d. Internat. Konf.
       über Eigenschaften warmfester Stähle, Düsseldorf 1972, hrsg.
       vom Verein Dt. Eisenhüttenleute. Bd. II, Nr. II/4, 26 S.

3.228. Larson, F.R., Miller, J.: Trans. Am. Soc. Mech. Eng.
       74 (1952) 765/75, vgl. Referat in Stahl u. Eisen 76 (1956) 917

3.229. Dorn, J.E.: J. Mech. Phys. Sol. 3 (1954) 85

3.230. Florin, C., Horstmann, D., Imgrund, H.: Fachbe-
       richte d. Internat. Konf. über Eigenschaften warmfester Stähle
       Düsseldorf 1972, hrsg. vom Verein Dt. Eisenhüttenleute, Bd.II,
       Nr. VII/2, 33 S.

3.231. Krisch, A., Wepner, W.: Arch. Eisenhüttenw. 28 (1957)
       339/44

3.232. Bungardt, K., Schmidt, W.: DEW Techn. Ber. 1 (1961)
       84/95

3.233. Orr, L.R., Sherby, O.D., Dorn, J.E.: Trans. ASM 46
       (1954) 113/28

3.234. Manson, S.S., Haferd, A.M.: National Advisory Comm.
       Aeronautics, Techn. Note 2890 (1953)

3.235. Manson, S.S., Brown, W.F.: Proc. ASTM 53 (1953)
       693/719

3.236. Granacher, J.: Dissertation Darmstadt 1970

3.237. von Rajakovics, E.:Gießerei-Rundsch. 14 (1967) 15/17

3.238. von Rajakovics, E., Nechtelberger, E.: Gießerei-
       Rundsch. 17 (1970) 19/26

3.239. Seltzer, M.S., Markworth, A.J., Clauer, A.H.,
       Wilcox, B.A., Perrin, J.S.: "Topical Report on High-
       Temperature Creep of Uranium Dioxide", Nr. BMI-1912,
       Batelle Inst., Columbus (Ohio) 1971

3.240. Stone, P.G., Murray, J.D.: J. Iron and Steel Inst. 203
       (1965) 1094/1107

3.241. Siegfried, W.: Arch. Eisenhüttenw. 33 (1962) 157/66

3.242. Siegfried, W.: Arch. Eisenhüttenw. 34 (1963) 713/26

3.242a.Siegfried, W.: Arch. Eisenhüttenw. 37 (1966) 65/78

3.243. Bowring, P., Davies, P.W., Wilshire, B.: Met.
       Sci. J. 2 (1968) 168/71

3.244. Woodford, D.A.: Met. Sci. J. 3 (1969) 50/53

3.245. Gittins, A.: Met. Sci. J. 1 (1967) 214/16

3.246. McLean, D.: J. Inst. Met. 85 (1957) 468

3.247. Taplin, D.M.R., Wingrove, A.: Acta Met. 15 (1967)
       1231/36

3.248. Stiegler, J.O., Farrell, K., Loh, B.T.M., McCoy,
       H.E.: Trans. ASM 60 (1970) 494/503

3.249. Chang, H.C., Grant, N.J.: Trans. AIME 206 (1956) 544

3.250. Williams, J.A.: Acta Met. 15 (1967) 1559/62

3.251. Taplin, D.M.R., Barker, L.J.: Acta Met. $\underline{14}$ (1966) 1527/31

3.252. Tipler, H.R., Taylor, L.H., Hopkins, B.E.: Met. Sci. J. $\underline{4}$ (1970) 167/70

3.253. Davies, P.W., Williams, K.R., Wilshire, B.: Phil. Mag. $\underline{18}$ (1968) 197/200

3.254. Bowring, P., Davies, P.W., Wilshire, B.: J. Inst. Met. $\underline{95}$ (1967) 59/60

3.255. Gittins, A., Williams, H.D.: Phil. Mag. $\underline{16}$ (1967) 849/51

3.256. Spark, L.J., Taplin, D.M.R., Cocks, G.J.: zit. in [3.247]

3.257. Scriven, R.A., Williams, H.D.: Trans. Met. Soc. AIME $\underline{233}$ (1965) 1593/1602

3.258. Stroh, A.N.: Proc. Roy. Soc. (London) A $\underline{218}$ (1953) 404

3.259. Greenwood, J.N., Miller, D.R., Suiter, J.W.: Acta Met. $\underline{2}$ (1954) 250/58

3.260. Balluffi, R.W., Seigle, L.L.: Acta Met. $\underline{5}$ (1957) 449/54

3.261. Hull, D., Rimmer, D.E.: Phil. Mag. $\underline{4}$ (1959) 673

3.262. Speight, M.V., Harris, J.E.: Met. Sci. J. $\underline{1}$ (1967) 83/85

3.263. Gifkins, R.D.: Acta Met. $\underline{4}$ (1956) 98/99

3.264. Chen, C.W., Machlin, E.S.: Acta Met. $\underline{4}$ (1956) 655/56

3.265. Ishida, Y., McLean, D.: Met. Sci. J. $\underline{1}$ (1967) 171/72

3.266. Harris, J.E.: Trans. Met. Soc. AIME $\underline{233}$ (1965) 1509/16

3.267. Davies, P.W., Finniear, T.C., Wilshire, B.: J. Inst. Met. $\underline{91}$ (1962/63) 289/92

3.268. Davies, P.W., Dutton, R.: Acta Met. $\underline{14}$ (1966) 1138/40

3.269. Bowring, P., Davies, P.W., Wilshire, B.: J. Nucl. Met. $\underline{22}$ (1967) 232/33

3.270. Weaver, C.W.: J. Inst. Met. $\underline{88}$ (1959/60) 296/300

3.271. Tipler, H.R., McLean, D.: Met. Sci. J. $\underline{4}$ (1970) 103/07

3.272. Hart, R.V., Gayter, H.: J. Inst. Met. $\underline{96}$ (1968) 338/44

3.273. Walker, G.K., Evans, H.E.: Met. Sci. J. 4 (1970) 155/60

3.274. Evans, H.E., Walker, G.K.: Met. Sci. J. 4 (1970) 210/12

3.275. Gittins, A.: Acta Met. 16 (1968) 517/22

3.276. Davies, P.W., Dennison, J.P., Evans, H.E.: J. Inst. Met. 94 (1966) 270/75

3.277. Davies, P.W., Dennison, J.P., Evans, H.E.: J. Inst. Met. 95 (1967) 231/34

3.278. Davies, P.W., Evans, R.W.: Acta Met. 13 (1965) 353/61

3.279. Davies, P.W.: Jernkont. Ann. 155 (1971) 333/38

3.280. Langdon, T.G.: Scripta Met. 2 (1968) 17/19

3.281. Evans, H.E.: Met. Sci. J. 3 (1969) 33/38

3.282. Gittins, A.: Met. Sci. J. 4 (1970) 186/87

3.283. Low, J.R.: Progr. Mater. Sci. 12 (1963) 1/96

3.284. Skelton, R.P.: Met. Sci. J. 2 (1968) 106/107

3.285. Skelton, R.P.: Met. Sci. J. 3 (1969) 67

3.286. Dobeš, F., Čadek, J.: Mater. Sci. Eng. 9 (1972) 355/59

3.287. Breyer, J.P., Leroy, V., Habraken, L.: Fachberichte d. Internat. Konf. über Eigenschaften warmfester Stähle, Düsseldorf 1972, hrsg. vom Verein Dt. Eisenhüttenleute, Bd.I, Nr. I/3, 18 S.

3.288. Ergebnisse deutscher Zeitstandversuche langer Dauer, Düsseldorf 1969, Blatt BD-57

3.289. Dahl, W.: Z. Metallkde. 58 (1967) 735/46

3.290. McQueen, H.J.: ASME Symp. on Materials Technology, New York 1968, S. 379/88

3.291. McQueen, H.J.: J. Met. 20 (1968) 31/38

3.292. McQueen, H.J.: Supplem., Trans. Japan. Inst. Met. 9 (1968) 170/77

3.293. Jonas, J.J., Sellars, C.M., Tegart, W.J.McG.: Metallurg. Rev. 14 (1969), Nr. 130, S. 1/24

3.294. Weiss, B., Grotke, E., Stickler, R.: Welding J. Res. Supplem. 1970, 17 S.

3.295. Rossard, C., Blain, P.: Rev. Mét. 55 (1958) 573

3.296. Luton, M.J., Sellars, C.M.: Acta Met. 17 (1969) 1033/43

3.297. Reppich, B., Haasen, P., Ilschner, B.: Acta Met.
       12 (1964) 1283/88

3.298. Peissker, E., Haasen, P., Alexander, H.: Phil.
       Mag. 7 (1962) 1279/1303

3.299. Sellars, C.M., Tegart, W.J.McG.: Acta Met. 14 (1966)
       1136/38

3.300. Ball, J.: Phil. Mag. 2 (1957) 1011/17

3.301. Warrington, D.H.: J. Iron and Steel Inst. 201 (1963)
       610/13

3.302. McQueen, H.J., Wong, W.A., Jonas, J.J.: Canad. J.
       Phys. 45 (1967) 1225/34

3.303. McQueen, H.J., Hockett, J.E.: Metallurg. Trans. 1
       (1970) 2997/3004

3.304. Jonas, J.J., Axelrad, D.R., Uvira, J.L.: Trans.
       Japan. Inst. Met. 9 (1968) 257/67 - Supplem.

3.305. Immarigeon, J.P., McQueen, H.J.: Canad. Metallurgy
       Quartaly 8 (1969) 25/34

3.306. Stüwe, H.P.: Acta Met. 13 (1965) 1337/42

3.307. Drube, B., Stüwe, H.P.: Z. Metallkde. 58 (1967) 799/804

3.308. Stüwe, H.P.: in [1.16], S. 1/6

3.309. McQueen, H.J., Bergerson, S.: University of Montreal
       (Canada), unveröff. Bericht (1971)

3.310. Rossard, C., Le Bon, A., Thirellier, D. Manenc, J.:
       Mém. Sci. Rev. Mét. 66 (1969) 263/70

3.311. Abson, D.J., Jonas, J.J.: J. Nucl. Mat. 42 (1972) 73/85

3.312. McQueen, H.J., Wong, W.A., Jonas, J.J.: Acta Met.
       15 (1967) 586/88

3.313. Kühnelt, G., Straube, H.: Berg- u. Hüttenmänn. Mo-
       natsh. 111 (1966) 392/405

3.314. Johnson, R.H.: Metallurg. Rev. 15 (1970) 115/34

3.315. Davies, G.J., Edington, J.W., Cutler, C.P.,
       Padmanabhan, K.A.: J. Mater. Sci. 5 (1970) 1091/1102

3.316. Baudelet, B.: Mém. Sci. Rev. Mét. 68 (1971) 479/87

3.317. Stüwe, H.P.: Z. Metallkde. 61 (1970) 704/10

3.318. Jenkins, C.H.M.: J. Inst. Met. 40 (1928) 21

3.319. Underwood, E.E.: Trans. AIME 224 (1962) 914 (Übersicht über sowjetische Arbeiten zu diesem Thema)

3.320. Backofen, W.A., Turner, I.R., Avery, D.H.: Trans. ASM 57 (1964) 980

3.321. Cook, R.C., Risebrough, N.R.: Scripta Met. 2 (1968) 487/89

3.322. Floreen, S.: Scripta Met. 1 (1967) 19/23

3.323. Gibson, R.C., Hayden, H.W., Brophy, J.H.: Trans. ASM 61 (1968) 85/93

3.324. Morrison, W.B.: Trans. ASM 61 (1968) 423/34

3.325. Bungardt, K., Oppenheim, R., Laddach, H., Hoffmann, B.: DEW Techn. Ber. 10 (1970) 85/96

3.326. Holt, D.L., Backofen, W.A.: Trans. ASM 59 (1966) 755/68

3.327. Lee, D.: Acta Met. 17 (1969) 1057/69

3.328. Alden, T.H.: Trans. Met. Soc. AIME 236 (1966) 1633/34

3.329. Nabarro, F.R.: in Rept. Confer. Strength of Solids (The Physical Soc.) London 1948, S. 75

3.330. Herring, C.: J. Appl. Phys. 21 (1950) 437/45

3.331. Folweiler, R.C.: J. Appl. Phys. 32 (1961) 773/78

3.332. Warshaw, S.I., Norton, F.H.: J. Am. Ceram. Soc. 45 (1962) 479/86

3.333. Austerman, S.B., Chang, R.: J. Nucl. Mater. 12 (1964) 337/39

3.334. Kingery, W.D., Montrone, E.D.: J. Appl. Phys. 36 (1965) 2412/13

3.335. Pranatis, A.L., Pound, G.M.: Trans. AIME 203 (1955) 664/68

3.336. Pines, B.Ya., Sirenko, A.F.: Fiz. met. metalloved, 15 (1963) Nr. 4, S. 586/91

3.337. Harris, J.E., Jones, R.B.: J. Nucl. Mater. 10 (1963) 360/63

3.338. Squires, R.L., Weiner, R.T., Phillips, M.: J. Nucl.
       Mater. $\underline{8}$ (1963) 77/80

3.339. Haddrell, V.J.: J. Nucl. Mater. $\underline{18}$ (1966) 231/32

3.340. Raraty, L.E.: J. Nucl. Mater. $\underline{20}$ (1966) 344/48

3.341. Vickers, W., Greenfield, P.: J. Nucl. Mater. $\underline{24}$
       (1967) 249/60

3.342. Coble, R.L.: J. Appl. Phys. $\underline{34}$ (1963) 1679/82

3.343. Jones, R.B.: J. Nucl. Mater. $\underline{19}$ (1966) 204/07

3.344. Bernstein, I.M.: Trans. Met. Soc. AIME $\underline{239}$ (1967)
       1518/22

3.345. Burton, B., Greenwood, G.W.: Met. Sci. J. $\underline{4}$ (1970)
       215/18

3.346. Ashby, M.F.: Scripta Met. $\underline{3}$ (1969) 837/42

3.347. Chaudhuri, P.: Acta Met. $\underline{15}$ (1967) 1777/86

3.348. Ball, A., Hutchinson, M.M.: Metal Sci. J. $\underline{3}$ (1969)
       1/7

3.349. Mukherjee, A.K.: Mater. Sci. Eng. $\underline{8}$ (1971) 83/89

3.350. Bäro, G.: Z. Metallkde. $\underline{63}$ (1972) 384/92

3.351. Easterling, K.E., Gessinger, G.H.: Z. Metallkde.
       $\underline{63}$ (1972) 237/40

3.352. Springer, E.: phys. stat. sol. (b) $\underline{44}$ (1971) 229/38

4. Versetzungsmechanismen der Hochtemperaturplastizität

4.1. Grundvorstellungen und Grundgleichungen

Sehen wir von dem Beitrag der Gleitung längs Korngrenzen und von den
durch Leerstellen allein vermittelten Verformungsprozessen (Abschn.
3.6.8.) ab, so spricht alles dafür, eine Theorie der Hochtemperaturplastizität auf die Wirkung von Gitterversetzungen als Verformungs-
trägern aufzubauen. Dies bedeutet eine Auflösung des makroskopisch

Tab. 4.1. Vergleich der Eigenschaften von Versetzungen und elektrischen Ladungen

Eigenschaft	Versetzung (Schraube)	Punktladung
verursachtes Feld	elastisches Verzerrungsfeld	elektrostatisches Feld
kennzeichnende Feldgröße	Dehnung ε	Potential Φ
Entfernungsabhängigkeit	$\sim 1/r$	$\sim 1/r$
Symmetrie	radial	sphärisch
atomare Quellstärke	Burgers-Vektor $\pm b$	Elementarladung $\pm e$
Wechselwirkungskoeffizient mit Materie	Schubmodul G	Dielektrizitätskonstante ε
Energiedichte im Feld	$\sim Gb$	$\sim \varepsilon e$
Wechselwirkung (gleichnamig)	abstoßend	abstoßend
Wechselwirkung (ungleichnamig)	anziehend	anziehend
wechselseitige Auslöschung	ja	ja
Transportstromdichte	$\dot{\varepsilon} = b\rho_v v$	$j = e\rho_e v$

kontinuierlichen Verformungsvorganges in eine Summe mikroskopi-
scher oder atomistischer Einzelprozesse - etwa so, wie man den

Stromtransport in einem Halbleiter als die Summe von Platzwechseln
atomarer Ladungsträger behandelt. Die Analogie zwischen dem durch
eine E l e m e n t a r l a d u n g e gekennzeichneten Ladungsträger, der
die Q u e l l e e i n e s e l e k t r o s t a t i s c h e n F e l d e s darstellt, und
dem durch eine E l e m e n t a r a b g l e i t u n g b gekennzeichneten Verformungsträger namens "Versetzung", der die Q u e l l e e i n e s e l a -
s t i s c h e n V e r z e r r u n g s f e l d e s darstellt, ist in der Tat recht
eng; Tab. 4.1. veranschaulicht dies.

Den beobachteten Zusammenhang zwischen der Verformungsrate $\dot{\varepsilon}$,
der Spannung σ, der Temperatur T und der thermisch-mechanischen
Vorbehandlung der Probe erfaßt diese Betrachtungsweise mit der
T r a n s p o r t g l e i c h u n g

$$\dot{\varepsilon} = b\,\rho\,v\,, \qquad\qquad (4.1\text{a})$$

vgl. wieder Tab. 4.1. So einleuchtend diese Grundgleichung aussieht,
so problematisch ist sie doch, da man nicht voraussetzen kann, daß
ein gegebenes Ensemble von Versetzungen mit gleichförmiger Geschwindigkeit v das Gitter durchläuft. Vielmehr ist damit zu rechnen, daß
die Versetzungen im Mittel nur eine Wegstrecke L mit der Geschwindigkeit v zurücklegen und dann eine Zeitspanne τ_H hindurch nichts
zur Verformung $\dot{\varepsilon}$ beitragen. Wir erweitern das Modell somit um die
Vorstellung einer a b s c h n i t t s w e i s e n V e r s e t z u n g s b e w e g u n g
mit zwischengeschalteten Haltezeiten (engl.: slip-stick-motion),
Abb. 4.1. Diese Vorstellung bedingt Abänderungen von (4.1a): Entweder faßt man die Transportgleichung als Ausdruck einer "Momentaufnahme" auf und schreibt

$$\dot{\varepsilon} = b\,\rho_{mob}\,v\,, \qquad\qquad (4.1\text{b})$$

wobei ρ_{mob} die Dichte der sich momentan bewegenden Versetzungen
angibt, Abb. 4.2. Nach den getroffenen Voraussetzungen ist dann

$$\rho_{mob} = \rho_{tot}/(1 + v\tau_H/L) = \rho_{tot}/(1 + \tau_H/\tau_G)\,, \qquad (4.2.)$$

wobei wir der Deutlichkeit wegen mit ρ_{tot} die Summe von bewegten und ruhenden Versetzungen kennzeichnen. Nur wenn die "Haltezeit" τ_H klein gegen die "Gleitzeit" $\tau_G = L/v$ bleibt, ist $\rho_{mob} \approx \rho_{tot}$. – Oder

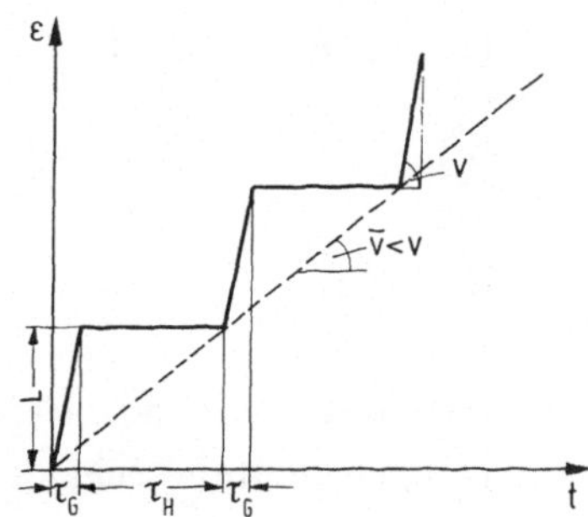

Abb.4.1. Verformung durch abschnittsweise Versetzungsbewegung, unterbrochen durch Haftstellen mit der Aufenthaltsdauer τ_H.

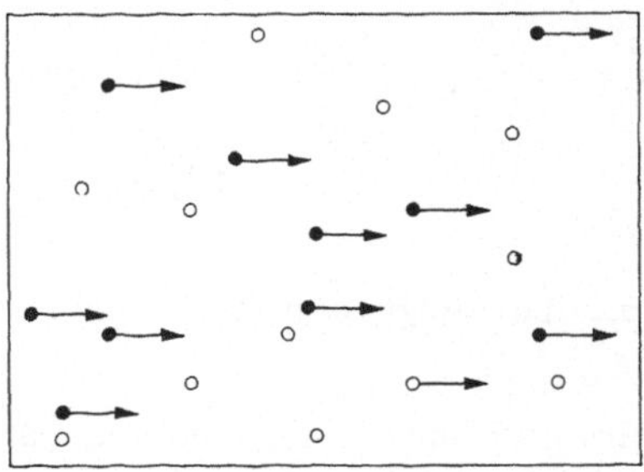

Abb.4.2. "Momentaufnahme" eines Kristalls während der Verformung bei abschnittsweiser Bewegung wie in Abb. 4.1. o ruhende Versetzungen, ● bewegte Versetzungen, Geschwindigkeitsvektor v.

man kann mit Rücksicht darauf, daß eine experimentelle Unterscheidung von ruhenden und bewegten Versetzungen sehr schwierig ist, in der Transportgleichung weiterhin ρ_{tot} verwenden, muß dann allerdings anstelle der wahren Bewegungsgeschwindigkeit v den zeitlichen Mittelwert

$$\bar{v} = v/(1 + \tau_H/\tau_G) \tag{4.3}$$

einsetzen, Abb. 4.1. Es folgt

$$\dot{\varepsilon} = b\,\rho_{tot}\,\bar{v}. \tag{4.1c}$$

Eine weitere Möglichkeit, auf der Basis von (4.1) die abschnittsweise Versetzungsbewegung zu beschreiben, geht von der Vorstellung aus, daß je Volumeneinheit n_1 Versetzungsabschnitte der Länge 1 vorhanden, jedoch im Wesentlichen an Haftstellen verankert sind. Von diesen werden sie mit einer Frequenz ν durch thermische Aktivierung losgerissen. Dabei überstreichen sie jedesmal die Fläche $F = 1L$.

Es ist also

$$\dot{\varepsilon} = b\,\nu\,n_l\,l\,L = b\,\rho_{tot}\,\nu L\,, \qquad\qquad (4.1d)$$

weil $n_l l = \rho_{tot}$. Für die Sprungfrequenz ν ergibt sich aus Abb. 4.1

$$\nu = 1/(\tau_H + L/v) = 1/(\tau_H + \tau_G)\,. \qquad\qquad (4.4)$$

Man überzeugt sich leicht, daß gemäß (4.3) $\nu L = \bar{v}$ ist.

Alle bis hierher aufgeführten Darstellungen vermitteln den Eindruck,
als sei ein vorgegebenes Ensemble von Versetzungen in einer ruck-
weisen Bewegung begriffen. Könnte es nicht aber auch sein, daß Versetzungen durch geeignete Prozesse an geeigneten Stellen entstehen
und wieder aufgelöst werden, d.h., daß jeweils a n d e r e Versetzungen einen Beitrag Lb zur Verformung leisten und dann aus dem Ensemble ausscheiden? Mit dieser Frage wird eine Denkweise angespro-
chen, die weniger die Abschnitte gleichförmiger Bewegung, als vielmehr die E r z e u g u n g   u n d   V e r n i c h t u n g (engl.: generation/
annihilation) von Versetzungen im Vordergrund sieht. Danach wäre

$$\dot{\varepsilon} = b\,\dot{\rho}_+\,L \qquad\qquad (4.5)$$

wobei wir mit $\dot{\rho}_+$ die Erzeugungsrate von (beweglicher) Versetzungslänge pro Zeit- und Volumeneinheit und mit L die bis zur Vernichtung
dieser Versetzungslänge zurückgelegte Wegestrecke bezeichnen. (4.5)
und (4.1) sind nur verschiedene Aspekte eines Vorganges. Der s t a -
t i o n ä r e Verformungsbereich ist durch $\rho_{tot} = $ const, $\rho_{mob} = $ const
und daher

$$\dot{\rho}_+ = \dot{\rho}_- \qquad\qquad (4.6)$$

definiert. $\dot{\rho}_-$ ist dabei die positiv gezählte Vernichtungsrate von beweglicher Versetzungslänge. Hier gilt selbstverständlich

$$\rho_{mob} = \dot{\rho}_+\,\tau_G = \dot{\rho}_-\,\tau_G\,. \qquad\qquad (4.7a)$$

Wie schon in (4.4) ist

$$\tau_G = L/v \qquad\qquad (4.7b)$$

und somit

$$\dot{\rho}_+ \,(= \dot{\rho}_-) = \rho_{mob} v/L \qquad\qquad (4.8)$$

(im stationären Zustand). Die Äquivalenz von (4.5) zu (4.1b) ist damit nachgewiesen.

Die Zunahme der Versetzungsdichte wird üblicherweise mit dem makroskopisch nachweisbaren Vorgang der V e r f e s t i g u n g (engl.: hardening), ihre Abnahme mit dem der E r h o l u n g (engl.: recovery) eines verformten Kristalls in Verbindung gebracht. Erholung findet auch bei $\varepsilon = $ const statt. Als Erholungsrate (im Versetzungsmodell) bezeichnen wir

$$r_v \equiv -(\partial\rho/\partial t)_\varepsilon = \dot{\rho}_- . \qquad\qquad (4.9)$$

Andererseits ist Verfestigung durch Zunahme von ρ die Folge einer aufgezwungenen Dehnung, vgl. (4.5): $d\varepsilon = bL\,d\rho$. Wir definieren daher als Maß der Verfestigung im Versetzungsmodell

$$h_v \equiv \partial\rho/\partial\varepsilon = 1/bL . \qquad\qquad (4.10)$$

Mit (4.10) kann man (4.5) umschreiben als $\dot{\varepsilon} = \dot{\rho}_+/h_v$. Im stationären Verformungsbereich gilt (4.6); Einsetzen von (4.9) liefert dann

$$\dot{\varepsilon}_s = r_v/h_v . \qquad\qquad (4.11)$$

Das gleiche Ergebnis erhält man, wenn man den stationären Zustand, wie oben, durch eine konstante Dichte beweglicher Versetzungen charakterisiert. Dann gilt unter Verwendung der Symbole (4.9) und (4.10) die Forderung

$$d\rho/dt = h_v\,\dot{\varepsilon}_s - r_v = 0 . \qquad\qquad (4.12)$$

(4.11) ist eine weitere Grundgleichung für den (stationären) Verformungsprozeß bei "diffusionsfähiger" Temperatur. In Tab. 4.2 werden alle diese Formeln nochmals zusammengestellt.

Tab. 4.2 Grundgleichungen der Hochtemperatur-Plastizität

Verformungsrate, normiert: $\dot{\varepsilon}/b$	Zugrundeliegende Modellvorstellung
$= \rho_{mob}\, v = \rho_{tot}\, \bar{v}$	konstante Versetzungsdichte trägt Verformung durch (im Mittel) gleichförmige, thermisch aktivierte Drift
$= \rho_{tot}\, vL$	im wesentlichen fest verankerte Versetzungsabschnitte bewirken Verformung durch thermisch aktivierte Ablöseprozesse, welche Gleitweg L ermöglichen
$= \dot{\rho}_{mob}\, L$	Versetzungen werden ständig neu erzeugt und vernichtet, legen während ihrer Lebensdauer den Gleitweg L zurück
$= (r_v/h_v)/b$	Verfestigung wird durch thermisch aktivierte Erholungsprozesse im Sinne eines dynamischen Gleichgewichtes kompensiert

Diese formal verschiedenen Darstellungen sind, es sei nochmals betont, Modifikationen derselben Grundgleichung. Der Verformungsvorgang wird durch neu entstehende und sich wieder auslöschende, teils zügig gleitende, teils blockierte, teils langsam kletternde Versetzungen bewirkt. Infolge dieser Komplexität kann er unter verschiedenen Gesichtswinkeln betrachtet werden, wobei jedesmal ein anderer Teilaspekt des Gesamtphänomens hervorgehoben wird; dies äußert sich auch in der mathematischen Darstellung.

In der Literatur werden "slip theories" oder "climb theories" und "recovery theories" teilweise betont gegeneinander abgegrenzt [4.1]. Was hat es mit diesem Gegensatz auf sich? Wir versuchen, diese Frage durch Bezugnahme auf das vorstehend erläuterte Gleichungssystem zu beantworten.

$\tau_G \gg \tau_H$. Die Ungleichung besagt, daß der Zeitbedarf für die Erzeugung/Vernichtung einer Versetzung klein ist gegen die Zeit, die für verformungswirksame Bewegung aufgewendet wird, wobei sich diese aus thermisch aktivierten Kletterschritten und athermischen Gleitschritten zusammensetzen kann; die Kletterschritte sind natürlich langsamer. Die Geschwindigkeit der Gesamtverformung ist also durch das Klettern der Versetzungen bzw. ihrer Stufenelemente (z.B. "jogs") bei der Zurücklegung des Weges L bestimmt. Dies ist die Basis einer typischen "climb theory". Wegen (4.2) und (4.3) wird $\rho_{tot} \sim \rho_{mob}$, $\bar{v} \sim v$; wegen (4.4) $\nu \sim v/L$. Der Prozeß wird optimal durch $\dot{\varepsilon} = b\rho\,v$ beschrieben.

$\tau_H \gg \tau_G$. Hier wird davon ausgegangen, daß eine einmal "gestartete" Versetzung den Weg L mit hoher Geschwindigkeit v zurücklegt und danach wieder vernichtet wird. Geschwindigkeitsbestimmend für den Gesamtprozeß ist dann nicht die Überwindung der Strecke L, sondern die Erzeugung/Vernichtung von Versetzungsabschnitten. Da Versetzungserzeugung durch Verformung selbst bei tiefen Temperaturen athermisch stattfindet, wohingegen Erholung durch Versetzungsvernichtung erst bei höherer Temperatur wirksam wird, liegt die Arbeitshypothese nahe, daß für $\tau_H \gg \tau_G$ die Erholungsteilschritte geschwindigkeitsbestimmend sind. Diese Vorstellungen sind kennzeichnend für eine "recovery theory". Aus (4.4) folgt damit $\nu \sim 1/\tau_H$, und $\dot{\varepsilon} = bL\dot{\rho}_-$ ist eine besonders gut angepaßte Beschreibung. Im stationären Fall wird gerade so viel Versetzungslänge erzeugt, wie am Ende des Weges L vernichtet werden kann; die Versetzungsdichte ρ ändert sich nicht, $d\rho = 0$, vgl. (4.12). Die Auffassung einer Erholungstheorie wird also auch von (4.11) deutlich zum Ausdruck gebracht.

"Erholungs-" und "Kletter-" Theorien können als zwei Grenzfälle einer allgemeinen Theorie der Hochtemperaturplastizität aufgefaßt werden, welche zwei Geschwindigkeits- bzw. Zeitkonstanten enthält: τ_H für den Zeitbedarf zur Vernichtung von Versetzungslänge, τ_G für den Zeitbedarf zur Überwindung der "freien Weglänge" L durch eine Folge von Gleit- und Kletterschritten. Unter experimentellen Bedingungen, bei denen $\tau_H \gg \tau_G$ ist,

wird eine "Erholungstheorie" den Sachverhalt besser beschreiben;
unter Bedingungen, bei denen $\tau_G \gg \tau_H$ ist, wird eine "Klettertheorie"
zu bevorzugen sein. (Der Zeitbedarf für die E r z e u g u n g von Versetzungen wird von beiden als vernachlässigbar angesehen). Das E r -
s a t z s c h a l t b i l d, Abb. 4.3 (Mitte), entspricht einer Serienschaltung; der g r ö ß t e Teilwiderstand der Serie bestimmt die Gesamt-
Verformungsstromdichte $\dot{\varepsilon}$.

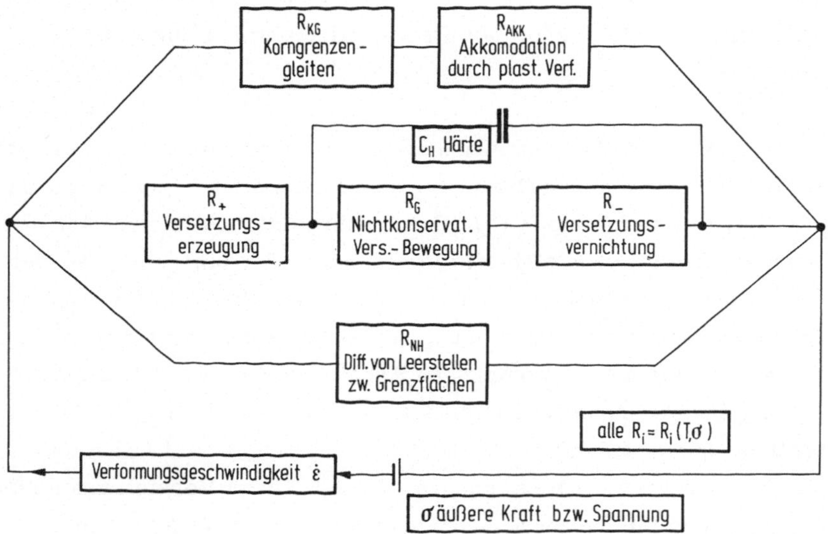

Abb.4.3. Ersatzschaltbild für die an der Hochtemperaturverformung
beteiligten und potentiell geschwindigkeitsbestimmenden Teilvorgänge
(vgl. Text).

Die in das Ersatzschaltbild eingebaute "Kapazität" trägt den strukturellen Änderungen und zugleich der Kaltverformung Rechnung. O h n e
Erholungsvorgänge ($R_- = \infty$) lädt sich das System bei Anlegen einer
Spannung σ auf; m.a.W.: es verfestigt sich so weit, bis die innere
Gegenspannung die äußere Triebkraft kompensiert. Der "Ladezustand"
des Kondensators in Abb. 4.3 entspricht einem "Härtungsparameter",
vgl. etwa [4.2]; er geht durch Erholung - durch "Entladung" über
($R_G + R_-$) - wieder zurück.

Wann nun die einen, wann die anderen Bedingungen gegeben sind, oder
wann $\tau_H \approx \tau_G$ zu berücksichtigen ist, oder wann Versetzungerzeugung

oder -vernichtung während der Zurücklegung von L erfolgt, bedarf noch der Klärung durch weitere Untersuchungen. Wesentlich verschieden sind beide Typen von Theorien im Ergebnis nicht. Die Situation ist hier anders als z.B. in der chemischen Reaktionskinetik, bei der oft eine Serienschaltung von Phasengrenzreaktion und Diffusionstransport vorliegt: Dort sind beide Reaktionen prinzipiell verschieden und z.B. durch andere Aktivierungsenergien gekennzeichnet. Hier hingegen ist sowohl für τ_H als auch für τ_G der Selbstdiffusionskoeffizient $D^*(T)$ maßgeblich. Unterschiede liegen nur in der Diffusionsgeometrie und in anderen Details vor, vgl. Abschn. 4.6.

In Abb. 4.3 sind ferner als Parallelwege der Nabarro-Herring-Mechanismus (Abschn. 3.6.7) und die durch Korngrenzengleitung gesteuerte Verformung eingezeichnet; letztere benötigt plastische Verformungsmechanismen als Akkomodationsvorgänge. In der Konkurrenz dieser drei Parallelwege ist der kleinste Teilwiderstand entscheidend. Da alle Teilwiderstände, wie in Abschn. 3.2.1 und 3.6.7 gezeigt, unterschiedliche Funktionen von σ sind, hängt es vom Spannungs- bzw. Geschwindigkeits- bzw. Temperaturbereich ab, welcher Weg vom System bevorzugt benutzt wird.

Weertman [4.3] und vor allem Ashby [4.4] haben hierzu Diagramme ausgearbeitet, in denen über den Koordinaten σ und T bzw. σ/G und T/T_m solche Felder abgegrenzt sind, in denen jeweils einer der Parallelmechanismen aus Abb. 4.3 über die anderen dominiert. Hierzu müssen natürlich exakte Formeln für $\dot{\varepsilon}(\sigma,T)$ in den einzelnen Bereichen "nach bestem Wissen und Gewissen" eingesetzt werden, vgl. Abschn. 4.6. Ferner müssen die Schubmoduln $G(T)$ und die maßgeblichen Selbstdiffusionskoeffizienten $D^*(T)$ bekannt sein. Ein Beispiel für ein solches Diagramm gibt Abb. 4.4. Ashby weist l.c. darauf hin, daß schon in einer einzelnen Turbinenschaufel wegen der inhomogenen Verteilung der Betriebstemperatur und der Zentrifugalkraft mehrere Felder dieses Diagramms überstrichen werden. Werkstofftechnische Maßnahmen zur Optimierung des Betriebsverhaltens sollten diesen Umstand berücksichtigen.

4.2. „Phänomenologische Theorien" und ihre experimentelle Prüfung

Die Behandlung der kinetischen Grundgleichungen in Abschn. 4.1 war auf die Vorstellung von Versetzungen als Trägern der plastischen Verformung aufgebaut. Die Versetzungsdichte ρ sowie ihre Ableitungen

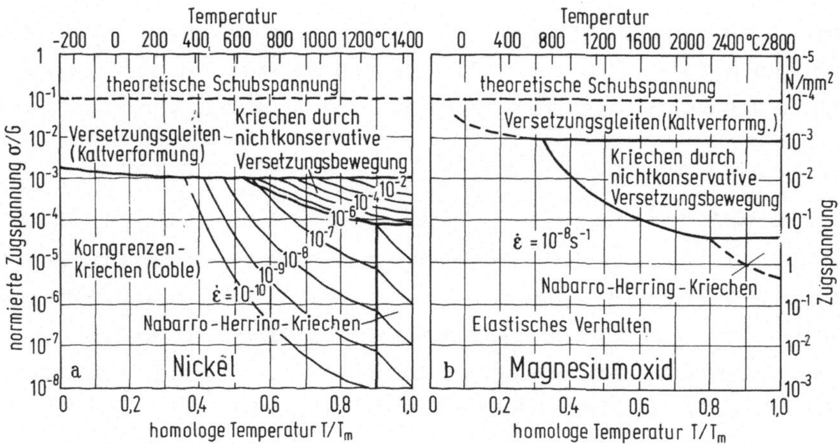

Abb. 4.4a, b. Diagramme, welche für die Beispiele Ni und MgO zeigen, welcher der Alternativmechanismen aus Abb. 4.2. in welchen Temperatur- und Spannungsbereichen dominiert. Oberstes Feld: Kaltverformung ohne Erholung. Nach Ashby [4.4].

$d\rho/dt$ und $d\rho/d\varepsilon$ spielten eine entsprechende Rolle. Makroskopisch nachprüfbare Aspekte der Hochtemperaturplastizität können jedoch auch ohne Rückgriff auf atomistische Modelle behandelt werden. Derartige Konzeptionen, die sich allein auf die Meßgrößen σ, ε, t und auf einen pauschalen Struktur- oder Härteparameter stützen, werden in der Regel als "phänomenologische Theorien" bezeichnet. Da beim heutigen Stand der Experimentiertechnik die Versetzungsdichte ρ ein ebenso reales, quantitativ und reproduzierbar meßbares "Phänomen" ist wie z.B. die Fließspannung σ, ist die Bezeichnungsweise im Grunde überholt. Eine Unterscheidung in "makroskopische" und "mikroskopische" Theorien wäre eher angebracht.

Phänomenologische Erholungstheorien der stationären Verformung bei hoher Temperatur wurden schon sehr frühzeitig von Bailey [4.5] und von Orowan [4.6] vorgeschlagen. Diese Autoren führten auch die

Größen r (für "recovery rate") und h (für "hardening coefficient")
ein - aber nicht (wie r_v und h_v in Abschn. 4.1) als Ab- oder Zunahme der Versetzungsdichte. Vielmehr wurde die F l i e ß s p a n n u n g
bzw. angelegte Kriechspannung σ als kennzeichnende Meßgröße benutzt:

$$r \equiv - (\partial\sigma/\partial t)_\varepsilon , \quad h \equiv \partial\sigma/\partial\varepsilon \qquad (4.13a)$$

Im stationären Zustand bleibt σ konstant, d.h.

$$d\sigma = h\,d\varepsilon - r\,dt = 0 . \qquad (4.13b)$$

Daraus folgt analog zu (4.11) und (4.12)

$$\dot\varepsilon_s = r/h . \qquad (4.14)$$

Tatsächlich ist es gleichgültig, ob man die Fließspannung, die innere
Spannung, die Härte, die Versetzungsdichte, die Subkorngrenzfläche
als Meßgröße verwendet: Sofern man damit h und r analog zu (4.13)
definiert, resultiert s t e t s die Form (4.11), weil die Meßgröße
selbst (σ, σ_i, HV, ρ, Ψ, ...) bei der Ableitung herausfällt.

Auf der Basis der Meßgröße σ haben Cottrell et al. [4.7], später vor
allem McLean et al. [4.8] bis [4.11] und Lagneborg [4.30] das Konzept der Erholungstheorie weitergeführt und seine e x p e r i m e n t e l l e
N a c h p r ü f u n g angestrebt. Insbesondere wurde nach einer Bestätigung von (4.14) dadurch gesucht, daß r und h s e p a r a t bestimmt
und dann der Quotient r/h mit der gemessenen Verformungsrate $\dot\varepsilon$
verglichen wurde.

Aus heutiger Sicht stellen (4.13) und (4.14) einen derart elementaren Zusammenhang dar, daß es sich hier gar nicht um die Prüfung
einer phänomenologischen "Kriechtheorie" handeln kann. Für eine
solche ist in diesem Zusammenhang nur die Frage von Bedeutung, ob
sich überhaupt ein stationärer Zustand mit $d\sigma = 0$ (bzw. $d\rho = 0$ usw.)
einstellt. Sofern man diese Konstanz als gesichert annimmt, sind die
zu erwähnenden Experimente im wesentlichen als Test dafür zu be-
trachten, ob man r und h richtig gemessen hat.

Die Existenz stationärer Verformungszustände, in denen σ, $\dot{\varepsilon}$, ρ, Ψ
usw. konstant sind, erscheint nach den in Kap. 3 vorgelegten Ergeb-
nissen hinreichend abgesichert; immerhin wurde sie von Hart [4.2]
neuerdings bezweifelt (wir schließen uns der Kritik von Nix et al.
[4.12] an dieser Arbeit an). - Unabhängig davon ist der "r/h-Test"
mit Hilfe von (4.14) nicht ganz schlüssig, weil er auch dann positiv
ausfällt, wenn sowohl r als auch h um einen gemeinsamen Faktor
- vielleicht sogar von der Größenordnung 10 oder 100 - falsch bestimmt wurden. Daß diese Möglichkeit nicht unrealistisch ist, zeigen
Barrett et al. [4.14], [4.15]. Unterstellen wir jedoch einmal, wir
hätten zuverlässige Meßverfahren für r und für h, so gibt die damit
bestimmte Abhängigkeit beider Größen von der Temperatur, der Spannung und der thermisch-mechanischen Vorgeschichte wichtige Hinweise auf Einzelheiten des Verformungsmechanismus. Darin liegt die Bedeutung dieser Untersuchungen.

Im Meßverfahren steckt also der Kern der Problematik. McLean (l.c.)
ermittelte die Erholungsrate r, indem er einen stationären Verfor-
mungszustand mit $\dot{\varepsilon}_1$ bei der Spannung σ_1 einstellte und dann die
Spannung um $\Delta\sigma$ erniedrigte. Das daraufhin einsetzende Übergangskriechen bei $\sigma_2 = \sigma_1 - \Delta\sigma$ wurde als Erholung interpretiert, der Zeitbedarf Δt bis zur Einstellung der neuen stationären Kriechrate durch
graphische Extrapolation ermittelt (vgl. Abb. 4.5) und das so erhaltene Verhältnis $\Delta\sigma/\Delta t$ als Erholungsrate r definiert. Genauer:

$$r \equiv \lim_{\Delta\sigma \to 0} (\Delta\sigma/\Delta t) . \qquad (4.15)$$

Für die Bestimmung von h bietet sich zunächst eine Lasterhöhung um
$\Delta\sigma$ an, wobei die unmittelbare Dehnung nach dem Lastwechsel zu er-
mitteln wäre. $\Delta\varepsilon/\Delta\sigma$ könnte dann für hinreichend kleines $\Delta\sigma$ mit $1/h$
gleichgesetzt werden. In der Praxis ist die meßtechnische Erfassung
dieses $\Delta\varepsilon$-Wertes jedoch schwierig und unsicher. McLean (l.c.) ging
daher anders vor, indem er die Probe aus dem mit σ_1 erreichten
stationären Zustand "unter Last" abkühlte und dann b e i R a u m t e m -
p e r a t u r eine Spannungs-Dehnungs-Kurve aufnahm. Aus ihr ist
$h = d\sigma/d\varepsilon$ für $\sigma = \sigma_1$ nach Korrektur mit der Temperaturabhängigkeit

des Schubmoduls zu entnehmen. Die Berechtigung dazu liegt in den
Voraussetzungen, daß erstens die "Struktur" (= Versetzungsanordnung) bei der Abkühlung unverändert bleibt und daß zweitens die Verfestigung bei Raumtemperatur denselben Gesetzen gehorcht wie bei
hoher Temperatur.

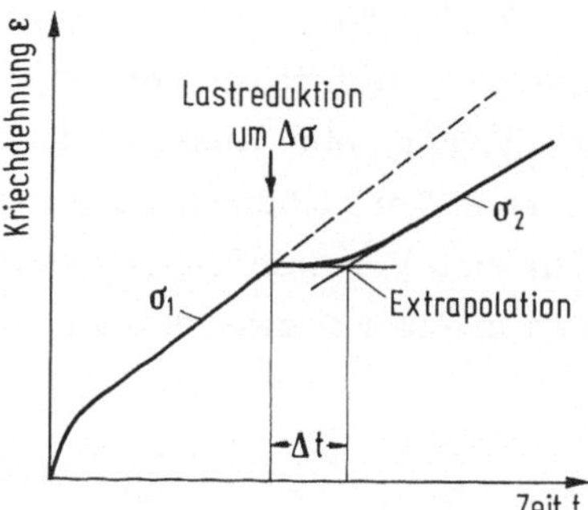

Abb.4.5. Prinzip der Bestimmung der Erholungsrate r
durch Kriechversuche mit
Lastwechseln nach McLean
et al. (vgl. Text).

So bestimmte Werte von r und h liefern r/h-Werte, die etwa bis auf
den Faktor 2 mit $\dot\varepsilon$ übereinstimmen, [4.9] bis [4.11], [4.13], [4.16],
[4.19]. Dennoch ist das Verfahren nicht voll befriedigend, weil der
reale Vorgang, der zur Erholung führt, in das Prinzip der Messung
gar nicht eingeht, von den sonstigen Voraussetzungen abgesehen.
Lagneborg [4.17] und Barrett et al. [4.14] analysierten daher das
"stress-drop"-Verfahren eingehender. Dies setzte voraus, daß sie
den Boden einer rein phänomenologischen Theorie verließen und ver-
setzungstheoretische Begriffe, insbesondere auch den einer inneren
Spannung $\sigma_i = \alpha Gb\sqrt{\rho}$, einführten.

Lagneborg betrachtet als "recovery time" Δt nicht die von McLean
definierte, experimentell leicht zugängliche Zeitspanne (Abb. 4.5),
sondern die Zeitspanne zwischen Lastminderung und Erreichen der
neuen stationären Versetzungsdichte. Er kommt zu dem Ergebnis,
daß unter gewissen Bedingungen tatsächlich $\Delta\sigma/\Delta t \approx r$ sei, obgleich
die erwähnte Verknüpfung mit dem Versetzungsmodell bedingt, daß
in Wirklichkeit $r = \Delta\sigma_i/\Delta t$ ist. Die l.c. erhaltene Übereinstimmung
beider Differenzquotienten rührt daher, daß aufgrund von Näherungs-
annahmen die e f f e k t i v e S p a n n u n g $\sigma_{eff} = \sigma - \sigma_i$ als k o n s t a n t e
G r ö ß e herauskommt, so daß $d\sigma/dt \approx d\sigma_i/dt$ ist.

Barrett et al.(l.c.) gehen nicht von σ_{eff}=const, sondern von $\beta \equiv \sigma_i/\sigma$ = const aus, vgl. (3.48). In diesem Fall ist die Meßgröße

$$\Delta\sigma/\Delta t = (1/\beta)(\Delta\sigma_i/\Delta t) = (1/\beta)r > r . \qquad (4.16)$$

Diese Autoren gelangen daher zu dem Schluß, daß für denkbare β-Werte von z.B. 0,1 die "stress-drop-Methode" viel zu hohe Werte der Erholungsrate r liefert und nur bei $\sigma_i \approx \sigma$ angenähert richtige. Da die Versuchsführung keine Auskunft darüber gibt, wie groß $\beta = \sigma_i/\sigma$ unter den gegebenen Versuchsbedingungen ist, und da σ_{eff} = const auch keine befriedigende Vereinfachung darstellt, bedarf das vielversprechende Verfahren in Zukunft zweifellos noch einer wesentlichen Ergänzung.

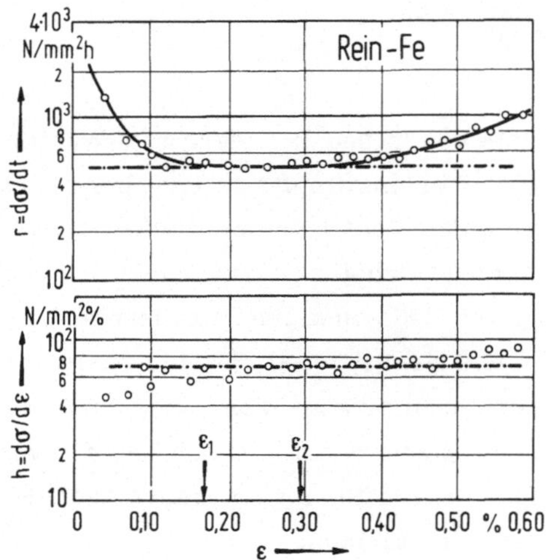

Abb.4.6. Erholungsrate r und Verfestigungskoeffizient h als Funktion der Dehnung im Zugversuch (primärer bis einschließlich tertiärer Bereich). Rein-Fe bei 720°C, konstante Dehnungsgeschwindigkeit $1,8\cdot10^{-5}\text{s}^{-1}$. Nach [4.18].

An diesen prinzipiellen Einwänden ändert auch ein von Watanabe und Karashima [3.13], [4.18] eingeführtes Meßverfahren nichts. Es verbessert allerdings die Präzision der Bestimmung von r erheblich, indem es den Grenzfall $\Delta\sigma \to 0$ realisiert. Die genannten Autoren verwenden für ihre Untersuchungen eine elektronisch gesteuerte Prüfmaschine mit geschlossenem Regelkreis, die es gestattet, während des

Verformungsversuches abwechselnd Kriechkurven, Spannungs-Dehnungs-Kurven und Spannungsrelaxationskurven aufzunehmen. Aus der Anfangssteigung der beiden letzteren lassen sich h bzw. r ableiten - mit den erwähnten, von Barrett et al. (l.c.) aufgezeigten Einschränkungen, Abb. 4.6.

4.3. Thermische Aktivierung bei angelegter Last bzw. Spannung

Unabhängig davon, ob man Erholungs- oder Gleit-Kletterprozesse als geschwindigkeitsbestimmend ansieht oder ob man eine derartige Trennung für nicht sachgerecht hält, steht außer Zweifel, daß thermisch aktivierte Prozesse für die Hochtemperaturverformung eine entscheidende Rolle spielen. Von den Versuchsergebnissen her äußert sich dies z.B. darin, daß die Temperaturabhängigkeit der stationären Verformungsgeschwindigkeit bei gegebener Last einer Arrhenius-Funktion

$$\dot\varepsilon(T) = A \exp(-\Delta H/RT) \tag{4.17}$$

folgt. Diese Schreibweise lehnt sich an die konventionelle statistische Theorie der Reaktionsgeschwindigkeiten (engl.: rate theory) an. Um dies stärker zum Ausdruck zu bringen, schreiben wir

$$\dot\varepsilon(T) = A' \exp(-\Delta G/RT) \,. \tag{4.18a}$$

Wenn (4.17) und (4.18) mehr sein sollen als eine phänomenologische Darstellung von Meßergebnissen, wenn also ΔH mehr sein soll als ein Temperaturkoeffizient der Verformungsrate unter bestimmten Versuchsbedingungen, dann muß allerdings darauf geachtet werden, welche Grenzen dieser Darstellungsweise von der Theorie her gesetzt sind.

Es ist zu berücksichtigen, daß die empirische A r r h e n i u s -Funktion (4.17) nur dann als thermodynamisch-kinetische B o l t z m a n n -Funktion mit einer physikalisch sinnvollen Aktivierungsenthalpie ΔH aufgefaßt werden darf, wenn sichergestellt ist, daß (4.17) und (4.18) einen i n a t o m a r e n D i m e n s i o n e n a b l a u f e n d e n E l e m e n - t a r p r o z e ß repräsentieren (Beispiel: Platzwechselvorgang bei der

Selbstdiffusion). Diese Voraussetzung ist bei der Hochtemperaturverformung n i c h t erfüllt; vielmehr gehen in die Meßgröße $\dot{\varepsilon}(T,\sigma)$ mehrere, z.T. räumlich ausgedehnte Teilprozesse mit temperaturabhän-
gigen Materialkonstanten wie dem Schubmodul ein. Ihr Einfluß auf die
"Aktivierungsenergie des Kriechens" ist in Kap. 3 ausführlich behandelt worden.

Für eine genaue Betrachtung müssen alle diese zusätzlichen Faktoren
berücksichtigt werden. Im Regelfall sind jedoch ihre Temperaturabhängigkeiten so gering, daß sie neben derjenigen der Diffusion in erster Näherung vernachlässigt werden können. Die Erfahrung, wonach
$Q_c \approx Q_{sd}$, rechtfertigt dies auch weitgehend, vgl. Abb. 3.15.

Nun ist es das Merkmal der hier zu behandelnden Vorgänge, daß sie
durch thermische Aktivierung u n t e r L a s t bewirkt werden. Nachdem
sich der Ansatz (4.17) mit den erwähnten Einschränkungen ganz gut
bewährt hat, liegt es nahe, den Anschluß an die "rate theory" dadurch
aufrechtzuerhalten, daß man auch die S p a n n u n g s a b h ä n g i g k e i t
in diesen Formalismus aufnimmt und (4.18) wie folgt formuliert:

$$\dot{\varepsilon}(T,\sigma) = A' \exp[- \Delta G(\sigma)/RT] . \qquad (4.18b)$$

Hierbei wird vorausgesetzt, daß A' eine von σ und T unabhängige
Konstante ist. Die Spannungsabhängigkeit von $\dot{\varepsilon}$ soll also a l l e i n
dadurch verursacht sein, daß die Potentialschwelle ΔG des thermisch
aktivierten Elementarschrittes durch die angelegte Spannung verändert, d.h. abgebaut wird [4.20], [4.21]. Dieses Verfahren ist
n i c h t akzeptabel. Wir dürfen voraussetzen, daß die zitierten Autoren sich seiner Grenzen bewußt waren und in erster Linie ein Denkmo-
dell auf seine Konsequenzen überprüfen wollten. (4.18b) eignet sich
jedoch nicht als Basis einer zusammenfassenden oder lehrbuchmäs-
sigen Darstellung. Der Grund dafür ist, daß die strukturellen Faktoren - insbesondere die Versetzungsanordnung - zwar nur schwach
von der Temperatur, aber stark von der Spannung abhängen und daß
die sog. nichtkonservative Versetzungsbewegung kein elementarer,
sondern ein komplexer Vorgang ist.

Vertrauenswürdiger wird dieses Verfahren dann, wenn es nicht auf $\dot{\varepsilon}$, sondern auf die mittlere Versetzungsgeschwindigkeit v aus (4.1) angewendet wird [4.22], [4.23]. Obwohl auch hier Vorbehalte anzumelden sind, erscheint ein Ansatz

$$v(T,\sigma) = A'' \exp[- \Delta G''(\sigma)/RT] \qquad (4.19)$$

thermodynamisch besser gerechtfertigt als (4.18b). Wir werden in der folgenden Darstellung von (4.19) ausgehen, wobei der Einfachheit halber ΔG statt $\Delta G''$ geschrieben werden soll; im übrigen behalten wir im Auge, daß in der Literatur nach wie vor oft die unzulässige Verbindung zur Kriechrate gemäß (4.18b) hergestellt wird. Dies betrifft in erster Linie den Begriff des Aktivierungsvolumens bzw. der Aktivierungsfläche.

Für seine exakte Definition ist nicht die Normalspannung, sondern die auf eine Versetzung in ihrer Gleitebene wirkende Schubspannungskomponente τ zu verwenden. Wir setzen

$$\tau = M\sigma, \qquad (4.20)$$

Abschn. 2.1.3. Um allgemeinere Spannungszustände zu erfassen, führt man die hydrostatische Komponente des Spannungstensors bzw. einen von außen aufgebrachten hydrostatischen Druck p ein. Schreiben wir nun v als Funktion von T, τ und p (vgl. [4.22]), so gilt in vereinfachender Umstellung

$$d\ln v = (\partial \ln v/\partial T)_{\tau,p}\, dT + (\partial \ln v/\partial \tau)_{p,T}\, d\tau$$
$$+ (\partial \ln v/\partial p)_{T,\tau}\, dp. \qquad (4.21)$$

Wir erkennen im ersten Term einen mit der Aktivierungsenthalpie verwandten Ausdruck wieder, vgl. (3.24). Der dritte Term in (4.21) repräsentiert die Abhängigkeit der Versetzungsgeschwindigkeit vom hydrostatischen Druck; in der chemischen Reaktionskinetik (und auch in der Theorie der Diffusion) beschreibt man diese durch das Aktivierungsvolumen ΔV_p^*

$$\partial \ln v/\partial p = - \Delta V_p^*/RT. \qquad (4.22)$$

Es verbleibt der mittlere Term. Da er mit (4.22) dimensionsgleich
ist, wird auch aus ihm oft ein Aktivierungsvolumen abgeleitet. Zu
Mißverständnissen besteht kaum Anlaß, da der Einfluß eines hydrostatischen Druckes auf die Verformungsrate nur selten - z.B. bei
geophysikalischen Fragestellungen - eine Rolle spielt. Wie Li [4.22]
betont hat, ist es dennoch korrekter, im Hinblick auf die Bewegung
von Versetzungen in der Gleitebene von einer Aktivierungsfläche A
zu sprechen:

$$RT(\partial \ln v / \partial \tau)_{T,p} = - (\partial \Delta G / \partial \tau)_{T,p} = bA \qquad (4.23)$$

Wenn statt v in die Definition von A die Verformungsrate $\dot{\varepsilon}$ eingesetzt würde, hätten wir wieder (3.18b) - und damit lediglich einen
phänomenologischen Kennwert, äquivalent dem Spannungsexponenten.
Soweit die thermodynamische Diskussion des Begriffes "Aktivierungsvolumen". Was bedeutet er atomistisch im Versetzungsmodell? Anders
gefragt: Wie wirkt sich ein überlagertes homogenes Spannungsfeld auf
die thermisch aktivierte Überwindung einer Potentialschwelle ΔG
durch eine Versetzungslinie aus? ("Überwindung einer Potentialschwelle" muß keineswegs nur die Überwindung eines Hindernisses in der
Gleitebene sein - es kann auch ein elementarer Kletterschritt, die
Emission oder Absorption einer Leerstelle an einem Sprung sein.)

Wir vergegenwärtigen uns die Situation anhand der Abb. 4.7. Die La-
gekoordinate der Versetzungslinie in der Gleitebene sei x. Die durch
thermische Aktivierung zu überwindende Potentialschwelle hat in
A b w e s e n h e i t einer Spannung die Sinusform $G_0(x)$ in Abb. 4.7a.
Überlagert man eine Spannung τ, so kann die Versetzung durch Bewegung in der Gleitebene so zur Verformung des Kristalls beitragen,
daß Arbeit geleistet wird: Arbeit = Burgers-Vektor mal überstrichene
Fläche mal Schubspannung.

Die von der Versetzungslinie in der Gleitebene überstrichene Fläche F
ist angenähert durch den zurückgelegten Weg x und den Abstand l
zum nächsten atomaren Hindernis (oder Sprung) gegeben: $F \approx lx$. Die
anlaufende Versetzung "spürt" in der Position x die Potentialschwelle
$G_0(x)$ a b z ü g l i c h dem aus dem Spannungsfeld aufgenommenen Ener-

giebetrag blxτ ; in Formelschreibweise, angepaßt an Abb. 4.7:

$$G_\tau(x) = (\Delta G_0/2) \{1 + \sin[2\pi(x/a - 1/4)]\} - \text{blx}\tau . \qquad (4.24)$$

Mit den gewählten Verhältnissen der Abb. 4.7 ist zwar eine starke

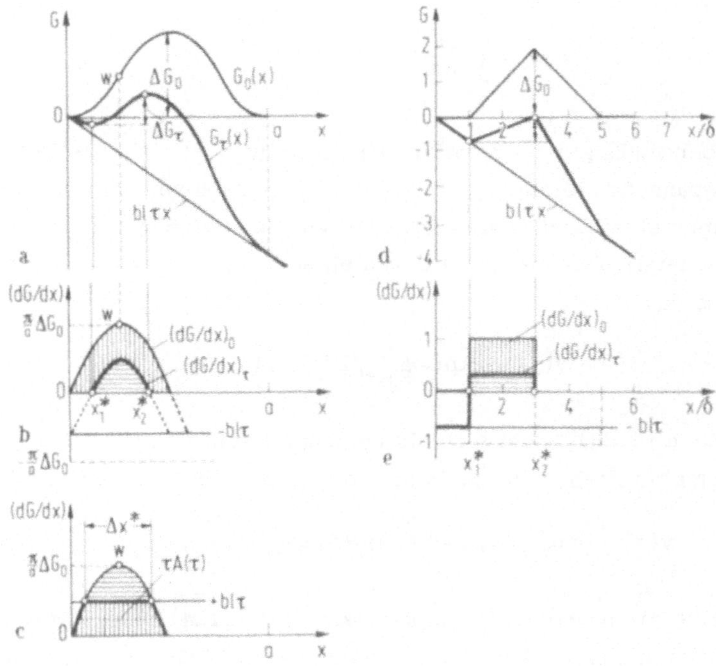

Abb.4.7. Thermische Aktivierung in Gegenwart eines Spannungsfel-
des (schematisch).

Verzerrung des Potentialverlaufs erzielt, jedoch bleibt immer noch
eine thermisch zu aktivierende Schwelle der Höhe $\Delta G_\tau < \Delta G_0$ übrig.

Dem Potential verlauf stellen wir nun in Abb. 4.7b den Kraft verlauf dG/dx gegenüber. Es ist wegen (4.24)

$$(\text{dG/dx})_\tau = (\pi/a) G_0 \cos[2\pi(x/a - 1/4)] - \text{bl}\tau . \qquad (4.25)$$

Für $\tau = 0$ würde die Kurve $(\text{dG/dx})_0$ resultieren. Sie hat bei a/4 ein

Maximum, welches dem Wendepunkt w im Potentialverlauf entspricht. Um die Versetzung über diese Lage hinwegzubringen, ist die m a x i m a l e Kraft K_{max} aufzubringen. Solange die Versetzung über die Länge l nur die Kraft $K = bl\tau < K_{max}$ aufsammelt, kann sie sich nur bis zur Koordinate x_1^* auf das "Hindernis" schieben. Es fehlt dann noch die Arbeit

$$\Delta G_\tau = \int_{x_1^*}^{x_2^*} \frac{dG}{dx}\,dx \qquad (4.26)$$

zur Überwindung der Potentialschwelle. Zwar ist ΔG_τ als Folge der Schubspannung kleiner als ΔG_0, aber doch noch von Null verschieden. ΔG_τ muß also durch thermische Aktivierung aufgebracht werden. Die Wahrscheinlichkeit dafür ist durch einen Boltzmann-Ausdruck gegeben, so daß

$$v(\tau) \sim \exp(-\Delta G_\tau/RT) > v(\tau = 0)\,. \qquad (4.27)$$

ΔG_τ nach (4.26) findet sich als horizontal schraffierte Fläche in Abb. 4.7b und als Pfeil in 4.7a. In der Regel schreibt man statt (4.27)

$$v(\tau) \sim \exp[-(\Delta G_0 - bA\tau)/RT] = v_0 \exp(+bA\tau/RT)\,. \qquad (4.28)$$

Damit ist die phänomenologische Definition (4.24) eingehalten. Wie verhält sich nun die Aktivierungsfläche A in (4.28) zu den in Abb. 4.7 verwendeten Größen? Durch Vergleich mit (4.26) sieht man, daß $bA\tau$ der s e n k r e c h t schraffierten Fläche entspricht:

$$bA\tau = \int_0^{a/2} \left(\frac{dG}{dx}\right)_0 dx - \int_{x_1^*}^{x_2^*} \left(\frac{dG}{dx}\right)_\tau dx\,. \qquad (4.29)$$

Diese Differenz zweier Integrale kann man durch Änderung der Integrationsvariablen und Verschieben der schraffierten Flächen in e i n Integral zusammenfassen. Abb. 4.7c veranschaulicht dies. Die Strecke $x_2^* - x_1^*$ ist als Δx^* bezeichnet:

$$bA\tau = \int_0^{bl\tau} \Delta x^*(\tau)\,d\tau = b \int_0^\tau l\Delta x^*\,d\tau\,. \qquad (4.30)$$

Mit der weiteren Bezeichnung

$$A^*(\tau) \equiv l(x_2^* - x_1^*) = l\,\Delta x^* \tag{4.31}$$

erhält man aus (4.30) die Beziehung

$$A(\tau) = (1/\tau) \int_0^\tau A^*(\tau)\, d\tau . \tag{4.32}$$

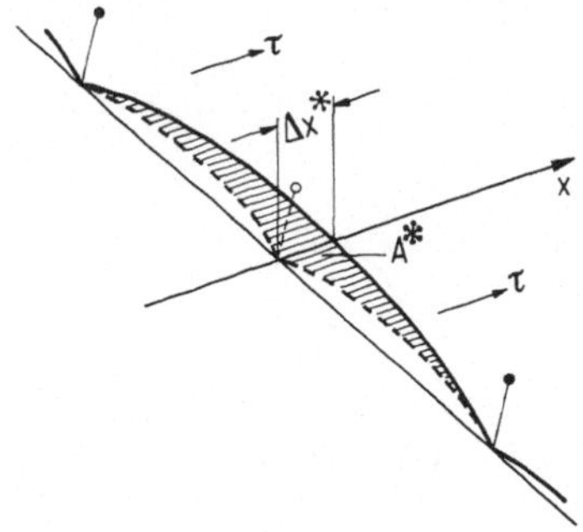

Abb.4.8. Veranschaulichung
der Aktivierungsfläche in
der Gleitebene.

Während man also $A^*(\tau)$ unmittelbar - etwa aus Abb. 4.8 - als die
Fläche verstehen kann, die während des Aktivierungsprozesses in Anwesenheit der Schubspannung τ von der Versetzung überstrichen wird,
ist A in (4.28) ein Mittelwert. A und A^* stimmen nach (4.32)
nur dann überein, wenn $A^*(\tau)$ = const. In diesem Fall ist auch $A(\tau)$ =
const und folglich $v(\sigma) \sim \exp(V\sigma/kT)$, vgl. (3.13).

Eine konstante Aktivierungsfläche A ist im Falle des Dreieckspo-
tentials, Abb. 4.7d, gegeben. Dieses Modell einer Potentialschwelle
hat vorwiegend didaktischen Wert, weil man die Differentiationen und
Integrationen unmittelbar an der graphischen Darstellung nachprüfen
kann. Man überzeugt sich leicht, daß das senkrecht schraffierte Integral linear mit der angelegten Spannung wächst, daß also im Falle
der Abb. 4.7e $A = al/3$ = const ist.

Anders bei dem realistischeren Sinus-Potential. Da es etwas umständ-
lich zu rechnen ist, ersetzen wir es durch das sehr ähnliche, aus vier
gleichen Parabelstücken zusammengesetzte Potential der Abb. 4.9a.

Es ist bei $\tau = 0$

$$G(x) = (8\,\Delta G_0/a^2)\,x^2 \qquad\qquad \text{für } 0 \leqslant x \leqslant a/4\,,$$

$$G(x) = \Delta G_0\,[1 - (8/a^2)\,(a/2 - x)^2] \qquad \text{für } a/4 < x \leqslant a/2\,. \qquad (4.33)$$

Die Differentiation liefert lineare Formen für $\tau(x)$, Abb. 4.9b. Berechnet man nun wieder das senkrecht schraffierte Integral gemäß

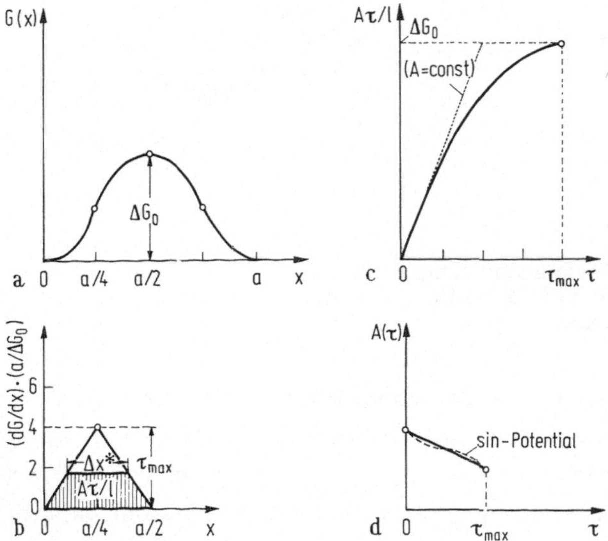

Abb.4.9. Spannungsabhängigkeit der Aktivierungsfläche für ein parabolisches Modellpotential.

(4.30), so erhält man

$$bA\tau = (bla/2)\,\tau\,(1 - \tau/2\,\tau_{max})\,, \qquad\qquad (4.34)$$

wobei sich τ_{max} zu $4\,\Delta G_0/a$ ergibt, Abb. 4.9c. Für $\tau \ll 2\,\tau_{max}$ (genauer: für $\tau < 0,25\,\tau_{max}$) ist der Verlauf der Kurve näherungsweise linear. Man würde also keinen großen Fehler machen, wenn man für diese kleinen Spannungen die Aktivierungsfläche als konstant annimmt. Für höhere Spannungen geht sie dann bis auf die Hälfte des Ausgangswertes zurück, Abb. 4.9d. Dort ist, punktiert, auch der Verlauf für das sin-Potential mit eingetragen.

Wo liegt im Kriechversuch der "Arbeitspunkt" auf einer solchen Kurve? Wir schätzen Größenordnungen ab: Bei Metallen wie Fe, Ni, Cu liegt ΔG_0 bei etwa 80 kcal/mol entsprechend ca. $50 \cdot 10^{-20}$ Nm. Demgegenüber zeigen Messungen der Spannungsabhängigkeit von $\dot{\varepsilon}$ (Abschn. 3.2.1) bzw. der Spannungsrelaxation (Abschn. 2.4), daß 1 in der Größenordnung von 100 Gitterkonstanten liegt, $V = bA$ also rund $5 \cdot 10^{-27}$ m^3 beträgt. Bei niedrigen Belastungen von ca. 20 N/mm^2 Normalspannung folgt $V\tau \approx 5 \cdot 10^{-20}$ Nm oder rund 10 % von ΔG_0, also noch im Bereich der Näherung für konstante Aktivierungsfläche. Vgl. hierzu auch die Messungen an UO_2 [3.38].

Bei den zuletzt durchgeführten einfachen Überlegungen über die Spannungsabhängigkeit von A haben wir stillschweigend vorausgesetzt, daß der Hindernis- oder Sprungabstand 1 von σ bzw. τ unabhängig sei. Dies ist zwar möglich, aber prinzipiell muß man damit rechnen, daß z.B. der Sprungabstand $1 = 1(\sigma)$ mit zunehmender Spannung abnimmt, weil ja mit σ die Versetzungsdichte (Abschn. 3.2.4) und damit die Häufigkeit von Schneidprozessen zunimmt. Dies würde sich in einer stärkeren Abnahme von A mit τ äußern, als in Abb. 4.8d dargestellt. Da 1 bis jetzt noch keiner direkten Messung zugänglich ist, sind Überlegungen über den Beitrag der Funktion $1(\tau)$ zur Spannungsabhängigkeit der Aktivierungsfläche bei der thermisch aktivierten Versetzungsbewegung notwendigerweise spekulativ.

Wegen der vom Experiment her nahegelegten, aber theoretisch nicht gerechtfertigten Darstellung der stationären Verformungsrate $\dot{\varepsilon}_s$ durch Gleichungen vom Typ (4.18b) bzw.

$$\dot{\varepsilon}_s(\sigma) = \dot{\varepsilon}_0 \exp(bA\tau/MkT) \qquad (4.35)$$

muß die Problematik der Aktivierungsfläche noch unter einem anderen Aspekt behandelt werden. In der Literatur finden sich zahlreiche Angaben, wonach

$$V(\sigma) \sim 1/\sigma \quad \text{bzw.} \quad A(\tau) \sim 1/\tau. \qquad (4.36)$$

Solche Angaben bedürfen stets der Präzisierung. Sie können bedeuten:

1. Die **wahre** Aktivierungsfläche A aus (4.35), thermodynamisch
definiert durch (4.32), ist umgekehrt proportional zur Spannung.
2. Die **effektive** Aktivierungsfläche A_{eff}, aus Meßdaten ermittelt
in Anlehnung an (3.18b), ist umgekehrt proportional zur Spannung.

Wir beschäftigen uns zunächst mit der zweiten Aussage, die erheblich
weniger "Physik" enthält als die erste. Sie hat mit dem Ansatz (4.35)
keinen direkten Zusammenhang. Vielmehr ergibt sich eine Beziehung
vom Typ (4.36) stets dann, wenn die Meßdaten von $\dot{\varepsilon}$ einem **Potenzgesetz** folgen - und das ist im mittleren Spannungsbereich für den
größten Teil aller bekannten Daten in guter Näherung der Fall, vgl.
Abschn. 3.2.1. Für $\dot{\varepsilon} \sim \sigma^n \sim \tau^n$ folgt stets

$$A_{eff} b \equiv kT \, \partial \ln \dot{\varepsilon} / \partial \tau = nkT/\tau . \qquad (4.37)$$

Darüber hinaus folgt aus (4.37), daß die **Absolutwerte** der so de-
finierten Aktivierungsfläche nur in einem engen Spielraum liegen können: Da fast immer $n = 4,5 \pm 0,5$ gefunden wird, und da die Daten vorwiegend aus dem Temperaturbereich $0,4 \, kT_m < kT < 0,9 \, kT_m$ stammen,
muß gelten

$$(1/\tau) \, 2 \cdot 10^{-20} < A_{eff} b < (1/\tau) \, 12 \cdot 10^{-20} \, cm^3 .$$

Für $\tau = 10 \, N/mm^2$ (d.h. $\sigma = 2 \, kp/mm^2$) folgt z.B.

$$2 \cdot 10^{-21} < A_{eff} b < 12 \cdot 10^{-21} \, cm^3 .$$

Genau das finden Balasubramanian und Li [4.20] durch Auswertung
von Meßdaten aus der Literatur für zahlreiche Metalle, Legierungen,
Ionenkristalle, Halbleiter und Karbide, vgl. Abb. 4.10.

Anders ist es mit der unter 1 präzisierten Aussage. Verallgemeinern
wir insoweit, als beliebige Funktionen $A(\tau)$ zur Diskussion stehen sollen, so sehen wir, daß die Bildungsvorschrift für die effektive Aktivierungsfläche **nicht** auf die wahre, spannungsabhängige Größe $A(\tau)$ führt:

$$A_{eff} b \equiv kT\, \partial \ln\dot{\varepsilon}/\partial\tau = (b/M)\, \partial(A\tau)/\partial\tau$$

$$= (b/M)[A + \underline{\tau(\partial A/\partial\tau)}]. \qquad (4.38)$$

Setzen wir speziell $A(\tau) = w/\tau$ in (4.38) ein, so erhalten wir $A_{eff} = 0$; das ist ein ziemlich triviales Ergebnis, denn Einsetzen von $A = w/\tau$ in (4.35) führt auf

$$\dot{\varepsilon}_s = \dot{\varepsilon}_0 \exp(bw/MkT),$$

ein Ausdruck, der gar nicht von der Spannung abhängt. Im nichttrivialen Fall $A_{eff} \neq 0$ kann die wahre Aktivierungsfläche A auf zwei Weisen

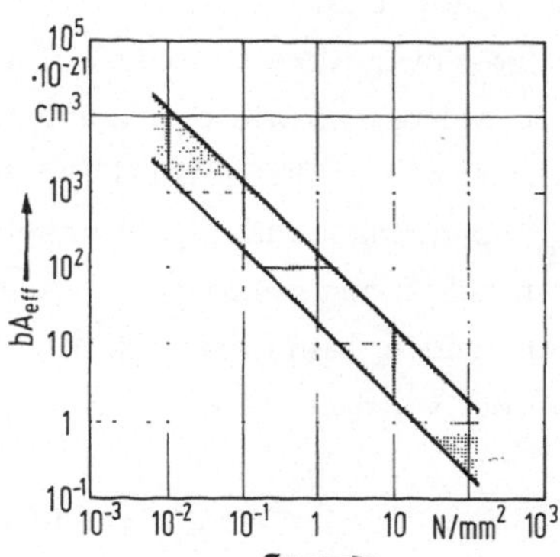

Abb.4.10. Spannungsabhängigkeit der effektiven Aktivierungsfläche A_{eff} für eine Vielzahl von Werkstoffen, nach [4.20].

bestimmt werden: entweder aus den Absolutwerten von (4.35) als

$$A(\tau) = (MkT/b\tau)\ln(\dot{\varepsilon}_s/\dot{\varepsilon}_0) \qquad (4.39)$$

oder durch einen Integrationsprozeß, indem (4.38) als Differentialgleichung für A aufgefaßt wird. Auch hierbei braucht man einen Absolutwert von $\dot{\varepsilon}$ als Integrationskonstante. In dem häufig bei hohen Spannungen vorliegenden Fall, der auf $A_{eff} = $ const führt, ergibt sich dann als Lösungsmannigfaltigkeit

$$A(\tau) = A_{eff} + w'/\tau. \qquad (4.40)$$

Hierbei strebt die Aktivierungsfläche für hohe Spannungen gegen A_{eff}.

w' spielt die Rolle der Integrationskonstanten und trägt zur effektiven
Aktivierungsenthalpie bei, Abschn. 3.2.2. Aus Überlegungen zum Potentialverlauf $G(x)$, s.o., kann (4.40) allerdings n i c h t abgeleitet
werden - höchstens durch Einführung einer Funktion $l(\tau) \sim 1/\tau$. Für
linear abfallendes A gemäß (4.34) würde sich ein ebenfalls linear abfallendes A_{eff} ergeben. Falls aber $A_{eff} = nkT/b\tau$ wie in (4.37), kann
die Differentialgleichung (4.38) durch Ausdrücke vom Typ

$$A(\tau) = (MnkT/b)(\ln \tau/\tau) \qquad (4.41)$$

gelöst werden. Man überzeugt sich leicht, daß beim Einsetzen von
(4.41) in (4.35) tatsächlich $\dot{\varepsilon} \sim \tau^n$ herauskommt.

Es ist sicher unzutreffend, die g e s a m t e Spannungsabhängigkelt der
Kriechgeschwindigkeit in e i n e m thermisch aktivierten Vorgang suchen zu wollen, so wie es (4.35) nahelegt. Zweifellos ist über die
s t r u k t u r e l l e n Faktoren (Versetzungsanordnung) auch der Vorfaktor $\dot{\varepsilon}_0$ spannungsabhängig. Verschiedene Autoren - z.B. [4.41] -
trennen daher den gemessenen Spannungsexponenten n_{eff} in zwei An-
teile n_ρ und n_v auf, die sich aus $\dot{\varepsilon}_0$ bzw. dem exp-Faktor ableiten.
Äquivalent wäre eine Aufteilung der Aktivierungsfläche in

$$A_{eff/\rho} = (kT/b)\,\partial \ln \dot{\varepsilon}_0/\partial \tau, \qquad (4.41a)$$

$$A_{eff/v} = A + \tau(\partial A/\partial \tau). \qquad (4.41b)$$

Zu (4.41b) vgl. (4.38) (der Einfachheit halber wurde der Faktor
$M = \tau/\sigma$ gleich 1 gesetzt). Eine experimentelle Trennung ist durch
Messungen "bei konstanter Substruktur" möglich, d.h. durch schnelle
Lastwechsel oder Spannungsrelaxation; bei dieser Versuchsführung
sollte der Term (4.41a) Null sein. Im Spannungsrelaxationsversuch
bestimmt man dann $A_{eff/v}$ unter der Zusatzbedingung "konstante
Substruktur", vgl. (2.38); dieser Wert ergibt sich in der Regel als
spannungsabhängig.

Weitere Literatur über die Thermodynamik der Versetzungsbewegung
und den Begriff des Aktivierungsvolumens: [3.41], [4.21], [4.43]
bis [4.46], [4.59].

Zusammenfassung: Bei thermisch aktivierter Versetzungsbewegung ist die Wirkung einer Schubspannung τ um so höher, je größer
die Aktivierungsfläche A ist. A kann vorgestellt werden als Mittelwert derjenigen Flächen in der Gleitebene, die während des aktivierten Vorganges überstrichen werden. Er hängt vom Abstand l der aktivierbaren Stellen längs der Versetzungslinie und von der Schrittweite
Δx^* über die Aktivierungsschwelle ab. Prinzipiell ist damit zu rechnen, daß A spannungsabhängig ist, und zwar mit steigender Spannung
abnimmt. Nicht mit A zu verwechseln ist die effektive Aktivierungsfläche A_{eff}, die im wesentlichen eine Rechengröße zur rationellen
Beschreibung der Spannungsabhängigkeit des thermisch aktivierten
Vorganges ist. Sie stimmt nur im Falle $A(\tau) = const$ mit der wahren
Aktivierungsfläche überein. Empirische Potenzgesetze für die Spannungsabhängigkeit der Geschwindigkeit des thermisch aktivierten
Prozesses führen auf $A_{eff} \sim 1/\tau$ bzw. auf $A \sim \ln \tau/\tau$. Vor unkritischer
Anwendung des Begriffes der thermischen Aktivierung auf komplexe
Vorgänge, z.B. vor der Angabe einer "Aktivierungsfläche des Krie-
chens", muß gewarnt werden.

4.4. Innere Spannungen

Der Begriff der inneren Spannung war in Abschn. 2.4 als Hilfsmittel
zur rationellen Beschreibung von Ergebnissen zur Spannungsrelaxation verwendet worden; in Abschn. 3.3.4 trat er auf als Meßgröße,
welche die Versetzungsanordnung in einem kristallinen Gefüge charakterisiert. Im folgenden soll die innere Spannung noch in ihrem Zusammenhang mit der thermischen Aktivierung von Versetzungsprozessen
bei der Hochtemperaturverformung erörtert werden.

Innere Spannungsfelder sind an "Quellen" verankert; als solche Quellen können unterschiedliche Strukturelemente unterhalb Korngröße angesehen werden. Normalerweise werden die Verzerrungsfelder, welche Versetzungslinien umgeben, mit σ_i in Verbindung gebracht.
Aber auch Subkorngrenzen können zur inneren Spannung beitragen
[4.24]; ferner kann man die durch elastische Fehlpassung eingelager-
ter Fremdphasen erzeugten Spannungskomponenten oder auch die

Schneidspannungen kohärenter Partikel zu den inneren Spannungen
rechnen (Abschn. 3.4.3). Maßgebend für unsere Definition ist, daß
es sich um Spannungsschwellen (engl.: peaks) langer Reichweite in der Gleitebene handelt. Diese können also nicht durch thermische Aktivierung überwunden werden, weil thermische Aktivierung nur bei elementaren Vorgängen (wie atomaren Platzwechseln)
wirksam wird. Die mittlere Amplitude dieser Hindernis-Spannungs-
verteilung, Abb. 4.11, bezeichnen wir als innere Spannung σ_i. Anders gesagt: σ_i ist diejenige Spannung, die wir an eine "Testversetzung" anlegen müßten, um sie über die hindernisbelegte Gleitebene

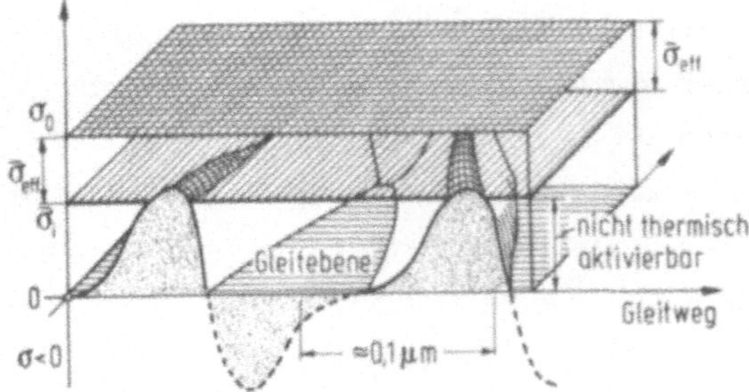

Abb.4.11. Schema des Spannungsverlaufs bei Vorhandensein von
Quellen für innere Spannungen und von thermisch aktivierbaren
Einzelschritten (vgl. Text).

zu ziehen, wobei sonst nichts an der Substruktur verändert wird. Da
die mittlere Spannung am Ort unserer Testversetzung vom mittleren
Abstand L_v zur nächsten Versetzung in leicht überschaubarer Weise
abhängt,

$$\bar{\sigma} = \alpha\, Gb/L_v \,, \qquad (4.42a)$$

ergibt sich die Abhängigkeit von der Versetzungsdichte "automatisch",
jedenfalls für homogene Versetzungsverteilung:

$$\sigma_i(\rho) = \alpha\, Gb\sqrt{\rho} \,. \qquad (4.42b)$$

α beschreibt die geometrischen Einzelheiten und ist bei statistischer
Versetzungsanordnung ca. 0,3, vgl. Abschn. 3.3.4. Selbstverständ-

lich kann σ_i in eine innere S c h u b spannung τ_i umgerechnet werden.
Weitere Literatur: [4.24] bis [4.27].

Man kann einwenden, daß nicht alle Hindernisse gleich "hoch" sind,
wie in Abb. 4.11, also daher das h ö c h s t e Hindernis entscheidend
sein müsse. Gleichwohl spricht für die Verwendung des Mittelwertes
folgende Überlegung: Liegt eine V e r t e i l u n g von σ_i-Amplituden vor,
so werden die niedrigeren Stufen bei einer m i t t l e r e n Spannung $\bar{\sigma}_i$
leicht überwunden, so daß es zur S p a n n u n g s k o n z e n t r a t i o n
durch die Schubwirkung nachrückender Versetzungen vor den über-
durchschnittlich hohen Hindernissen kommt; damit werden auch diese
überwunden.

Verformung bei n i e d r i g e r (nicht diffusionsfähiger) Temperatur
ist demnach für $\sigma < \sigma_i$ gar nicht möglich und setzt bei $\sigma \geq \sigma_i$ o h n e
thermische Aktivierung ein, führt dann allerdings zur V e r f e s t i g u n g :
Die einsetzende Versetzungsbewegung verursacht Schneid- und Multiplikationsprozesse, damit Zunahme der Versetzungsdichte ρ und der
an sie gekoppelten inneren Spannung: $\sigma_i = \sigma_i(\varepsilon)$, vgl. etwa [4.28] für
Fe, Fe-Si und Fe-Ni-Legierungen. Daher muß die angelegte Spannung
σ laufend erhöht werden, wenn eine konstante Verformungsrate $\dot{\varepsilon}$ auf-
recht erhalten werden soll.

Bei h o h e n ("diffusionsfähigen") Temperaturen ist dies nicht notwendig, da die simultan mit der Verfestigung ablaufenden E r h o l u n g s -
p r o z e s s e σ_i immer wieder abbauen, so daß ein s t a t i o n ä r e r
Wert eingehalten werden kann. Diese Erholungsprozesse sind thermisch aktiviert, da sie auf elementaren Platzwechselvorgängen (Klet-
terprozessen) beruhen. Es liegt nahe, zu vermuten, daß der Wert der
inneren Spannung die T r i e b k r a f t d e r E r h o l u n g s p r o z e s s e repräsentiert: Je höher die mittleren σ_i-Amplituden sind, desto mehr
Energie wird durch Auslöschungsprozesse von Versetzungen gewonnen (σ_i-Beiträge aufgrund von Fremdphasen-Partikeln zählen hierbei
natürlich nicht mit). Zum gleichen Ergebnis kommt man, wenn man
von den mittleren Abständen des Versetzungsnetzwerkes ausgeht, vgl.
Friedel [4.29] und Lagneborg [4.30].

Würden diese Erholungsprozesse allein die Verformung kontrollieren,
so würde σ_i nur wenig unterhalb der angelegten Kriechspannung liegen - das System wäre bestrebt, die gesamte verfügbare Spannung für
den geschwindigkeitsbestimmenden Erholungsteilschritt verfügbar zu
halten.

Falls aber die Bewegung derjenigen Versetzungen, welche die Formänderung tragen, ebenfalls einen merklichen Teilwiderstand im Sinne
des Ersatzschaltbildes Abb. 4.3 darstellt, muß für diese ein wesentlicher Teil der verfügbaren Spannung σ abgezweigt werden. Im stationären Zustand würde sich also die Versetzungsdichte ρ_s so einstel-
len, daß $\sigma_i = \alpha\, Gb\sqrt{\rho_s}$ deutlich kleiner als σ bleibt. Demnach würde
$\beta \approx 1$ - vgl. (3.48) - den Grenzfall eines rein erholungsbedingten,
$\beta \ll 1$ den Grenzfall eines rein gleitbedingten Verformungsvorganges
repräsentieren. Die Meßwerte von β liegen in mittleren Spannungsbereichen vielfach um 0,5 (Abb. 3.39 sowie [4.31]); dies weist darauf hin, daß nicht einer der Grenzfälle, sondern eine gemischte
Kontrolle realisiert ist.

Wir können diesen Fall im Rahmen von Abb. 4.11 durch Strichmarken
veranschaulichen, deren Höhe der Maximalspannung τ_{max} für den
Aktivierungsschritt in Abb. 4.7 und 4.9 entspricht. Die angelegte
Spannung τ ist kleiner als τ_{max} (wäre sie es nicht, würde die Probe
reißen). Andererseits setzen wir $\tau > \tau_i$ an; wäre nämlich $\tau < \tau_i$, so
würde solange keine makroskopische Verformung eintreten, bis durch
Erholungsvorgänge τ_i auf einen Wert unter τ abgesunken ist ("Inkubationszeit"). Wenn nun eine äußere Spannung

$$\tau_i < \tau < \tau_{max}$$

vorgegeben ist, so macht Abb. 4.11 deutlich, daß die einzelne "Testversetzung" nicht τ, sondern die am jeweiligen Ort wirksame
Summe (bzw. Differenz) von τ und τ_i spürt; dies ist die schon
mehrfach erwähnte effektive Spannung $\tau_{eff} = \tau - \tau_i$. Da τ_i ein
Mittelwert ist, ist auch τ_{eff} einer - eine Feststellung, die nicht ganz
ohne Problematik ist, jedoch wegen ihrer Übersichtlichkeit von zahlreichen Autoren zur Basis ihrer Überlegungen gemacht wurde [4.24],

[4.27], [4.32] bis [4.35]. Demnach ist die mit Kletterschritten verbundene Versetzungsbewegung nicht eine Funktion der angelegten, sondern eine Funktion der effektiven Spannung

$$v = v(\tau_{eff}) \qquad (4.43)$$

mit

$$\tau_{eff} = \tau - \tau_i = \tau(1 - \beta) \ . \qquad (4.43a)$$

Aus (4.43) ergeben sich keine wesentlichen Konsequenzen, sondern nur Zahlenfaktoren für das bisher Behandelte, solange β als unabhängig von ε und von τ angesehen werden kann. Mit $\beta = const$ gilt z.B. für das Potenzgesetz

$$v(\tau_{eff}) = B\,\tau_{eff}^n = B(1 - \beta)^n\,\tau^n = B'\,\tau^n \qquad (4.44)$$

mit $B' = B(1 - \beta)^n$. Für das Exponentialgesetz gilt entsprechend

$$v(\tau_{eff}) = C\exp(bA\tau_{eff}/MkT) = C\exp(bA'\,\tau/kT) \qquad (4.45)$$

mit $A' = A(1 - \beta)/M$. Anders sieht es in solchen Bereichen aus, in denen das Verhältnis β merklich von der Spannung abhängt. Es würde aber keine neuen Gesichtspunkte liefern, wenn diese Möglichkeit hier im Detail erörtert würde.

4.5. Verformungszustand als Regelkreis

Die bisherigen Ausführungen über den Beitrag der Versetzungsbewegungen zur makroskopischen Verformung, über thermische Aktivierung unter einer wirkenden Last sowie über innere bzw. effektive Spannungen lassen sich in "Grundsätzen" für theoretische Modelle der Hochtemperaturplastizität zusammenfassen. Wir beschränken uns dabei auf einphasige Werkstoffe.

1. Im vorverformten Werkstoff finden bei hinreichend hoher Temperatur thermisch aktivierte Versetzungsbewegungen statt, die im wesentlichen o h n e Vorzugsrichtung ablaufen. Sie tragen (fast) nichts zur makroskopisch meßbaren Verformung ε bei, wohl aber zum Abbau der Versetzungsdichte ρ und damit der inneren Spannungen σ_i. Diesen Erscheinungskomplex bezeichnen wir als E r h o l u n g .

2. Triebkraft für die in 1 erwähnten Erholungsvorgänge ist die i n n e r e S p a n n u n g . Sie hängt (im einphasigen Material) ihrerseits eindeutig von der Versetzungsdichte ab, (4.42). σ_i ist ein Mittelwert.

3. Wird eine Probe einer mechanischen Belastung σ unterworfen, deren Betrag den der inneren Spannung überschreitet, so überlagert sich den in 1 beschriebenen erholungswirksamen Versetzungsbewegungen eine D r i f t , d.h. eine Transportstromdichte mit einer Vorzugsrichtung, die durch den Spannungstensor bestimmt wird. Die Driftbewegung der Versetzungen im aufgeprägten Spannungsfeld bewirkt die makroskopisch meßbare Verformung ε . Als Triebkraft steht ihr die e f f e k t i v e S p a n n u n g σ_{eff} zur Verfügung.

4. Schneid- und Multiplikationsprozesse während der in 3 beschriebenen, verformungswirksamen Versetzungsbewegung führen zur Neubildung von Versetzungslänge und damit zur Erhöhung der mittleren Versetzungsdichte ρ . Wegen des Zusammenhanges (4.42b) bewirkt dies eine Erhöhung des "Pegels" der inneren Spannungen. Diesen Erscheinungskomplex bezeichnen wir als V e r f e s t i g u n g .

5. Da eine von Null verschiedene effektive Spannung in jedem Fall die Bewegungsmöglichkeiten aller Versetzungen über das "Hügelland" der inneren Spannung hinweg erhöht, erhöht sie voraussichtlich auch die Geschwindigkeit der Erholungsprozesse nach 1 gegenüber solchen Versuchsbedingungen, in denen $\sigma_{eff} = 0$ ist. "D y n a m i s c h e   E r h o l u n g " verläuft daher voraussichtlich schneller als "statische"; die Auswirkungen einer verformungsbedingten Leerstellen-Überkonzentration (Abschn. 4.6) sind dabei noch unberücksichtigt.

Diese vier Grundsätze kennzeichnen das Verhalten eines S y s t e m s mit selbstregelnden Verknüpfungen von Teilreaktionen - einen R e g e l - k r e i s . Abb. 4.12 stellt ihn schematisch dar. Die Probe als System ist dick umrandet. Die "Betriebstemperatur" T wird vorgegeben und steuert über den Arrhenius-Ausdruck $\exp(-Q/RT)$ den zeitlichen Ablauf. Bei gegebener Temperatur verknüpft unser System Spannung und Verformungsrate als Ein- und Ausgabegrößen: Gibt man σ vor, so liefert das System $\dot{\varepsilon}$ und umgekehrt.

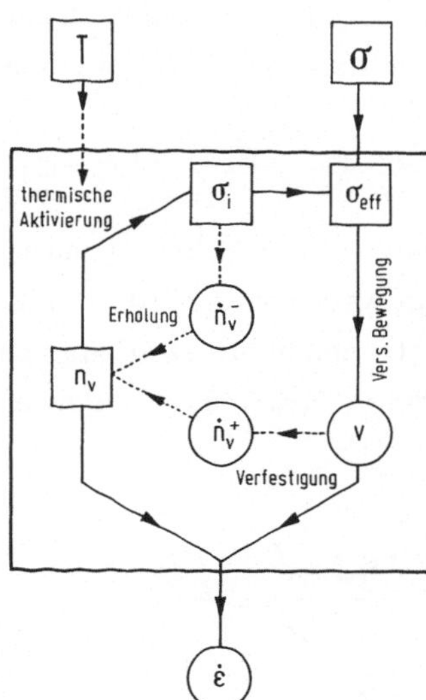

Abb.4.12. "Regelkreis" der Hochtemperaturplastizität mit der inneren Spannung als interner Stellgröße.

Die innere Spannung wirkt als maßgebende interne Stellgröße. Nach jeder Änderung der äußeren Vorgabe ($\dot{\varepsilon}$ oder σ) strebt sie einem neuen, durch $\dot{\varepsilon}$ oder σ bestimmten Gleichgewichtswert zu. Das Erreichen dieses Gleichgewichts äußert sich makroskopisch als stationäre Verformung; die Phase des (aperiodischen) "Einregelns" ist mit dem Übergangsbereich der Kriechkurve identisch.

Die vorstehend wiedergegebenen Zusammenhänge wurden in [4.33] zu einem quantitativen Modell zusammengefaßt. Zu einem solchen Modell gehören neben den genannten fünf Grundsätzen noch nähere Angaben über den Mechanismus der Versetzungsbewegung zur Begründung eines Ansatzes für $v(\sigma_{eff})$; hierzu sind von verschiedenen Autoren verschiedene Ansätze entwickelt worden, die in Abschn. 4.6 referiert werden.

In [4.33] wird von der Grundgleichung (4.1) ausgegangen. Für die mittlere Versetzungsgeschwindigkeit $\bar{v}$ wird aufgrund detaillierter Annahmen (s.o.) ein Ausdruck

$$\bar{v} \sim D^* \rho^{1/2} \sigma \qquad\qquad (4.46)$$

abgeleitet, in den gemäß Grundsatz (3) $\sigma = \sigma_{eff}$ eingesetzt wird. Damit
entsteht aus (4.1c) ein Ausdruck

$$\dot{\varepsilon}(\rho) = B \rho^{3/2} (\sigma - \alpha\, Gb\sqrt{\rho}) \, . \qquad\qquad (4.47)$$

In einem ersten Schritt kann man ρ als unabhängige Variable betrach-
ten; in weiteren Schritten muß dann gezeigt werden, welcher Wert der
Versetzungsdichte sich aufgrund des Regelsystems der Abb. 4.12 bei
gegebener Spannung tatsächlich einstellt.

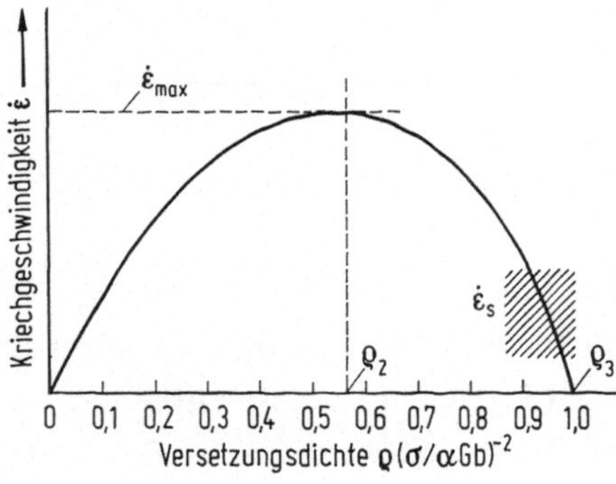

Abb.4.13. Kriechgeschwin-
digkeit als Funktion der
von 0 aus zunehmenden
Versetzungsdichte gemäß
[4.33].

Den ersten Schritt charakterisiert für vorgegebenes σ Abb. 4.13. Der
Kurvenverlauf nahe $\rho = 0$ ist in der Regel nicht realisierbar. Mit steigender Versetzungsdichte wird bei ρ_2 ein Maximum von $\dot{\varepsilon}$ erreicht:

$$\rho_2 = (9/16)(\sigma/\alpha\, Gb)^2 \, , \qquad\qquad (4.48a)$$

$$\dot{\varepsilon}_{max} = \dot{\varepsilon}(\rho_2) = B(27/256)(1/\alpha\, Gb)^3 \sigma^4 \, , \qquad\qquad (4.48b)$$

wobei $9/16 = 0,5652 \, ; \; 27/256 = 0,1055 \, .$

Für ρ_3 hingegen wird $\sigma_{eff} = 0$, womit die Kriechrate genauso auf 0
zurückgeht wie für $\rho = 0$:

$$\rho_3 = (\sigma/\alpha\, Gb)^2 \, . \qquad\qquad (4.49)$$

In einem zweiten Schritt möge der Verfestigungsmechanismus "in Betrieb" genommen werden, in [4.33] beschrieben als

$$(d\rho/dt)_+ = \text{const } \rho\,\bar{v} \,. \qquad (4.50)$$

$\bar{v}$ ist dabei wieder durch (4.46) mit $\sigma = \sigma_{eff}$ gegeben. Beginnt die Verformung mit einem versetzungsarmen Material (links vom Maximum in Abb. 4.13), so wird zunächst $\sigma_i \ll \sigma$ und $\sigma_{eff} \approx \sigma$ sein. Die Erholungsprozesse halten daher mit den Verfestigungsprozessen nicht Schritt, und die Verformung führt zur Zunahme von ρ. Der "Arbeitspunkt" des Systems verschiebt sich in Richtung auf das Maximum von $\dot{\varepsilon}$ in Abb. 4.13. Bei weiterer Verformung und damit weiterer Zunahme von ρ sinkt $\dot{\varepsilon}$ dann allmählich wieder ab. Eine Kurve $\varepsilon(t)$ in diesem

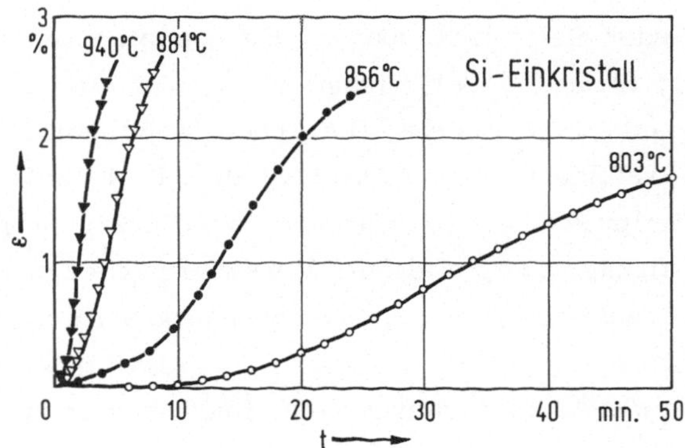

Abb.4.14. Beispiel für quasistationäres Kriechen (sigmoidal creep) an versetzungsarmen Si-Einkristallen [4.36].

Bereich sieht also leicht S-förmig aus, Abb. 4.14. Dies hat in der angelsächsischen Literatur die Bezeichnung "sigmoidal creep" veranlaßt. Da das Maximum relativ flach ist, so daß $\dot{\varepsilon}$ längere Zeit konstant bleibt, kann man auch von quasistationärem Kriechen sprechen. Beispiele: InSb [3.298], NaCl [4.38], LiF [4.42], Si [3.297].

Je mehr nach Durchschreiten des Maximums in Abb. 4.13 der "Arbeitspunkt" zu höheren Versetzungsdichten wandert, desto stärker kommen zwangsläufig die Erholungsprozesse zur Geltung, da σ_i mit

ρ anwächst. In dem Maße, in dem σ_i anwächst, vermindert sich σ_{eff} und damit die Versetzungsneubildung. Hierdurch wird verhindert, daß die kritische Versetzungsdichte ρ_3 (s.o.) jemals erreicht wird. Vielmehr stellen sich das stationäre Gleichgewicht ρ_s und die zugehörige Kriechrate $\dot{\varepsilon}_s$ ein. In [4.33] wird die Erholung durch eine Reaktion zweiter Ordnung beschrieben:

$$(d\rho/dt)_- = \text{const } D^* \rho^2 = \text{const } D^* (1/\alpha\, Gb)^4\, \sigma_i^4. \qquad (4.51)$$

Mit dem oben schon mehrfach erläuterten Verfahren ergibt sich aus dem Vergleich von Verfestigung und Erholung, (4.50) und (4.51), eine stationäre Versetzungsdichte ρ_s (proportional zu σ^2) und eine stationäre Kriechgeschwindigkeit $\dot{\varepsilon}_s$ (proportional zu σ^4, aber kleiner als (4.48b)). Vgl. hierzu den schraffierten Bereich in Abb. 4.12.

Es soll an dieser Stelle nicht über die Berechtigung der speziellen Ansätze (4.46), (4.50), (4.51) diskutiert werden, die letztlich zu der σ^4-Abhängigkeit von $\dot{\varepsilon}_s$ führen. Die Arbeit [4.33] wurde nur deshalb so eingehend referiert, um im Anschluß an Abb. 4.12 das Zusammenwirken der Teilprozesse, die unauftrennbare Verknüpfung von Erholung, Verfestigung und "gleitender" Versetzungsbewegung und schließlich die Schlüsselfunktion der inneren Spannung deutlich zu machen.

Eine sehr verwandte Betrachtungsweise findet sich in einer späteren Arbeit von Ahlquist et al. [4.39], vgl. auch [4.40]. Hervorzuheben ist, daß in diesen Arbeiten die naheliegende Aufgabe angegriffen wurde, die $\sigma_i - \sigma_{eff}$-Denkweise zu einer Theorie des Übergangskriechens auszubauen, vgl. hierzu auch Li [4.37].

4.6. Mikroskopische Theorien der Versetzungsbewegung bei der Hochtemperaturplastizität

Die Versetzungsgeschwindigkeit v war in Abschn. 4.1 bei der allgemeinen Formulierung einer Versetzungstheorie der plastischen Verformung eingesetzt worden, ohne nähere Angaben über den zugrunde-

liegenden Mikromechanismus zu machen. Infolgedessen wurde dort
die Abhängigkeit dieser Größe von der Temperatur und der Spannung
offengelassen. Auch in dem Abschn. 4.2 über "phänomenologische"
(makroskopische) Ansätze trat diese Frage nicht auf. In Abschn. 4.3
wurde dann zwar die Kinetik thermisch aktivierter Versetzungsbewegungen im einzelnen analysiert - allein, der thermisch aktivierte
Schritt wurde als spannungsinduzierte Überwindung abstrakter Poten-
tialschwellen behandelt. Die Beschreibung dessen, was bei einem solchen Schritt im Gitter wirklich erfolgt, wurde weiter zurückgestellt.
Sie muß nunmehr gegeben werden.

Die beobachtete Temperaturabhängigkeit der Kriechrate und insbesondere ihr enger Zusammenhang mit derjenigen der Diffusion drängt den
Schluß auf, daß die Versetzungsbewegungen, welche die Verformung bei hoher Temperatur tragen, an Diffusionsvorgänge
gekoppelt sind. Zwei Denkmöglichkeiten bieten sich an:

1. Selbstdiffusion als Folge des Kletterns von Stufenelementen des
Versetzungsnetzwerkes;
2. Fremddiffusion als Folge der Behinderung des Gleitens von Versetzungen durch ausreichend starke Wechselwirkung mit Fremdatomen
(-ionen) im Gitter.

Wir behandeln hier insbesondere den ersten Fall.

Der als Klettern (engl.: climb) bezeichnete Prozeß verknüpft die Bewegung von Stufenversetzungen senkrecht zu ihrer Gleitebene mit
der Emission bzw. Absorption von Leerstellen. Dies wird durch
die symbolische Gleichung (4.52) dargestellt.

$$\perp + \square \rightleftharpoons \top \qquad (4.52)$$

In dieser Form stellt sich der Kletterschritt als Mittel zur Aufrechterhaltung eines reversiblen Gleichgewichtes zwischen Leerstel-

lenkonzentration und Lage der Versetzung dar. Nun wird aber (in Abwesenheit eines nennenswerten hydrostatischen Druckes) die Leerstellenkonzentration in hinreichender Entfernung von der Versetzungslinie durch die Temperatur a l l e i n bestimmt. Diese Konzentration ist durch (3.80) gegeben:

$$N_g(T) = N_0 \exp(-\Delta H_b/RT) \,. \qquad (3.80)$$

Zweifellos wird dieser Mittelwert im Spannungsfeld um eine Stufenversetzung herum modifiziert: In der Kompressionszone wird die lokale Konzentration der Leerstellen kleiner, in der Dilatationszone wird sie größer als N_g sein. Dies ist jedoch unabhängig von der Lage der Versetzungslinie.

Die symbolische Gleichung (4.52) beschreibt also eine S t ö r u n g des rein thermischen Gleichgewichtes nach (3.80); diese Störung wird

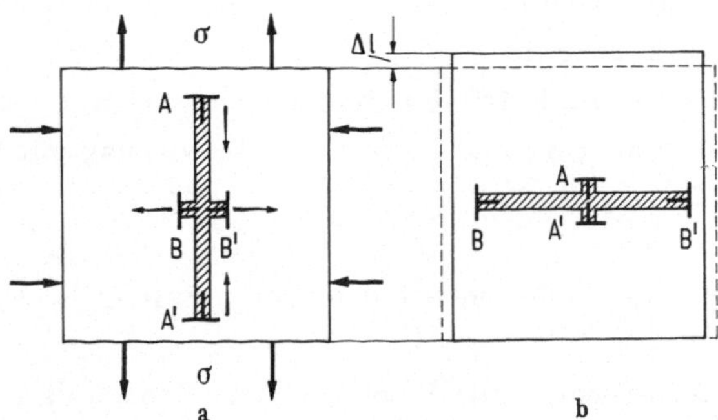

Abb.4.15. Veranschaulichung der durch Normalspannungen σ auf Versetzungslinien ausgeübten "Kletterkräfte".

durch eine von außen angelegte Kraft (genauer: durch den Mittelwert der e f f e k t i v e n   S p a n n u n g) hervorgerufen. Die Anwesenheit einer Spannungskomponente $\sigma_{eff} \neq 0$ bzw. $\tau_{eff} \neq 0$ führt zu einer Bevorzugung entweder der linken oder der rechten Lage der Versetzung in (4.15); sie verschiebt somit das Gleichgewicht.

Daß eine Schubspannung eine Versetzung parallel zu ihrer Gleitebene verschiebt, läßt sich anhand des Gewinns an äußerer Arbeit
durch die dabei bewirkte Verformung ableiten. Ähnlich muß man zum
Verständnis der Tatsache argumentieren, daß eine Normalspannung
eine Versetzung senkrecht zu ihrer Gleitebene ("nichtkonservativ")
klettern läßt, Abb. 4.15: Es ist offensichtlich, daß durch Formänderung des Kristalls Arbeit geleistet wird, wenn die mit A und A' bzw.
B und B' gekennzeichneten Versetzungen jeweils in der angegebenen
Pfeilrichtung klettern. Wenn durch die Bewegung der Versetzungen
Arbeit geleistet wird, bedeutet dies aber, daß auf sie eine Kraft
wirkt. Diese "Kletterkraft" (in der Literatur oft als "Peach-Koeh-
ler-Kraft" bezeichnet) ist von verschiedenen Autoren theoretisch
behandelt worden, [4.47] bis [4.50]. Sie bewirkt, daß die Anordnung
nach Abb. 4.15a in diejenige nach 4.15b mit Hilfe von Selbstdiffusion
übergeht - nämlich von Leerstellen, welche bei B, B' emittiert und
bei A, A' wieder absorbiert werden.

Die Ähnlichkeit dieses Vorganges mit dem "Nabarro-Herring-Kriechen" (Abschn. 3.6.7) ist groß. Der Unterschied liegt darin, daß bei
dem letztgenannten Vorgang Korngrenzen als Quellen und Senken für
Leerstellen dienen, beim "Peach-Koehler-Kriechen" Versetzungslinien. Die Frage, ob Korngrenzen in jedem Flächenelement effiziente
Quellen/Senken für Leerstellen sind, bleibt dabei ebenso offen wie die,
ob Stufenversetzungen in jedem Linienelement gute Quellen/Senken
sind. Falls sie es sind, stellt sich in Anwesenheit einer Spannung σ
aufgrund einer analogen Überlegung wie der in Abschn. 3.6.7. längs
der Versetzungslinie die Konzentration

$$N'(\sigma) = N_g \cdot \exp(-\Omega\sigma/kT) \qquad (3.82)$$

ein. Würde sich nur eine Versetzungslinie in einem sonst abgeschlos-
senen, quellen- und senkenfreien Volumenelement befinden, so würde
sie solange klettern, bis die Leerstellenkonzentration in diesem Volumenelement überall den Wert $N'(\sigma)$ nach (3.82) erreicht hat. Damit
wäre ein Gleichgewicht der chemischen und mechani-
schen Kräfte eingestellt, und das Klettern käme zum Stillstand.

In der Regel aber stehen nicht nur Grenzflächen, sondern auch andere,
anders orientierte Versetzungen in einer durch Selbstdiffusion erreichbaren Entfernung zur Verfügung, vgl. Abb. 4.15. Dann besteht die
Möglichkeit zum Ausgleich der spannungsinduzierten Emissions-Ab-
sorptions-Zonen über einen Konzentrationsgradienten. Dies
bedeutet, daß die Versetzungen mit einer Geschwindigkeit v_c weiter-
klettern, die durch den erwähnten Konzentrationsausgleich über Leerstellendiffusion gesteuert wird. v_c wird üblicherweise so berechnet,

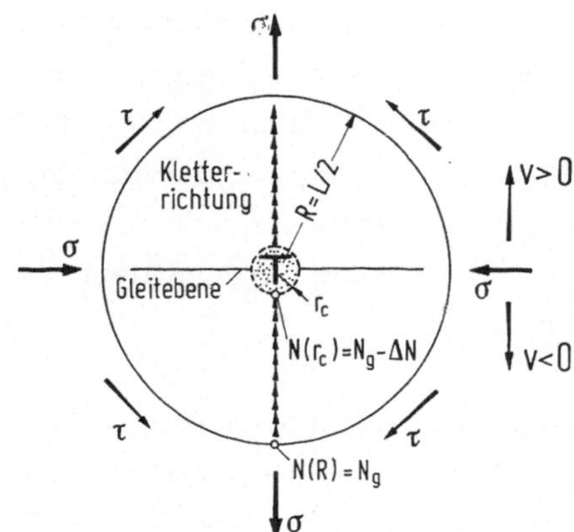

Abb. 4.16. Schema zur Be-
rechnung der Klettergeschwindigkeit einer Versetzung im Spannungsfeld, Orientierung für Absorption von Leerstellen ($v<0$).

daß man sich die kletternde Versetzung im Mittelpunkt eines Zylinders
liegend denkt, dessen Radius R dem halben mittleren Versetzungsab-
stand L entspricht, und an dessen Außenfläche durch die kompensierende Wirkung aller anderen Versetzungen $N = N_g$ = const aufrechter-
halten wird, Abb. 4.16. Es ergibt sich im stationären Zustand ein be-
kanntes zylinder-symmetrisches Diffusionsproblem. Seine Lösung ergibt die Zahl der je Zeiteinheit auf die Längeneinheit der Versetzung
zuströmenden Leerstellen

$$J = 2\pi r D_v (dN/dr)$$

$$= 2\pi r D_v (N_g/r)[\exp(\pm\Omega\sigma/kT) - 1]/\ln(L/2r_c) \, , \text{ für alle } r<R.$$

Hierbei ist wie in Abschn. 3.6.7 $\Omega \approx b^3$ das Volumen einer Leerstelle.
D_v ist der Leerstellen-Diffusionskoeffizient. Die eckige Klammer
gibt den Konzentrationsunterschied zwischen den beiden Zylinderflä-

chen in Abb. 4.16 an. Dabei ist der innere "Abschneideradius" r_c eingeführt. Das Vorzeichen im Argument der Exponentialfunktion richtet sich nach der Orientierung der die Versetzung bildenden Halbebene zur Zug- bzw. Druckspannungsrichtung, vgl. auch Abb. 4.15a. Eine Zug spannung in Richtung der Halbebene zählt n e g a t i v. Man sieht leicht, daß

$$v_c = b^2 J$$

ist, so daß schließlich [4.51]

$$v_c = 2\pi D^*/b[\exp(\pm\Omega\sigma/kT) - 1]/\ln(L/2r_c) \qquad (4.53)$$

wird. Da N_g als Konzentrationsmaß (cm^{-3}) und nicht als Molenbruch verwendet wurde, ist in (4.53) $D_v N_g \Omega \approx D_v N_g b^3 = D^*$ gesetzt worden. Bei "negativer" Spannungsorientierung (s.o.) wird $v_c < 0$, die Stufenversetzung klettert unter Leerstellenabsorption; bei um 90° gedrehter Orientierung klettert die Versetzung mit $v_c > 0$ unter Leerstellenemission.

Nabarro [4.52] hat über die Weertmansche Ableitung hinaus durch Berücksichtigung des Eigenspannungsfeldes der Versetzungslinie den Abschneideradius zu $r_c \approx b\sqrt{G/\sigma}$ abgeschätzt (G: Schubmodul), während Weertman einfach $r_c \approx b$ setzte. Der Unterschied ist wegen des Logarithmus nicht groß; $\ln(L/2r_c)$ ist in jedem Fall von der Größenordnung 10. Für k l e i n e S p a n n u n g e n $\sigma \ll kT/\Omega$ folgt

$$v_c \approx \pm (D^*b^2/10\,kT)\,\sigma . \qquad (4.54)$$

Eine konsequente Verformungstheorie, die sich nur auf Kletterprozesse abstützt, entwickelte auf dieser Basis Nabarro (l.c.), indem er von der in Abb. 4.17 dargestellten Versetzungsanordnung ausging (man erkennt, daß Abb. 4.17 eine Variante der Anordnung in Abb. 4.15 ist). Die kleinen Pfeile bezeichnen die Kletterrichtung der Versetzungen. Ihre räumliche Dichte

$$\rho = (\sigma_i/\alpha\,Gb)^2 = (\sigma/\alpha'\,Gb)^2 . \qquad (4.55)$$

kennen wir bereits aus Abschn. 3.3.4, vgl. (3.49). (Es sei erwähnt,
daß Nabarro für diese üblicherweise aus einem statischen Fließspan-
nungsansatz abgeleitete Beziehung eine kinetische Deutung im Sinne

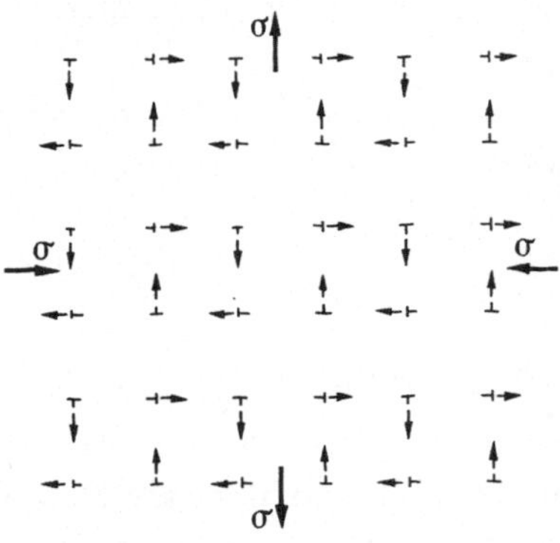

Abb.4.17. Hochtemperatur-
verformung durch Klettern
von Stufenversetzungen (in
Pfeilrichtung), nach Nabarro [4.52].

einer Erholungstheorie gibt). Aus (4.54) und (4.55) ergibt sich mit
(4.1)

$$\dot{\varepsilon}_S = \text{const} \ (D\text{*}b/G^2 kT) \ \sigma^3 \ . \qquad (4.56)$$

Diese Gleichung gibt offensichtlich nicht die richtige Spannungsabhängigkeit, sondern $n = 3$. Sie gibt jedoch für $\sigma/G \approx 10^{-4}$ etwa die richtige Größenordnung von $\dot{\varepsilon}$ wieder.

Nabarros Theorie von 1967 ist keineswegs die erste "Klettertheorie".
Weertman hatte auf der Grundlage von (4.17) bereits 1955 ein Modell
ausgearbeitet und dann weiterentwickelt, [4.53] bis [4.55]. Dieser
Typ von Theorie unterscheidet sich von der soeben skizzierten dadurch,
daß nicht nur (wie in Abb. 4.17) K l e t t e r bewegungen der Versetzungen zugelassen sind, sondern daß die verformungswirksame Gesamt-
bewegung der Versetzungen sich aus (raschen) Gleit- und (langsamen)
Kletterschritten zusammensetzt, vgl. auch Abschn. 4.1; dieses Bild
ist wesentlich realistischer als das von Nabarro.

Welches Hindernis unterbricht nun nach Weertman den Gleitvorgang und
zwingt zu thermisch aktiviertem Klettern? In der ersten Version [4.53]

war hierzu die Vorstellung entwickelt worden, daß sich A u f s t a u u n -
g e n (engl.: pile-ups) in den Gleitebenen an unbeweglichen Verset-
zungskonfigurationen (Lomer-Cottrell-Versetzungen) bilden.

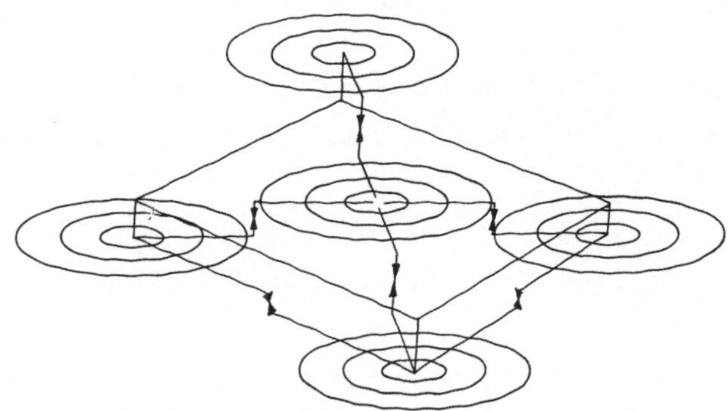

Abb.4.18. Erzeugung von Versetzungsringen durch Frank-Read-Quellen in verschiedenen Gleitebenen und ihre Auslöschung durch Kletterprozesse (Pfeilspitzen), nach Weertman [4.51].

Später hat Weertman einen allgemeiner anwendbaren Mechanismus
vorgeschlagen, der durch Abb. 4.18 symbolisiert wird: F r a n k -
R e a d - Q u e l l e n sind mit einer von der Spannung unabhängigen (!)
Dichte über das Kristallvolumen verteilt und emittieren unter der
Wirkung der angelegten Spannung Versetzungsringe. Natürlich gera-
ten diese nach Zurücklegen eines gewissen Weges L , der von der
Quellendichte abhängt, in das Spannungsfeld der aus anderen Quellen
emittierten Ringe. Eine solche Versetzungswechselwirkung übt eine
Rückspannung auf die Quellen aus und hemmt so die Verformung. Diese Hemmung wird jedoch abgebaut, weil sich einerseits die Schraubenkomponenten der Ringe leicht durch Quergleiten annihilieren; die Stufen andererseits klettern - thermisch aktiviert - aufeinander zu, lö-
schen sich aus und "entsperren" somit die Quellen. Insofern ist die
Theorie eine typische "Erholungstheorie", vgl. Abschn. 4.2.

Die Durchführung dieses Gedankenganges ergibt bereits auf den ersten
Blick eine Erhöhung der Spannungsabhängigkeit der Kletter- und damit
Kriechrate, denn die Kraft auf die Versetzung an der Spitze eines Auf-
staus ist $n_a \tau$, wenn n_a die Zahl der aufgestauten Versetzungen ist.

Diese ist aber bei gegebenem Quellenabstand proportional zu τ/G, die "Kletterkraft" also proportional zu $\tau(\tau/G)\sim\tau^2$. Entsprechend verhält sich v_c, und schließlich folgt

$$\dot{\varepsilon}_s = \text{const }(D^*b/G^3 kT)\,\sigma^4 . \qquad (4.57)$$

In die Konstante geht die Dichte der Frank-Read-Quellen ein. Die genauere Rechnung bei Weertman (l.c.) führt auf einen komplizierteren Ausdruck:

$$\dot{\varepsilon}_s = (\pi^2\,\sigma^2\,D^*/G^2\,b^2)\sinh\left[\frac{\sqrt{3}\,\sigma^{2,5}\,b^{1,5}}{8\,G^{1,5}\,N_Q^{0,5}\,kT}\right] \qquad (4.58)$$

N_Q ist dabei die Quellendichte. Für kleine Spannungen geht (4.58) in ein Potenzgesetz mit $n=4,5$ über. Dies wäre im Hinblick auf die experimentellen Ergebnisse sehr erfreulich, wenn es nicht mit der recht gewaltsamen Annahme verknüpft wäre, daß die Quellendichte N_Q von der Spannung unabhängig sei, vgl. die kritischen Anmerkungen von Mukherjee et al. [3.11]. Außerdem ist in der Literatur oft darauf hingewiesen worden, daß z.B. in elektronenmikroskopischen Aufnahmen die für das Modell so wesentlichen "pile-ups" nie zu beobachten sind. Theoretische Überlegungen (z.B. [4.56]) weisen darauf hin, daß solche Anordnungen in parallelen Gleitebenen wahrscheinlich instabil sind und sich in Anordnungen von Versetzungsdipolen umlagern, die man tatsächlich häufig sieht.

Obwohl keineswegs beabsichtigt ist, sämtliche in der Literatur erschienenen Kriechtheorien zu referieren, sei doch erwähnt, daß Chang [4.57] eine Ableitung auf dieses Konzept der (haarnadelförmigen) Dipole gestützt hat: Der geschwindigkeitsbestimmende Teilschritt ist seiner Ansicht nach wieder ein "Erholungsvorgang", nämlich die Beseitigung solcher Dipolhindernisse dadurch, daß die jeweiligen beiden Stufensegmente über die Dipolbreite hinweg aufeinander zuklettern. - Eine weitere Variante gibt Christy [4.58] an.

Wir fassen zusammen: Die auf Weertman zurückgehenden Modelle, bei welchen die Verformung zwar unmittelbar durch Gleitschritte bewirkt, die damit verbundene Verfestigung jedoch ständig durch Kletterprozesse kurzer Reichweite abgebaut wird, sind im Ergebnis sehr bestechend. In bezug auf die Grundvoraussetzung der Aufstauungen (ohne die die hohe Spannungsabhängigkeit nicht herauskommt) sind sie jedoch nicht frei von Bedenken.

Bei den nunmehr zu behandelnden Theorien steht wieder der Gedanke der gleichförmigen Bewegung der Versetzungen im Vordergrund, jedoch wird hierbei mit Schraubenversetzungen gerechnet, nicht (wie bei Nabarro und Weertman) mit Stufen. Zwar kann eine "reine" Schraubenversetzung auch ohne thermische Aktivierung leicht in einer Vielzahl von Ebenen gleiten; aber infolge von Schneidprozessen mit Stufenversetzungen aus anderen Gleitsystemen oder infolge thermisch-statistischer Fehlordnung [4.43] bilden Schrauben Sprünge (engl.: jogs) aus, deren Linienvektor senkrecht zum Burgers-Vektor steht. Sprünge in Schrauben haben demnach Stufencharakter, Abb. 4.19. Sie entsprechen schmalen, streifenförmigen Atomreihen, die an die Schraubenversetzung "angeheftet" sind. Die Breite dieser Streifen, d.h. die Höhe der Sprünge, kann einen oder (durch "Aufsammeln") mehrere Burgers-Vektoren betragen. Wir befassen uns nur mit dem Fall $h_j = 1b$. Watanabe und Karashima [4.62] haben die Konsequenzen untersucht, die sich aus der "Koagulation" einzelner Sprünge zu sog. superjogs mit $h_j = qb$ ergeben. Nach Auffassung dieser Autoren lassen Messungen an α-Fe sich mit $q \approx 15$ besser interpretieren als mit $q = 1$.

Wirkt eine Schubspannung τ auf die Versetzungslinie, so wird sie sich gemäß Abb. 4.19 elastisch zwischen den Fixpunkten ausbiegen, welche durch die nicht gleitfähigen Sprünge mit Abstand $l = \lambda b$ gegeben sind. Auf diese Stufensegmente wirkt demnach eine Normalkraft von der Größenordnung

$$K_j = \lambda\, b\, \tau = nb^2\, \tau \,. \tag{4.59}$$

Unter der Wirkung dieser Normalkraft kann der Sprung bei e in Abb. 4.19 unter Emission von Leerstellen, derjenige bei a unter

Emission von Z w i s c h e n g i t t e r a t o m e n (engl.: interstitials) der
Bewegung der Versetzungslinie folgen. Wie im Falle der zuvor behandelten Klettermodelle scheiden wir jedoch aus einleuchtenden Gründen

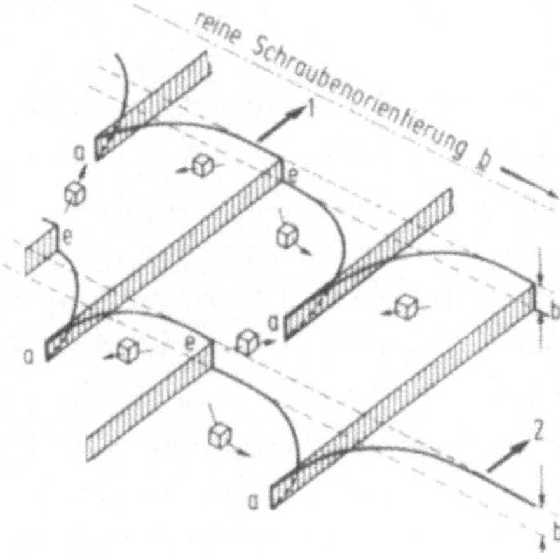

Abb. 4.19. Schema der diffusionsgesteuerten Bewe-
gung von Versetzungslini-
en mit dominierender
Schraubenorientierung und
absorbierenden (a) sowie
emittierenden (e) Sprün-
gen. Zwei Versetzungen
aus derselben Quelle fol-
gen aufeinander. Die
Leerstellendiffusion ist
angedeutet.

den letzteren Vorgang als energetisch ungünstig aus der Diskussion
aus und nehmen vielmehr an, daß sich dieser Typ von Sprung unter
A b s o r p t i o n   v o n   L e e r s t e l l e n vorwärtsbewegt. Die Analogie
zum vorher behandelten Fall der kletternden Stufenversetzungen ist
damit gegeben und betrifft in erster Näherung auch das Diffusionsproblem. Wir gehen also davon aus, daß die Sprünge - und mit ihnen die
ganze angeheftete Versetzungslinie - unter der Wirkung von τ in dem
Maße bewegt werden, in dem Leerstellen von ihnen weg bzw. zu ihnen
hin diffundieren können.

Die Gleichgewichtskonzentration der Leerstellen an den Sprüngen bei-
derlei Vorzeichens ist dann wieder durch (3.82) gegeben, und wenn
wir den Sprung als Linienelement einer längeren Stufenversetzung be-
trachten dürften, könnte auch die Lösung (4.53) für ihre Klettterge-
schwindigkeit übernommen werden. Nun entspricht ein emittierender
Sprung allerdings mehr einer Punktquelle als einer Linienquelle (man
kann dieses anders gelagerte Diffusionsproblem der Literatur über
Wärmeleitung entnehmen). Anstelle des für Zylindersymmetrie charakteristischen Terms $\ln(L/2r_c)$ ergibt sich ein für Kugelsymmetrie

typischer Term proportional $1/r_c$; wir setzen als "Abschneideradius"
wiederum $r_c \approx b$ (s.o.). Es folgt

$$v_e = 4\pi D_v N_g b^2 [\exp(b^2 \lambda \tau/kT) - 1] , \qquad (4.60a)$$

$$v_a = 4\pi D_v N_g b^2 [1 - \exp(-b^2 \lambda \tau/kT)] . \qquad (4.60b)$$

D_v ist dabei der Diffusionskoeffizient der Leerstellen. Natürlich kann
man wie oben für $D_v N_g b^3$ auch D^*/b schreiben. v_e und v_a sind also
die Geschwindigkeiten von Leerstellen-emittierenden bzw. -absorbie-
renden Sprüngen. Sie sind damit auch die Bewegungsgeschwindigkei-
ten von Versetzungslinien, die entweder mit "e"- oder mit "a"-Sprün-
gen behaftet sind. Wir wollen - vorbehaltlich späterer Kritik - annehmen, daß eine durchschnittliche Versetzungslinie etwa z u g l e i c h e n
T e i l e n absorbierende und emittierende Sprünge aufweist und daß in
erster Näherung

$$\bar{v} = 1/2 \, (v_a + v_e) \qquad (4.61)$$

sei. Damit erhalten wir für die Kriechgeschwindigkeit

$$\dot{\varepsilon} = \rho \, b\bar{v} = 4\pi D^* \rho \, \sinh(b^2 \lambda \tau/kT) . \qquad (4.62)$$

Die hier skizzierte "j o g g e d s c r e w d i s l o c a t i o n t h e o r y o f
h i g h - t e m p e r a t u r e c l i m b" geht ursprünglich auf Mott zurück
[4.60]. Das Konzept wurde später von Hirsch und Warrington [4.61]
zur Deutung der Temperaturabhängigkeit der Fließspannung und von
Raymond und Dorn [4.13] zur Deutung des Kriechens herangezogen,
vgl. auch Friedel [4.63]. Der eigentliche Ausbau zu einer der meist-
diskutierten Theorien des Hochtemperaturkriechens erfolgte jedoch
durch Barrett und Nix [3.35].

Auf den ersten Blick liegt der Vorteil dieses Ansatzes zunächst im
Bereich hoher Spannungen, wo (4.62) die nach Abschn. 3.2.1 beobachtete starke Spannungsabhängigkeit proportional $\exp(V\sigma/kT)$ gut
wiedergibt. In der Schreibweise $b^2\lambda = nb^3 \approx n\Omega$ wird deutlich, daß die

gemessenen Aktivierungsvolumina von $\approx 100\,\Omega$ gut mit Vorstellungen
über Sprungabstände auf Versetzungslinien in Einklang zu bringen
sind. Die hohe Spannungsabhängigkeit $\dot{\varepsilon}(\sigma)$ wird über den Sprungabstand nb jedenfalls weit zwangloser gedeutet als über Aufstauungen
von n Versetzungen. Allein, hier setzt die Kritik des Modells ein:
Ist die Beziehung (4.61) zulässig? Ist es nicht vielmehr so, daß die
langsamsten Sprünge die Geschwindigkeit der Versetzung bestimmen, d.h. also die absorbierenden Sprünge? Dann wäre die
Kriechrate im wesentlichen durch (4.60b) gegeben, d.h. durch eine
tanh- und nicht durch eine sinh-Funktion, vgl. [4.64] bis [4.68].

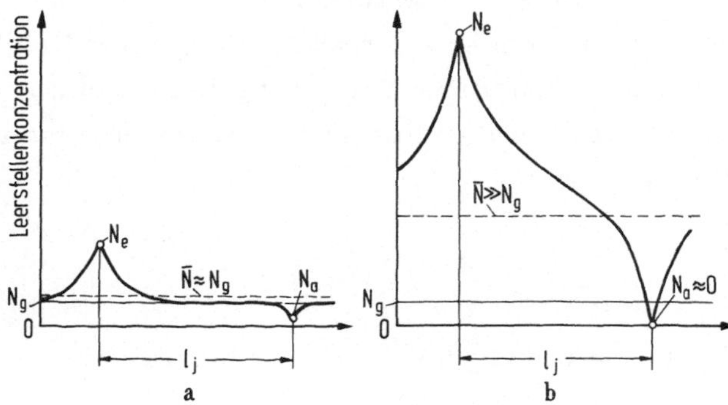

Abb.4.20. Konzentrationsverlauf und Mittelwert der Leerstellenkonzentration für a) niedrige und b) hohe Spannung an im Abstand l_j benachbarten emittierenden und absorbierenden Sprüngen (schematisch).

Dieses Argument ist nicht stichhaltig, denn es geht, wie die ganze
bisherige Ableitung, davon aus, daß die Leerstellenkonzentration in
weitem Abstand von der Versetzung der thermischen Gleichgewichtskonzentration entspricht. Wenn aber bei hohen Spannungen infolge des
Vorlaufens der "e"-Sprünge zunächst mehr Leerstellen erzeugt werden, als durch die "a"-Sprünge absorbiert werden können, so steigt
eben der Mittelwert der Leerstellenkonzentration weit oberhalb von
N_g an: Es tritt verformungsbedingte Leerstellenüber-
sättigung ein [4.73], Abb. 4.20. Statt (4.60a,b) muß also geschrieben werden

$$v_e = 4\,\pi D_v\, b^2 [N_g \exp(b^2 \lambda\, \tau/kT) - \overline{N}]\,, \qquad (4.63a)$$

$$v_a = 4\,\pi\,D_v\,b^2[\bar{N} - N_g\exp(-b^2\lambda\,\tau/kT)]\,, \qquad (4.63b)$$

vgl. auch [4.63]. Die Leerstellenkonzentration würde also im stationären Zustand $v_e = v_a$ ansteigen auf

$$\bar{N}(\tau) = N_g\sinh(b^2\lambda\,\tau/kT)\,, \qquad (4.64)$$

wie man leicht nachprüft. Es wäre dann, wie experimentell beobachtet,
wegen (4.63) und (4.64)

$$v_e = v_a = 2\,\pi\,D_v\,N_g\,b^2\exp(+b^2\lambda\,\tau/kT) \qquad (4.65)$$

$$= (2\,\pi\,D_s/b)\,\exp(+b^2\lambda\,\tau/kT)$$

(man beachte den um 50% verkleinerten Vorfaktor). Diese Leerstel-
lenübersättigung spielt auch in der gleich noch zu erwähnenden Theorie von Stüwe [4.69] eine zentrale Rolle.

Andere Kritiker erkennen aber auch diese Überlegung nicht an, weil
sie sagen, daß die Annahme einer Gleichverteilung von emittierenden
und absorbierenden Sprüngen unzutreffend sei. Vielmehr sei ein gros-
ses Übergewicht von (langsamen) absorbierenden Sprüngen vorhanden, und zwar deshalb, weil bei Zug- wie bei Druckverformung in
Gegenwart mehrerer Gleitsysteme stets in der Kristallmit-
te ein Volumenüberschuß entstehe, der letztlich durch Abdiffusion
nach außen gebracht werden müsse, Abb. 4.21. Dadurch entstehe ein
ständiger Leerstellenstrom von außen nach innen, der durch eine Vielzahl absorbierender Sprünge beseitigt werden müsse. Dieses auf
Cottrell [4.70] zurückgehende Argument trifft jedoch nur zu, wenn
die verschiedenen konjugierten Gleitsysteme simultan operieren:
Bei konsekutiver Tätigkeit der Teilsysteme läßt sich der Kristall
beliebig verformen, ohne daß es zu einem "Massenstau" im Inneren
kommt, Abb. 4.21.

Dieses Modell erscheint also nach wie vor recht gut. Leider hat es
auch bei kleineren Spannungen einen "Schönheitsfehler": (4.62) nimmt

nämlich für $b^2 \lambda \tau < kT$ die Form an

$$\dot{\varepsilon} \approx (4 \pi D_S b^2 \lambda / kT)\, \rho(\tau)\, \tau .\qquad (4.66)$$

Da wir nach aller Erfahrung mit $\rho \sim \tau^2$ rechnen müssen, sind wir mit

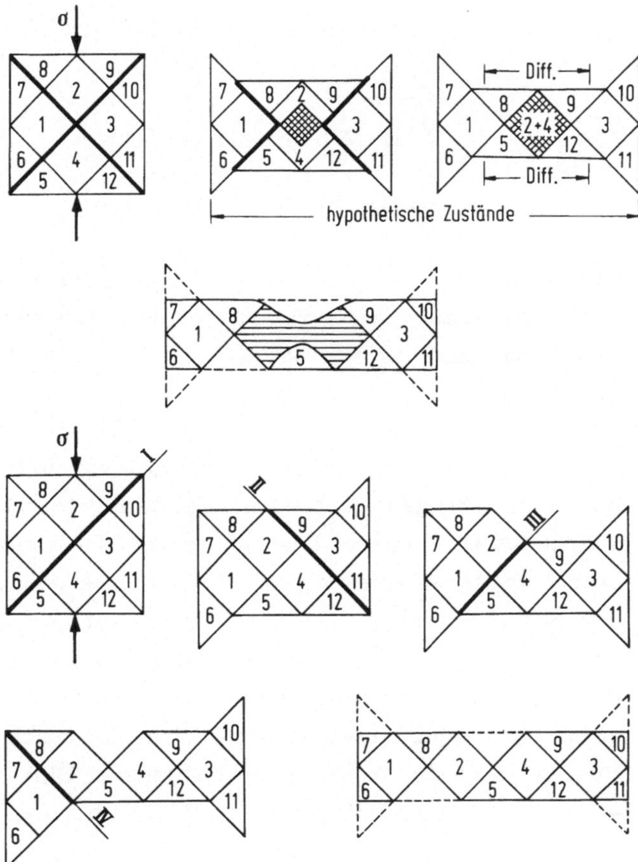

Abb.4.21. Verformung eines Kristalls mit mehreren Gleitsystemen bei a) simultaner und b) konsekutiver Betätigung.

der Annahme $\lambda(\tau) = \text{const}$ wieder (wie Nabarro) bei $\dot{\varepsilon}(\sigma) \sim \sigma^3$. Die fehlende Spannungspotenz kann auch kaum durch einen τ-abhängigen Sprungabstand λ gedeutet werden, da man - wenn überhaupt - eher

$\lambda \sim 1/\tau$ annehmen müßte. Dies würde sogar auf $\dot{\varepsilon} \sim \rho^2$ führen. Diese Schwierigkeit ist nicht leicht zu beseitigen. Dennoch gibt das "jogged-screw-dislocation"-Modell von Barrett und Nix eine besonders gute Vorstellung von der Versetzungsbewegung im Kristall; es muß offenbar durch weitere Faktoren ergänzt werden.

Eine wesentliche Variante zu den bisher beschriebenen Modellvorstellungen hat Feltham [4.71] entwickelt. Er beschreibt die Versetzungsbewegung nicht als einen gleichförmigen, sondern als stochastischen Prozeß. Dies bedeutet, daß elementare Verformungsträger, d.h. Versetzungsabschnitte, als in verschieden tiefen Energiemulden befindlich angenommen werden. Aus diesen können sie durch thermische Aktivierung in benachbarte Mulden entweichen. Zwischen zwei Mulden erhebt sich keine einheitliche Aktivierungsenergie, vielmehr gibt es ein Spektrum. Ferner wird angenommen, daß jeder einzelne thermisch aktivierte Schritt eines solchen Versetzungssegmentes über eine Schwelle die Höhe dieser Schwelle ein wenig verändert. Dies ist realistisch, weil ja die Energie-Schwellen selbst durch die Anordnung des Versetzungsnetzwerkes gegeben sind. Auf diese Weise ergeben sich statistische Veränderungen der Versetzungsverteilung im Spannungsfeld, die formal ähnlich wie Diffusionsprozesse in einem Konzentrationsgradienten beschrieben werden können. Jeder Schritt leistet natürlich einen Beitrag zur Gesamtformänderung ε.

Noch haben diese Überlegungen keinen wesentlichen Einfluß auf das Verständnis realer Hochtemperaturverformungsvorgänge gehabt. Ihr Prinzip ist jedoch, wie jede Beobachtung im Elektronenmikroskop nahelegt, wirklichkeitsnahe. Eine verwandte Betrachtungsweise ist die Behandlung des Gleitens einer Versetzung über eine statistische Verteilung von Hindernissen, die ein Spektrum an Gleitwiderständen darstellen [4.72].

Angedeutet werden soll noch eine wesentlich andere Betrachtungsweise. Sie geht nicht von beweglichen (wenn auch gehemmten) Versetzungsscharen, sondern von einem relativ fest geknüpften dreidimensionalen Maschenwerk von Versetzungslinien aus, welche die Substruktur des Kristallgefüges bilden. Dieses Maschenwerk ist durch eine Verteilung von Maschengrößen mit einem Mittelwert R_m gekennzeichnet; R_m hängt natürlich mit der Versetzungsdichte ρ wie $R_m = 1/\sqrt{\rho}$ zusammen. Verfestigung äußert sich in diesem Bild als Verkleinerung der mittleren Maschenweite, Erholung als Vergrößerung.

Im Anschluß an die einfachen Vorstellungen einer Erholungstheorie nach McLean, (Abschn. 4.2), haben vor allem Friedel [4.29] und Lagneborg [4.30] diesen Gedanken fortentwickelt. Nach Friedel gilt für die Erholungsrate

$$dR_m/dt = B\tau_L/R_m , \qquad\qquad (4.67)$$

wobei τ_L die Linienspannung der Versetzung, also eine Materialkonstante ist. B ist die "Beweglichkeit" der Versetzungslinie, etwa im Sinne einer durch Sprünge gehemmten quasiviskosen Bewegung von Schraubenversetzungen. An dieser Stelle muß also wieder ein stärker detailliertes Modell hinzugezogen werden. Dennoch sind die Netzwerkmodelle mehr als rein phänomenologische Theorien, da sie einen wichtigen strukturellen Begriff in das Gesamtbild einbringen.

Gerade an dieser Stelle muß eingewandt werden, daß ein dreidimensionales, homogenes Versetzungsnetzwerk nur in der Minderzahl der Fälle die Substruktur richtig beschreibt. Eher gibt die Vorstellung von Subkorngrenzen mit einer geringen Versetzungsdichte im Subkorninneren ein zutreffendes Bild der Mehrzahl der Kriechstrukturen. Für den Fall der Warmformgebung hat Stüwe [4.69] diese Beobachtung in ein theoretisches Modell umgesetzt. Damit wurde ein wichtiger Schritt vollzogen, indem die allen anderen genannten Theorien anhaftende Beschränkung auf homogene bzw. statistische Anordnung aufgegeben wurde. Im Gegenteil, in diesem Modell ist gerade die Inhomogenität der Anordnung wesentlich.

Stüwe nimmt an, daß die Verformung primär durch die Ausbreitung von Versetzungsringen in den Subkörnern bzw. "Zellen" erfolgt. Diese Ringe laufen in die begrenzenden Subkorngrenzen bzw. Zellwände hinein, wo sie steckenbleiben und Verfestigung bewirken. Diese wird

durch Erholungsvorgänge kompensiert. Geschwindigkeitsbestimmend
sind dabei die Kletterprozesse der Stufensegmente in den Zellwänden,
welche nach Stüwe mit einer Geschwindigkeit ablaufen, die durch das
Herandiffundieren von Leerstellen aus dem Zellinne-
ren kontrolliert wird. Dort entstehen sie durch Bildung und nichtkonservative Bewegung "emittierender" Sprünge, s.o.

Dieses Modell ist von Blum [4.74], [4.75] unter konsequenter Einführung des Begriffs der inneren Spannung ausgebaut und auf den
Kriechprozeß bei kleinen Spannungen angewendet worden.

Die Vorstellung, daß Verfestigung durch Versetzungsreaktionen im
Subkorninneren, Erholung durch kurzreichweitige Kletterprozesse im
Subkorngrenzbereich stattfindet, bildet auch den Kern neuerer Überlegungen von Ilschner [4.76]. Dabei wird der Erholungsprozeß wie
eine chemische Grenzflächenreaktion behandelt. Auf diese Weise gelingt es zu zeigen, wie sich die Subkorngröße L_{sk} als Funktion der
Spannung ausbildet, vgl. Abschn. 3.3.3.

Insgesamt können wir feststellen, daß der elementare Vorgang der
thermisch aktivierten Versetzungsbewegung überschaubar geworden
ist. Seine Verknüpfung zu einem die Hochtemperaturplastizität tragenden System, welches die reale Substruktur berücksichtigt, hat
zwar Fortschritte gemacht, aber noch keinen endgültigen Erfolg erbracht.

Literatur

4.1.   McLean, D.: Metallurg. Rev. 7 (1962) 481/527

4.2.   Hart, E.W.: Acta Met. 18 (1970) 599/610

4.3.   Weertman, J., Weertman, J.R.: in R.W. Cahn (Hrsg.):
        Physical Metallurgy. North Holland, Amsterdam 1965, S. 735/92

4.4.   Ashby, M.F.: Acta Met. 20 (1972) 887/97

4.5.   Bailey, R.W.: J. Inst. Met. 35 (1926) 27

4.6.   Orowan, E.: J. West Scotland Iron and Steel Inst. $\underline{54}$ (1946/47) 45

4.7.   Cottrell, A.H., Aytekin, V.: J. Inst. Met. $\underline{77}$ (1950) 389

4.8.   McLean, D.: Rep. Progr. Phys. $\underline{29}$ (1966) 1

4.9.   Mitra, S.K., McLean, D.: Proc. Roy. Soc. $\underline{A\ 295}$ (1966) 288/99

4.10.   Mitra, S.K., McLean, D.: Metal Sci. J. $\underline{1}$ (1967) 192/98

4.11.   Ishida, Y., McLean, D.: J. Iron and Steel Inst. $\underline{205}$ (1967) 88

4.12.   Mattock, D.K., Harrigan, W.C., Nix, W.D.: Stanford Univ. Preprint 1972

4.13.   Raymond, L., Dorn, J.E.: Trans. Met. Soc. AIME $\underline{230}$ (1964) 560/67

4.14.   Barrett, C.R., Ahlquist, C.N., Nix, W.D.: Met. Sci. J. $\underline{4}$ (1970) 41/46

4.15.   Gasca-Neri, R., Barrett, C.R., Nix, W.D.: Scripta Met. $\underline{5}$ (1971) 733/40

4.16.   Davies, C.K.L., Davies, P.W., Wilshire, B.: Phil. Mag. $\underline{12}$ (1965) 827/39

4.17.   Lagneborg, R.: Met. Sci. J. $\underline{4}$ (1970) 226/27

4.18.   Watanabe, T., Karashima, S.: Trans. Japan. Inst. Met. $\underline{9}$ (1968), Supplem., S. 242/47

4.19.   Evans, W.J., Wilshire, B.: Met. Sci. J. $\underline{4}$ (1970) 89/94

4.20.   Balasubramanian, N., Li, J.C.M.: J. Mat. Sci. $\underline{5}$ (1970) 434/44

4.21.   Jonas, J.J., Luton, M.J.: Phil. Mag. $\underline{21}$ (1970) 1283/89

4.22.   Li, J.C.M.: Canad. J. Phys. $\underline{45}$ (1967) 493/509

4.23.   Evans, A.G., Rawlings, R.D.: phys. stat. sol. $\underline{34}$ (1969) 9/31

4.24.   Jonas, J.J.: Acta Met. $\underline{17}$ (1969) 397/405

4.25.   Saada, G.: Acta Met. $\underline{8}$ (1960) 841/47

4.26.   Mitra, S.K., Dorn, J.E.: Trans. AIME $\underline{224}$ (1962) 1062

4.27.   McLean, D., Hale, K.F.: in [1.6], S. 19/33

4.28.   Cuddy, L.J., Leslie, W.C.: Sedond Internatl. Conf. on
        Strength of Metals and Alloys, ASM 1970, Vol. 1, p. 253

4.29.   Friedel, J.: Dislocations, Pergamon Press, London 1964,
        vgl. [3.74]

4.30.   Lagneborg, R.: Met. Sci. J. $\underline{3}$ (1969) 161/68

4.31.   Menezes, R.A., Nix, W.D.: Acta Met. $\underline{19}$ (1971) 645/49

4.32.   Nowick, A.S., Machlin, E.S.: J. Appl. Phys. $\underline{18}$ (1947) 79

4.33.   Ilschner, B.: Z. Physik $\underline{190}$ (1966) 258/66

4.34.   Haasen, P.: in A.R. Rosenfield et al. (Hrsg.): Disloca-
        tion Dynamics, McGraw Hill, New York 1968

4.35.   Nix, W.D., Barrett, C.R.: Trans. ASM $\underline{61}$ (1968) 695/97

4.36.   Luton, M.J., Jonas, J.J.: Acta Met. $\underline{18}$ (1970) 511/17

4.37.   Li, J.C.M.: Acta Met. $\underline{11}$ (1963) 1269/70

4.38.   Ilschner, B., Reppich, B.: phys. stat. sol. $\underline{3}$ (1963)
        2093/2100

4.39.   Ahlquist, C.N., Gasca-Neri, R., Nix, W.D.: Acta
        Met. $\underline{18}$ (1970) 663/71

4.40.   Gasca-Neri, R., Ahlquist, C.N., Nix, W.D.: Acta
        Met. $\underline{18}$ (1970) 655/62

4.41.   Pahutowá, M., Čadek, J., Ryš, P.: Kov. Mat. (ČSSR)
        $\underline{6}$ (1971) 507/18

4.42.   Coghlan, W.A., Menezes, R.A., Nix, W.D.: Phil.
        Mag. $\underline{23}$ (1971) 1515/30

4.43.   Ardell, A.J., Reiss, H., Nix, W.D.: J. Appl. Phys.
        $\underline{36}$ (1965) 1727/32

4.44.   Gibbs, G.B.: phys. stat. sol. $\underline{10}$ (1965) 507/12

4.45.   De Wit, R.: J. Appl. Phys. $\underline{39}$ (1968) 137/41

4.46.   Hirth, I.P., Nix, W.D.: phys. stat. sol. $\underline{35}$ (1969) 177/88

4.47.   Weertman, J.: Phil. Mag. $\underline{11}$ (1965) 1217/23

4.48.   Weertman, J.: J. Appl. Phys. $\underline{38}$ (1967) S. 4916

4.49.   Lothe, J., Hirth, J.P.: J. Appl. Phys. $\underline{38}$ (1967) 845/48

4.50.   Lothe, J., Hirth, J.P.: J. Appl. Phys. $\underline{38}$ (1967) 4916/17

4.51.   Weertman, J.: Trans. ASM 61 (1968) 681/94

4.52.   Nabarro, F.R.N.: Phil. Mag. 16 (1967) 231/37

4.53.   Weertman, J.: J. Appl. Phys. 26 (1955) 1213/17

4.54.   Weertman, J.: J. Appl. Phys. 28 (1957) 362/64

4.55.   Weertman, J.: J. Appl. Phys. 28 (1957) 1185/89

4.56.   Li, J.C.M.: Disc. Faraday Soc. 38 (1964) 138/46

4.57.   Chang, R.: in Klingsberg (Hrsg.): The physics and che-
        mistry of ceramics. Gordon & Breach, New York 1963,
        S. 275/85

4.58.   Christy, R.W.: J. Appl. Phys. 30 (1959) 760/64

4.59.   Li, J.C.M.: Canad. J. Phys. 45 (1967) 493/509

4.60.   Mott, N.F.: in [1.2], S. 21

4.61.   Hirsch, P.B., Warrington, D.H.: Phil. Mag. 6 (1961)
        735/68

4.62.   Watanabe, T., Karashima, S.: Trans. Japan. Inst. Met.
        11 (1970) 159/165

4.63.   Friedel, J.: Phil. Mag. 46 (1955) 1169

4.64.   Holmes, J.J.: Acta Met. 15 (1967) 570/71

4.65.   Gibbs, G.B.: Scripta Met. 1 (1967) 135/38

4.66.   Chaudhuri, P.: Scripta Met. 1 (1967) 145/48

4.67.   Nix, W.D.: Scripta Met. 1 (1967) 171/72

4.68.   Nichols, F.A.: Mater. Sci. Eng. 8 (1971) 108/20

4.69.   Stüwe, H.P.: Acta Met. 13 (1965) 1337/42

4.70.   Cottrell, A.H.: in J.C. Fisher et al.: Dislocations and
        Mechanical Properties of Crystals. Wiley, New York 1957, S. 509

4.71.   Feltham, P.: phys. stat. sol. 30 (1968) 135/46

4.72.   Kocks, U.F.: Phil. Mag. 13 (1966) 541/66

4.73.   Coghlan, W.A., Nix, W.D.: Metallurg. Trans. 1 (1970)
        1889/96

4.74.   Blum, W.: phys. stat. sol. (b) 45 (1971) 561/71

4.75.   Blum, W.: Z. Metallkde. (im Druck)

4.76.   Ilschner, B.: Acta Met. (in Vorbereitung)

Schlußbetrachtung

In abschließenden Gedanken zum Gegenstand dieses Buches soll versucht werden, auf der Basis des derzeitigen Kenntnisstandes Perspektiven der wissenschaftlichen und technologischen Weiterentwicklung anzudeuten.

Als Voraussetzung für einen wissenschaftlichen Beitrag zum technologischen Fortschritt erscheint die methodische Eintwicklung einer komplexen Diagnose von Werkstoffen, die wesentlich über die Aufnahme von Zeit-Dehnungs-Kurven hinausgeht. Die praktisch eingesetzten Materialien sind nicht so einfach aufgebaut bzw. vorbehandelt, als daß man unter Verwendung einer Grundgleichung und tabellierter Materialkonstanten ihr Verhalten unter Betriebsbedingungen voraussagen könnte. Die Möglichkeiten zur Formulierung einer einheitlichen und umfassenden "Zustandsgleichung" (engl.: equation of state) der Hochtemperaturplastizität vom Typ

$$f(\dot{\varepsilon},\sigma,T,S) = 0$$

sind daher begrenzt (S bedeutet den schon in Abschn.1.1. eingeführten allgemeinen Strukturparameter).

In technisch eingesetzten Werkstoffen läuft eine größere Anzahl von elementaren, z.T. voneinander abhängigen Verformungs- und Gefügeänderungsprozessen teils nebeneinander, teils nacheinander ab. Er führt zur Formänderung und letztlich zum Bruch; stationäre Zustände werden selten erreicht. Diese Einsicht bedeutet, daß eine Prognose des Verhaltens unter Langzeitbedingungen (insbesondere bei variablem

Lastprogramm) schwierig und fehlerbehaftet ist. Analoges gilt für
eine Vorhersage über das Verhalten bei Warmformgebung im Fertigungsprozeß. Daß eine solche Form der Materialbeherrschung aus-
sichtslos ist, kann dennoch nicht behauptet werden.

Im Prinzip kann eine Aussage über die Verformungsgeschwindigkeit
eines Materials, welches mit einer von der Vorbehandlung her über-
nommenen Struktur S_0 eingesetzt wurde, für jeden späteren Verfor-
mungszustand ε aus einer Integration gewonnen werden:

$$\dot{\varepsilon}(\varepsilon) = \dot{\varepsilon}(\sigma,T,S_0) + \int_0^\varepsilon \left(\frac{\partial\dot{\varepsilon}}{\partial S} \cdot \frac{\partial S}{\partial\varepsilon} \right) d\varepsilon \ .$$

Der zweite Term rechts beschreibt dabei die akkumulierten struktu-
rellen Änderungen $\partial S/\partial\varepsilon$ während dieser Verformung und gewichtet
diese je nach ihrem Einfluß auf die gesuchte Verformungsrate, $\partial\dot{\varepsilon}/\partial S$.
Die strukturellen Änderungen hängen z.T. primär von laufenden Form-
änderungen ab, z.T. laufen sie auch ohne jede simultane Verformung
zeitabhängig ab. Wir erkennen in dieser Aufteilung die in Kap.4 behandelte Aufteilung in Verfestigungs- und Erholungsprozesse wieder und
beschreiben sie durch

$$dS = (\partial S/\partial\varepsilon)d\varepsilon + (\partial S/\partial t)dt \ .$$

Damit nimmt die Gleichung, welche eine Langzeitprognose des Werk-
stoffverhaltens beschreibt, formal die Gestalt:

$$\dot{\varepsilon}(\varepsilon) = \dot{\varepsilon}(\sigma,T,S_0) + \int_0^\varepsilon \frac{\partial\dot{\varepsilon}}{\partial S}\left[\left(\frac{\partial S}{\partial\varepsilon} + \frac{\partial S}{\partial t} \right) \dot{\varepsilon}^{-1} \right] d\varepsilon$$

an. Ob man mit einem derartigen Ausdruck praktisch viel weiter
kommt, ist heute weniger eine Frage der Berechenbarkeit als des
Informationsstandes über die strukturellen Terme des Integranden.
Man muß dabei bedenken, daß das Integral sich letztlich als eine Summe von Teilintegralen darstellt, welche sich jeweils auf einen spezifischen Strukturparameter beziehen: Versetzungsdichte, Subkorndurch-

messer, Korngröße, Kornform, Ausscheidungsverteilung, Matrixzusammensetzung, Porosität usw. Ohne die Erfassung und Verwertung
dieser Eingabedaten verbleibt die Beherrschung der Hochtemperaturplastizität eines Werkstoffes auf einem völlig unbefriedigenden Niveau.
Hier stellt sich also die Aufgabe, unter Verwertung der umfangreichen
Erfahrungen aus dem Schrifttum (Kap.2 und 3) experimentelle Pionierarbeit in das Stadium routinemäßiger Werkstoffprüfung zu über-
führen, wobei die Programmierung der optimalen Abfolge und der Bedingungen der Einzelmessung wesentlich ist.

Aus einer Datenerfassung zum gegebenen Zeitpunkt oder zu einer Folge von Zeitpunkten auf das Werkstoffverhalten unter anderen Versuchs-
parametern bzw. zu größeren Zeiten zu schließen, erfordert jedoch
mehr: Diese Aufgabe verlangt die quantitative Verknüpfung der Meßwerte zu funktionalen Abhängigkeiten, insbesondere Zeitfunktionen.
Dies kann zwar im Prinzip durch formale Hochrechnungen erfolgen;
aus einem "Ist-Punkt" für einen gegebenen Werkstoffzustand wird sich
dann stets ein Aussageband entwickeln, dessen Streubreite oder Unsicherheit in der Vorhersage um so größer wird, je weiter sich der
abgefragte Zustand vom Ausgangszustand entfernt. Schließlich wird
die Unsicherheit so groß, daß die Vorhersage wertlos wird.

Dieses Auseinanderfächern der Aussagesicherheit kann entscheidend
reduziert werden, wenn die Verknüpfung der Daten nicht durch formale Funktionen, sondern durch Ansätze erfolgt, welche aus experimentell geprüften theoretischen Modellen abgeleitet sind. In der
Bereitstellung und Verbesserung von Informationen über realistische
Verläufe von $\partial\dot\varepsilon/\partial S$, $\partial S/\partial\varepsilon$ und $\partial S/\partial t$ liegt der entscheidene Beitrag der Grundlagenforschung zur Beherrschung des technologischen
Problems Hochtemperaturplastizität.

Es ist absehbar, daß die verbesserten Möglichkeiten zur Prüfung
und zur daraus hergeleiteten Berechnung des Verhaltens warmfester
Werkstoffe einhergehen werden mit Verbesserungen der Werkstoff-
eigenschaften überhaupt. Hierzu wird die Erweiterung des Spektrums
eingesetzter Werkstoffe (Beispiel: Si_3N_4) ebenso gehören wie die

Perfektionierung bereits üblicher Werkstoffe, und zwar sowohl durch
immer bessere Fertigungskontrolle und damit Steigerung der Zuverlässigkeit als auch durch verbesserte Legierungstechnik und thermomechanische Vorbehandlung. Die Diskussion der sich hier bietenden
Möglichkeiten überschreitet jedoch die Thematik dieses Buches. Daß
der technologische Fortschritt auch in diesem Bereich der Werkstoffentwicklung durch die planmäßige Verwertung wissenschaftlicher
Erkenntnisse über die Grundvorgänge entscheidend gefördert wird,
ist unbestreitbar.

Werkstoffverzeichnis

Sachverzeichnis